农业科技推广实践与探索

陶承光　金允坤　张钢军　主编

东北大学出版社

·沈　阳·

图书在版编目（CIP）数据

农业科技推广实践与探索 / 陶承光，金允坤，张钢军主编. —沈阳：东北大学出版社，2014. 9（2024.8重印）
ISBN 978-7-5517-0695-7

Ⅰ. ①农… Ⅱ. ①陶…②金…③张… Ⅲ. ①农业科技推广—研究—辽宁省 Ⅳ. ①S3-33

中国版本图书馆 CIP 数据核字(2014)第 160305 号

出 版 者：东北大学出版社
地址：沈阳市和平区文化路 3 号巷 11 号
邮编：110004
电话：024—83687331（市场部） 83680267（社务室）
传真：024—83680180（市场部） 83680265（社务室）
E-mail：neuph @ neupress. com
http：//www. neupress. com
印 刷 者：廊坊市文峰档案印务有限公司
发 行 者：东北大学出版社
幅面尺寸：170mm×240mm
印 张：19
字 数：330 千字
出版时间：2014 年 9 月第 1 版
印刷时间：2024 年 8 月第 3 次印刷
责任编辑：王 笑 韩倩茜 李 鸥
责任校对：子 衿
封面设计：刘冰宇 刘江旸
责任出版：唐敏智

ISBN 978-7-5517-0695-7 定 价：55.00 元

科技引领农业未来

——为《农业科技推广实践与探索》序

党的十七大明确提出：实现农业的持续稳定增长，根本出路在于加快农业科技创新，加大科技成果的转化和推广力度。辽宁是全国粮食主产省和国家主要农产品生产基地，肩负着国家粮食安全和保障农产品供给的重任。“十一五”期间，我省粮食生产实现了持续增长，农业综合生产能力不断提高，其中农业科技发挥了关键支撑作用。作为我省农业科研单位的龙头，辽宁省农业科学院在致力于农业科技自主创新基础上，积极投身农业科技推广主战场，开辟了科技服务“三农”新途径，为全省农业和农村经济发展作出了贡献。

长期以来，农业科研与生产实际脱节的问题一直困扰着农业科技发展。为解决农业科技推广“最后一公里”问题，辽宁省农科院确定了“一个坚持、两个强化、三面推进、四个结合”的发展思路，不断拓展科技与经济相结合渠道。1982 年，省农科院派出全国第一位科技副县长，开启了我国农业科研单位与地方政府科技共建的先河。多年来，省农科院紧紧抓住科技服务的主线，与沈阳、阜新、抚顺、大连、辽阳、朝阳、锦州、葫芦岛等 8 个市 20 多个县（市、区）开展了科技共建，派出了 51 名科技副县长、乡（镇）长；组建了 5 支科技扶贫工作队开展定点扶贫；与省直有关部门密切合作，建立科技示范基地，培养农民科技带头人；扶持农业龙头企业、农民专业合作社发展，创建科企联盟；建立了以农业主导产业为基础，开发推广项目为平台，科技共建为纽带，多部门资金集聚，农业科技为支撑，龙头企业、农民合作经济组织和广大农民广泛参与的具有农业科研单位特色的现代农业科技推广网络。不但解决了科技推广中成果来源问题，同时也使多层次、多领域的科技力量相融合。让科技的触角向“三农”建设的各个角落延伸，铺筑了一条科技与农业相连通的“高速路”。

“十一五”期间，辽宁省农科院紧紧围绕辽宁省委、省政府农业发展战略部署，积极推进科技成果转化工作。通过整合科技资源，组建了专家服务团，全院有22个研究所300多名高中级科技人员参与农业科技推广。通过推行“带科技、带思路、带项目、带订单”和团队包乡、专家包村，在全省14市50多个县（市、区）实施农业综合开发、科技推广、科技共建、科技合作项目400多项，引进示范推广各类作物新品种300余个，示范推广新技术800多项次，示范推广面积累计达1.8亿亩，增加效益170亿元。有力地推动了区域农业发展和全省新农村建设。

“十二五”是辽宁加快转变经济增长方式，大力推动工业化、城镇化和农业现代化的重要机遇期。农业的发展振兴离不开科技的支持，充分发挥辽宁省农科院的科技资源优势，加快推进先进科技成果的转化应用，对推动全省现代农业发展进程意义重大。

为进一步提高科技服务“三农”水平，由辽宁省农业科学院长期从事农业科技推广工作的科技人员，根据多年的工作实践，组织撰写了《农业科技推广实践与探索》一书。该书汇集了辽宁省农科院科技推广工作者多年来针对辽宁农业发展特点，创造性地开展农业科技推广工作的经验，是广大科技工作者走出院所，深入生产一线传播科技、服务农民的缩影，同时也再现了“十一五”以来辽宁省农科院科技人员为辽宁农业科技事业发展作出的突出贡献。在此，我对本书的问世表示衷心的祝贺。希望全省各级农业管理部门、农业技术推广部门的领导干部和农业企业家、广大农民朋友，从本书中吸取宝贵经验，在工作中不断开拓创新，努力提升全省农业科技服务水平，为实现辽宁农业的跨越式发展作出新贡献。

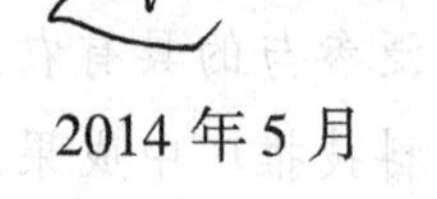

2014年5月

《农业科技推广实践与探索》编委会

目　　录

科技共建篇

科技扶贫篇

科技合作篇

科技管理篇

附　录

加速科技成果转化　为现代农业发展提供有力支撑

——“十一五”辽宁省农业科学院科技推广工作回顾

科技推广处

科学技术是第一生产力。科技在促进现代农业发展、新农村建设和统筹城乡发展中发挥着重要的支撑和引领作用。引导科技、知识、资本、管理等生产要素向农村集聚，促进农业和农村科技水平全面提升，是科技与经济密切结合、破解三农难题的重要抓手。

进入21世纪，农民增收、农业增效、农村经济实力增强，成为摆在辽宁农村经济发展面前的重要课题。推进优质特色产业向五大优势产区集中，努力把辽宁建成国家重要的优质特色农产品生产和加工基地成为辽宁省委、省政府农业和农村工作的着力点。

根据省委、省政府农业战略部署，“十一五”以来，辽宁省农业科学院充分发挥综合性农业科研单位的人才和技术优势，以增强全省农业综合生产能力和全面推进农业现代化为重点，以提高成果水平及加速科技成果转化为目标，以服务“三农”为主要任务，在开展科技创新的同时，加速科技成果转化，通过实施农业综合开发、科技推广项目，与地方政府合作开展科技共建、科技扶贫，深化农业科技合作，促进现代农业科技示范基地建设，为龙头企业提供技术服务，广泛开展技术培训，进一步强化服务“三农”意识，为推进社会主义新农村建设和现代农业发展进行了积极的探索。根据农业科技成果转化工作的需要，成立了科技推广处，专门负责全院科技推广的组织管理工作，组建了科技成果转化中心和现代园艺展示中心，全院有22个研究所300多名高中级科技人员参与科技成果转化和新农村建设，使农科院的科技推广、成果转化体系更加完备。

“十一五”期间，全院累计承担各级推广项目500多项，投入推广经费8100多万元，一批重大项目列入辽宁省农业综合开发、科技推广及中央财政科技示范项目，取得了显著的社会效益和经济效益。2004—2008年实施的“农业综合开发科技增效示范工程”项目获得2009年度辽宁省科技进步一等奖；以沈阳、阜新为龙头的科技共建、科技服务已不同程度扩展到全省14市的50多个县（市、区）；承担的国家新农村建设试点项目在全省建立了3个各具特色的建设模式；在全省5个县开展的定点科技扶贫工作成效显著，省农科院连续多年被省政府评为定点扶贫标兵单位；送科技下乡工作受到了中宣部等十部委的表彰。据不完全统计，“十一五”期间，全院在各项目区共引进推广各类作物新品种300余个，示范推广新技术800多项次，示范推广面积累计达1.8亿亩，增加效益170多亿元。累计举办各类技术培训班1500余场次，发放技术资料（技术手册、光盘等）100多万份，培训技术骨干和农民达50多万人次。在2009年全省农业综合开发电视电话会议上和2007年省政府定点扶贫工作表彰会上，省农科院作为典型在会上作了经验交流。农科院的服务功能得到展示，在全省农业和农村经济发展中的支撑作用进一步显现。

一、以农业综合开发为平台，实施农业科技增效示范工程

农业综合开发是国家支持和保护农业的一种有效手段，是发展农业、繁荣农村、富裕农民的一项重大措施。多年来，辽宁省农业科学院一直作为辽宁省农业综合开发的技术依托单位，为全省农业综合开发实现农业增效、农民增收提供了有力的技术支撑。

（一）围绕农业综合开发的重点任务，在全省实施一批重大项目

根据农业综合开发的工作重点和区域布局，围绕“稳粮食、调结构、强基础、保增收”的目标，在全省实施了“耐密植玉米新品种推广”“优质水稻新品种推广”“优质果品基地建设”“设施蔬菜高效栽培技术示范”“蓝莓等小浆果示范”“阜花系列优质花生新品种推广”“以提高土壤肥力为基础的中低产田改造”等农业综合开发重点科技项目，以及马铃薯高效复种技术、食用菌标准化高效栽培关键技术、优质高产花生新品种及高产栽培技术、植物生长调节剂“易丰收”推广等中央财政科技示范项目，为保证辽宁粮食安全、促进特色产业发展作出了重要贡献。每年推广水稻新品种500万亩，占全省年水稻生产面积的“半壁江山”，最高亩产达811.1公斤；实施玉米粮食丰产工程，大幅度提高了全省玉米的单产水平；引进示范蓝莓等小浆果20余个新品种，填补了国内空白，促进了小浆果产业快速发展；示范推广设施蔬菜优新品种和节能增效栽培技术，使设施蔬菜效益明显提高，有力推动了辽宁千万亩设施蔬菜产业基地建设。

“水稻新品种及高产高效综合配套技术推广”项目，紧紧抓住我省水稻主产区影响水稻产量、效益提升的重要技术环节，大力推广水稻新品种及高产高

效栽培新技术。在沈阳、辽阳、鞍山、营口、盘锦、丹东、铁岭等水稻主产区建立示范区和展示基地1.2万亩，示范推广辽星1号、辽星15、辽星17、辽星20、辽粳371等高产、优质、抗病水稻新品种和杂交新组合9个，集成配套推广水稻无纺布旱育稀植、测土配方施肥、水稻病虫害综合防治、稀育稀插栽培、无水层节水栽培、有机稻栽培、水稻全程机械化栽培等7项高效栽培技术，新品种、新技术推广应用面积达420万亩，推广田平均亩产600~650公斤，共增加稻谷2.1亿公斤，增加经济效益4.2亿元，使辽宁省水稻生产技术水平和市场竞争力有了很大提升。

"果树优良品种及标准化生产技术推广"项目，针对辽宁省果树业发展的技术需求，开展果树优良专用新品种和标准化生产技术推广，在沈阳、鞍山、辽阳、营口、葫芦岛、朝阳等我省重要果树产区开展示范基地建设，建立优新品种示范园32处，优质果品生产示范样板园7处，加工型果品示范基地2处，苹果轮纹病综合防治示范园250亩，示范区总面积达6500多亩。共示范推广苹果、梨、葡萄、桃、甜樱桃等5个树种的优新果树品种16个。通过品种改良和新品种开发，促进了我省果树品种的更新换代，使果业结构得到不断调整和优化。在栽培技术方面，推广果品标准化生产技术17项，包括葡萄标准化生产技术4项、苹果标准化生产技术5项、梨标准化生产技术5项，以及优质加工型果品标准化生产技术、多营养平衡施肥技术、病虫害预测预警与标准化防治技术，应用面积达3.76万亩。通过标准化生产技术的推广，项目区果树优质果率平均提高15%~20%，年增加经济效益3760万元。

"密植型玉米新品种及高产栽培技术推广"项目，通过示范推广耐密型玉米高产新品种和增密种植模式，突破传统的大穗、稀植栽培模式，使玉米生产技术和产量水平有了质的飞跃。辽单565等密植型玉米新品种及配套的玉米简化栽培技术、玉米非等距密植栽培技术、玉米双株紧靠栽培技术、大垄双行种植技术、宽窄行种植技术、缩距增密种植技术、二比空种植等高效栽培技术推广，在辽西朝阳市建平县项目区遭遇严重旱灾情况下，示范区玉米田实现了平均亩产1125.6公斤，创造了我省玉米高产记录，对玉米产业发展起到了带动作用。

"花生新品种及高产高效配套技术示范推广"项目，2011年在辽西北7个市的15个县区建立核心区1.3万亩，示范区3万亩。推广阜花等花生新品种7个，推广地膜覆盖栽培、抗重茬栽培、节水抗旱栽培、病虫害综合防治、风沙地花生连作防风蚀、全程机械化栽培等10套关键技术。项目新品种、新技术推广面积129.1万亩，共增产花生4344万公斤，增收节支2.78亿元。

“辽西地区设施蔬菜综合配套技术推广”项目，根据辽西地区设施蔬菜产业快速发展对先进技术的需求，在朝阳市的北票、凌源、喀左、朝阳、龙城区和葫芦岛市的建昌，共6个县（市、区）20个乡镇建立了科技示范基点，通过技术组装集成，配套推广了设施蔬菜优新品种和生物秸秆降解栽培、设施番茄越夏栽培、越夏冷棚青椒与葡萄套作高效栽培技术、日光温室番茄与双孢菇套作等高效栽培技术。通过综合技术的推广应用，促进了项目区设施蔬菜质量和效益的提高，共推广新品种、新技术20多万亩，累计增加经济效益3.52亿元。

中央财政科技示范项目“食用菌标准化高效栽培关键技术示范推广”，在抚顺新宾县、本溪桓仁县等地示范推广耐低温、转化率高的香菇和滑菇优新品种10个、黑木耳新品种8个，推广面积1.78万亩（2.0亿袋），实现产值13.5亿元，新增经济效益1.91亿元，推动了辽东山区食用菌产业的快速发展。

“辽西北地区马铃薯高效复种技术集成与推广”项目，在辽西北5市及沈阳市、大连市等的15个县（市、区）推广了适宜不同区域的马铃薯高效栽培模式及全程机械化生产技术、高效灌溉技术等9项综合技术。引进脱毒马铃薯、玉米、蔬菜等新品种35个，建立核心示范区1600亩，辐射推广面积达到102.5万亩，新增经济效益1.05亿元，推动了全省马铃薯产业生产技术的提高。

（二）实施农业综合开发科技示范县项目，提升区域农业产业发展水平

多年来，省农科院在全省13个市的13个县实施农业综合开发科技示范县项目，每个县都选择多个有产业发展优势的乡镇建立农业科技示范基地，选派十余名不同学科的科技人员开展10项以上的农业新技术推广。为有效开展科技推广工作，还根据情况以项目为平台，选派科技人员兼任示范县科技副县长、副乡（镇）长，促进科技人员与地方农业部门技术人员的合作，增强了农业技术推广的合力，为产业发展构建了高效服务体系，对推动全省农业科技进步发挥了重要作用。

“北镇市农业综合开发技术推广综合示范项目”，围绕当地水果、蔬菜和水稻农业主导产业，建立多点示范区，加快影响产业发展的关键技术、配套技术的应用推广。引进优质高效葡萄新品种2个，示范推广了高标准葡萄无病毒苗木繁育、新肥料应用与减量施用、安全控产优质栽培、重大病虫害生态控制、设施蔬菜病虫害综合防治及优质高效栽培、水稻安全生产、加工与机械化栽培等综合技术，提高了项目区水果、蔬菜和水稻无公害生产技术水平，对保障农产品安全生产、增强市场竞争力、促进产业升级发挥了重要作用。

“葫芦岛市连山区农业综合开发技术推广综合示范项目”，与葫芦岛市连山区兴桥蔬菜合作社密切协作，共同实施出口洋葱、胡萝卜技术开发项目，针对生产中洋葱土传病害严重等问题，在推广现有抗重茬技术的基础上，示范推广了优质高产抗病新品种、工厂化育苗、精细整地及保苗播种、提高土壤肥力、分级包装与保鲜贮藏等9项技术，使洋葱产量和品质有了明显改善，产品通过出口，取得了显著增收效益，成为科技扶持农民合作社发展、引领农民致富的亮点工程。

（三）探索创新农业综合开发、促进新农村建设新模式

2007—2009年，辽宁省农科院承担了国家、省“农业综合开发引导支农资金统筹支持新农村建设”项目中盘锦高升镇、铁岭庆云堡镇和沈阳市大民屯镇、鞍山市桑林镇4个试点的科技项目。

新农村建设涉及面广，技术要求和建设标准高，如何发挥科技支撑作用，推进区域农村经济和社会发展是新农村建设面临的重要课题。对此，辽宁省农科院充分发挥综合性科研院所的技术优势，结合农业综合开发工程建设，围绕新农村建设主要任务，建立了以现代农业科技为支撑，以主导产业为基础、农业综合开发为平台、农民为主体、政府部门为主导、龙头企业为引领，农科教相结合，多部门资金集聚，农民合作经济组织和广大农民广泛参与的新农村建设模式。

盘锦市高升镇通过开发“绿色稻米、生态河蟹养殖、四位一体设施果菜产业”带动农民发展生产、增收致富，形成了“沿海稻区生态资源循环利用持续增效新农村建设模式”。

铁岭市庆云堡镇以畜牧龙头企业拉动粮食主产区主导产业发展，使龙头企业和农民成为利益紧密结合的共同体，形成了“辽北平原粮牧并举、农民互助、企业牵动的建设模式”。

沈阳市大民屯镇围绕农业资源和区域经济优势，依托科技，大力推进设施蔬菜产业发展。在项目区建成3万亩设施蔬菜生产基地，成为沈阳良种农业、设施农业、规模农业、加工农业、创汇农业向现代化迈进的一个亮点，形成了“都市城郊设施农业集约高效建设模式”。

几年来，在4个新农村建设试点项目区示范推广了稻蟹种养、畜禽标准化生产、设施蔬菜、果树优质高产栽培、农村新能源利用和土壤配方施肥等8项农业综合技术，推广水稻、果菜、畜禽等优良品种32个，新型农药8种，新技术40项，新工艺8项。建立核心试验区665亩，生产示范区6500亩，推广新品种、新技术30多万亩。科技人员在项目区举办科技培训班100余次，指导培训农民1.7万余人，编写发放各种技术资料6.5万份。通过项目实施，共增加水稻、蔬菜和水果产量1.1亿公斤，增加蛋鸡、鹅和生猪存栏189万只（头），新增经济效益14.1亿元，农民人均增收803元。

（四）科技支撑高标准农田建设，提高粮食综合生产能力

2009年，为深入贯彻落实中央1号文件关于“大规模开展中低产田改造，提高高标准农田比重，推进全国新增千亿斤粮食生产能力建设”的精神，辽宁省农业综合开发办在全省开展“农业综合开发高标准农田示范工程”建设，辽宁省农科院作为技术依托单位，结合工程建设和当地产业特点，在朝阳县、绥中县、铁岭县3个高标准农田示范工程项目区，重点示范推广了水稻、玉米、马铃薯、大豆、花生等优良品种、配套高效栽培技术及水稻、玉米全程机械化种植模式，大大提升了项目区粮食生产科技含量和技术水平，对建设高产稳产、旱涝保收、节水高效的高标准粮食生产田发挥了重要作用。

在实施“绥中高标准农田建设科技项目”中，针对绥中区域产业发展需求，通过整合科技资源，由推广处组织成果转化中心、玉米研究所、花卉研究所、作物研究所、果树科学研究所、植物营养与环境资源研究所等6个研究所（中心），同时吸收省水科院、省农业机械化研究所的15名科技人员，共同参与项目实施。建立了马铃薯、高产玉米、设施蔬菜、设施花卉等科技示范基地，推广农业产业化综合技术7项，对探索推进辽宁滨海大道高效农业产业发展起到了示范作用。

“开发硕果遍大地，科技春风暖万家。”多年来，省农科院的大批科技人员走向农业综合开发主战场，为项目区农业增效、农民增收致富、推进现代农业发展作出了不懈的努力。据统计，2006—2010年，全院共承担农业综合开发重点推广项目34项、综合示范县项目58项、科技单项189项，累计承担各类科技项目281项，投入科技经费4146.8万元。在全省13个市55个县（市、区）推广单项技术618项，引进水稻、蔬菜、果树等新品种696个，推广新成果、新技术3000多万亩，增加效益近100亿元。

二、强化科技示范基地建设，构筑成果转化平台

建立基地树立样板，是实施推广项目、促进成果转化最行之有效的途径。几年来，在各项目区，根据辽宁省农业区域特点和项目自身需求，建立了一批各具特色的科技示范基地。例如：苏家屯区、北镇市的保护地葡萄示范基地；阜新、锦州优质花生规模化生产示范基地；沈阳、营口、辽阳、东港的水稻新品种超高产栽培示范基地；绥中高效复种农业示范基地；辽南出口花卉规模化生产示范基地；新宾食用菌产业示范基地；新民、辽中保护地蔬菜无公害生产示范基地；绥中、盖州苹果新品种及高产栽培示范基地。

在科技示范基地建设中，探索采取了以科技示范户为切入点带动农民学习、应用、掌握新技术，以农村经济合作组织、专业协会和龙头企业为结合点组织农民进行生产、经营，以科技培训和科技服务为支撑的多元化农业科技推广机制，不断强化示范区建设，形成了科技推广新模式。如优质高产花生新品种综合技术开发项目，在我省阜新、锦州、铁岭、沈阳、葫芦岛、朝阳、鞍山等七个市的十四个县市区建立示范区1万亩，推广阜花系列新品种7个，引进新品种7个；平均亩产300公斤。在新品种核心示范区，开展了新品种展示、超高产攻关、机械化栽培等示范，使新品种平均亩产达到230.5公斤，亩增产35公斤，增幅达17.9%。通过科技示范，实现花生新品种推广面积43万亩，共计增产花生1687万公斤，增加经济效益6669万元，加快了我省优质花生产品生产基地建设。“果树优良品种及标准化生产技术推广”项目在沈阳、鞍山、辽阳、营口、葫芦岛等地建立8个示范基地，示范推广7项标准化生产技术，建立优新品种示范园22处，推广果品标准化生产技术36511亩，优质果率在原来基础上平均提高15%～20%，辐射面积达26万亩，对促进我省水果产业全面升级起到了示范带动作用。

示范基地的建立有效解决了科技入户“最后一公里”问题，为推进“一村一品”、“一乡一品”、“一县一业”和农业产业化、规模化发展发挥了重要的示范引领作用。目前，全院在全省共建立科技示范基地30余个，示范区面积20多万亩，新技术推广和成果转化辐射面积300多万亩。每年在示范基地为基层举办各类技术培训班300余场次，培训技术骨干和农民10余万人次，为推动全省农村科技进步和现代农业发展发挥了重要作用。

三、找准科技与经济的结合点，与地方政府开展科技共建

几年来，辽宁省农业科学院与沈阳、阜新、抚顺、大连、辽阳、朝阳、锦州、葫芦岛等8个市，及法库、细河、北镇、东港、清河、桓仁、大石桥、绥中、连山、开原、金州、新民、灯塔、凌源、辽中、苏家屯、台安、建平、义县、棋盘山管委会、康平等20多个县（市、区）开展了科技共建工作，不仅为全省农业增产增收、农村经济健康发展作出了重大贡献，而且为农业产业化和现代化建设提供了技术支撑。

在与辽阳市的科技共建工作中，辽阳市劳动局与省农科院经作所合作，在经作所建立了“辽阳农业科技示范园区”，创办了“农村劳动力转移培训学校”，每年为当地培训500名农民技术骨干，增强了农业产业发展动力。

阜新市是与省农科院开展科技共建较早的地区，至今已有27年的历史。多

年来，省农科院聚集院属多个研究所的科技力量支持阜新农业建设，先后在阜新实施50余个共建项目，推广农作物优质高效栽培、种养技术40多项，新品种80多个；建成优质白鹅、肉羊、花生、水果、特色水稻、蔬菜、花卉、绿色杂粮等8个特色农产品产业示范基地。为加快风沙地治理，研究推广了6个生态农业发展模式，建成4000亩风沙地治理科技示范区，被省政府列为省级现代生态农业示范基地，为辽西地区风沙地治理和开发树立了样板。

1982年，省农科院为阜新县派出了全国第一名科技副县长，开启了智力输出与地方共建的先河。至今，省农科院已向阜新、彰武、义县、建昌、铁岭、北镇、东港、清河、桓仁、明山、细河等地选派了51名科技副县长、乡（镇）长。“科技官”不但为当地农业发展献计献策，当好参谋，而且带动了一大批科技人员在各地实施科技项目，促进了科技成果转化，使科技共建向更深层次推进。

针对沈阳市发展现代农业的需求，2008年11月，省农科院与沈阳市人民政府签订了“沈阳市人民政府和辽宁省农业科学院市院科技共建”协议，开启了与省会城市高层次科技共建新篇章。市院科技共建以科技创新为手段，通过实施五大提升行动，构建沈阳现代农业产业体系。五大提升行动包括：提高粮食单产水平，创建高产区行动；优势特色产业集约化、设施化创新行动；农产品名牌创建与标准化生产推进行动；发展能人经济，推进全民创业行动；农业生物灾害防控与农产品安全保障行动。

共建工作开展以来，围绕“五大提升行动”，与沈阳市农科院携手，选调优秀专家，组建了12个农业科技专家服务团，在沈阳市8个涉农市（县、区）建立玉米、水稻、花生、设施蔬菜、葡萄、红辣椒、树莓、食用菌、设施果菜等12个产业示范基地，建立科技示范区42个，总面积5万多亩，辐射面积50多万亩。通过开展农业高新技术示范与推广，对促进沈阳现代都市农业发展起到了有力的推动作用，受到了社会的广泛关注。

四、以科技成果转化为切入点，开展科技定点扶贫

为加快贫困地区脱贫步伐，按照省委、省政府关于做好新时期定点扶贫工作的部署，省农科院组建了5支科技扶贫工作队，深入阜蒙、彰武、义县、建昌、岫岩等5个县开展定点扶贫工作。几年来，全院共有19个专业所50多个专业的300多名科技人员在定点扶贫区实施农业综合开发、推广项目50多项，每年推广农作物优良品种100余个，实用技术50多项，扶贫面达到全省贫困地区的55%，有力地拉动了贫困地区农村经济的发展。

在岫岩县大房身乡建立优良柞蚕新品种生产示范基地，推广抗大、882、9906等具有增产、增丝、早熟、抗病、高饲料利用率等优良特性的柞蚕新品种及生态蚕场建设技术体系，实现了柞蚕产业的可持续发展。在示范基地带动下，当地柞蚕产量较原来提高15%～20%，每把纯收入达到1.5万～2.0万元，带动了100余户农民致富。

在彰武县建立1000亩“色素万寿菊生产示范基地”，引进色素万寿菊高产优质专用品种5个，推广合理施肥灌水、病虫害防治等配套栽培技术，使万寿菊鲜花亩产提高100公斤，叶黄素含量提高2个百分点，新增经济效益50万元。同时，研发出叶黄素浸膏生产和叶黄素提取技术，扶持龙头企业开展万寿菊色素加工生产，加快了产业链条的延伸，拓宽了农民致富的途径。

2009年，辽宁省西北部遭受了60年一遇的严重旱灾，农作物受灾面积达到2000多万亩，而辽宁省农科院在受灾地区建立的“现代农业生产示范基地”，通过新品种、新技术示范推广，实现了扶贫地区农民旱灾之年不减收。其中，阜蒙县阜新镇桃李村20亩“辽单565”玉米超高产示范田，平均亩产达1008.5公斤；建昌县喇嘛洞镇1万亩“辽单565”玉米平均亩产553公斤；阜蒙县桃李村10亩阜花11号花生亩产达414.4公斤。大灾之年，省农科院定点帮扶的5个县通过推广科技新成果共新增经济效益3800万元，凸显出抗灾保丰产的巨大作用。

多年来，辽宁省农科院科技扶贫工作得到了上级部门的充分肯定，多次受到国家和辽宁省有关部门表彰。先后被科技部授予“全国科技扶贫先进集体”，被中共中央宣传部等14个部委授予辽宁省唯一的“文化、科技、卫生三下乡先进集体”；连续6年被评为“辽宁省定点扶贫先进单位”，连续2年被评为“辽宁省定点扶贫标兵单位”。奋战在扶贫第一线的科技人员80多人次被国家和辽宁省授予科技扶贫状元、劳动模范、先进工作者、扶贫先进个人等荣誉称号。

五、加强与企业的合作，探索产学研合作新模式

为了加速科研成果转化，扶持企业发展，全院有15家研究所与省内60多家农业龙头企业、25个农民专业合作社建立了科技合作关系。广大科技人员带着技术和成果深入企业，积极为企业提供项目申报、信息收集、制定发展规划、建立生产基地、研发生产工艺、开展产品质量检测等方面的技术服务，帮助企业出谋划策、排忧解难，解决企业发展中遇到的技术问题，促进了辽宁农业产业化水平的提高。

通过成果转化，与辽阳新特现代农业园区、沈阳中迪天然色素有限公司、

辽宁绿色芳山有机食品有限公司、辽宁天池葡萄酒有限公司、辽宁格兰生态农业开发有限公司、阜新鑫吉粮油加工有限公司、阜新市美中鹅业工贸有限责任公司等40个农业产业化龙头企业、现代农业示范基地进行合作开发，推动了区域优势产业的快速发展。

作物研究所与辽宁辽花粮油食品有限公司联合组建了辽宁辽花花生研发中心，在康平县海州乡建立了试验示范基地，引进国内外花生种质资源和新品种150余份，通过试验，筛选出适合康平地区种植的花生新品种进行大面积推广，提高了花生产区产量和品质。此外，还与锦州沈宏集团、抚顺石油化工大学环境与生物工程学院开展了花生壳燃料棒和以花生壳、花生壳油饼为主要原料的花生专用有机硅肥等研究工作。

省水保所与辽宁天池葡萄酒有限公司联合组建了辽宁省葡萄酒酿制技术工程技术中心，在省水保所科研试验基地建立了葡萄新品种试验园和冰葡萄威代尔示范园，引进筛选出适合本地区发展的优良酿酒葡萄新品种9个，并合作开展酿酒葡萄生产基地建设，开发新的葡萄酒种，为企业提供了有力的技术支撑。

现代园艺展示中心通过与海城三星农业生态有限公司合作，研发蔬菜工厂化育苗、高效温室设计及配套栽培技术，引进推广名优设施蔬菜新品种300多个，每年为生产提供优质种苗2000多万株，辐射全省12市30多个县（市、区），构筑起覆盖全省的现代设施农业科技推广服务网络。

科技成果转化中心通过整合科技资源，积极拓展与地方政府和企业的合作，在凌海市农业科技示范场建立成果展示平台，每年向省内外展示百余个作物新品种，成为我院在辽西地区成果转化的一个辐射窗口。

为促进农业企业健康可持续发展，在产研合作中，辽宁省农科院充分发挥专家的作用，热心为企业当参谋、做顾问。其中，农村经济研究所每年为30余家涉农企业编制企业发展规划，为优化全省农业产业化布局发挥了重要作用。

针对农民专业合作社快速发展但科技滞后的问题，省农科院结合全省农民专业合作社发展特点，与省财政厅、省妇联联合开展“百名专家科技支持百家农民专业合作社”活动，采取组建专家服务团开展“1+1”科技对口帮扶方式，促进科技与合作社发展的有效衔接，形成科技支持合作社发展的长效机制，带动了省内多家农民专业合作社的专业化、规范化发展，同时也增强了自身的科技创新和成果转化动力。

六、加强与省直部门的合作，增强科技服务职能

为强化科技服务职能，适应新时期服务“三农”的工作需要，辽宁省农业

科学院于2006年成立了“社会主义新农村建设百名专家咨询团”，积极参与省有关部门组织的支农活动，充分发挥了科研单位在新农村建设中的科技支撑作用。

与省委组织部共同实施的“社会主义新农村建设优秀专家智力支持行动计划”，与涉农企业对接项目37个，通过技术和成果输出，为农业龙头企业发展提供了有力的技术支持。

与省妇联共同开展“巾帼科技致富示范工程”，省农科院20位专家被各级妇联聘为“科技进家庭活动”专家，建立“巾帼科技致富示范基地”5个，每年扶持示范户100户，通过发展特色农业、订单农业和高效农业，使农村妇女依靠科技致富能力不断提高。

与团省委共同开展“农村青年百千万科技致富工程”，每年培训青年农民500名，为各地培养出的一大批懂技术、会经营的农村青年创业带头人，成为新农村建设的生力军。

与辽宁广播电视台《金农热线》《致富大篷车》《黑土地》栏目及辽宁省移动公司等传媒开展合作，通过广播、电视、互联网等渠道，为农民排忧解难，宣传推广农业科技，让科技之光洒遍了辽沈大地。

七、抓好科技宣传与培训，培养新型职业农民

1. 办好科技简报。为促进全省农业综合开发工作，省农科院与辽宁省农业综合开发办联办《科技与农业综合开发》简报，集中报道了全省农业综合开发重要活动、重大农业项目实施进展、创新成果、实用技术和农业气象信息等，发至全省13个市55个县区，为培训农业基层干部和农民发挥了重要作用。在与沈阳市人民政府开展科技共建工作中，与沈阳市共同创办了《市院科技共建工作简报》，集中报道了科技共建工作进展情况，达到了交流经验、促进项目实施的目的。

2. 多渠道开展科技宣传。组织科技人员与辽宁广播电视台乡村广播联办《致富大篷车》《金农热线》等栏目，有50名专家被聘为科技顾问，通过电话连线解答农民在农事生产中遇到的问题，累计为全省农民5000多人次咨询解答问题。此外，还通过辽宁广播电视台《黑土地》栏目开展技术讲座，录制播放科技宣传专题片；在《辽宁农民报》《新农业》等各种报纸、杂志上宣传报道新品种、新技术；在《辽宁日报》《农民日报》《沈阳日报》宣传报道省农科院科技成果转化、科技共建和支持新农村建设所取得的成果。同时，科技人员还根据推广工作需要，编制发放各种宣传单、宣传画和技术手册等，方便了农民

学科技、用科技，突破了科技推广“最后一公里”“最后一道坎儿”的难题。

3. 积极开展送科技下乡活动。为提高农民科技素质，结合项目实施，全院每年为农村基层举办各类技术培训班多达300余场次，培训技术骨干和农民10余万人次，发放各种科技资料20余万份。组织专家深入农村开展“送科技下乡，促农民增收”主体活动，向农民捐赠图书2.4万册（份），优良种子10万多公斤，有效提高了全省农民的科技素质，为辽宁现代农业发展奠定了坚实基础。

八、积极开展调研活动，为政府决策提供科学依据

几年来，省农科院积极组织科技人员对影响全省农业和农村经济发展的重大问题开展调研，撰写出多个具有参考价值的调研报告或建议，为政府部门制定科学决策发挥了重要作用。如为辽宁省人大农业科技视察团起草的《农业科技创新和成果转化存在的问题与建议》调查报告；为农业部起草的《发挥科技对现代农业的支撑作用，推进辽宁社会主义新农村建设》调研报告；为国家农业综合开发办起草的《辽宁省实施国家农业综合开发引导支农资金统筹支持社会主义新农村建设项目调查研究报告》。2007年，辽宁遭遇了56年一遇的暴风雪，通过组织科技专家调研，提出了“保护地生产灾情调查及灾后补救措施的建议”；2010年春季，全省遭受持续低温天气，通过实地调研，及时向有关部门提出“辽宁省低温天气对农作物影响及应对措施”的建议，为全省防灾减灾发挥了重要作用。此外，农村经济研究所还开展了“辽宁水稻产业在粮食安全中的战略地位”“辽宁农业费税改革后农民增收问题”“农业税减免后农村新情况新问题”“关于阜新农业发展现状调研及推进农业跨越式发展建议”“关于在新民市建设大型农产品集散基地的建议”“辽宁省社会主义新农村建设调查研究”“农业基础设施及农村科技建设调研报告”“辽西北五市设施农业发展现状及建议”“辽宁沿海经济带农业发展调研报告”等调查研究，为省委、省政府科学制定农业发展战略提供了依据。

科技推广篇

抓好高产示范基地建设　推进水稻新品种新技术推广

水稻研究所

水稻是辽宁农业的支柱产业，也是辽宁农业的优势产业，在全省粮食生产中占有举足轻重的地位。为提高辽宁水稻综合生产能力，确保国家粮食安全，2006年以来，辽宁省水稻研究所作为技术依托单位，先后承担了省、市农业综合开发部门下达的“水稻新品种及综合配套技术示范推广”等农业综合开发科技项目20余项，在沈阳、辽阳、鞍山、盘锦、营口、丹东、铁岭、抚顺、本溪等地建立了多个高产示范基地。通过加强技术培训和技术指导，构建科技推广平台，以点带面，加快了水稻优良品种及高产配套技术推广，使项目区水稻生产技术水平和效益得到显著提高，有力地促进了全省水稻生产的发展。

一、强化组织管理，为项目实施提供保障

为加强对开发项目的组织和管理，辽宁省农业科学院成立了以主管副院长为组长，科技推广处处长、省水稻研究所所长为副组长的项目领导小组，负责对项目进行组织、协调、监督和管理。省水稻研究所成立了以主管开发推广的副所长，栽培研究室主任、杂优室主任、科技科长为成员的技术指导小组，具体负责项目的策划、组织、协调和实施。同时，项目组还与项目区所在市县农技推广部门、种子代理商、水稻核心示范户密切合作，由上至下建立了全省水稻新品种、新技术成果示范推广协作网，为水稻新品种、新技术的推广普及奠定了坚实基础。

二、根据全省水稻生产实际，因地制宜，采取多种有效措施推进项目实施

（一）强化高产核心示范区建设，增强辐射带动作用

示范区建设在农业开发推广工作中起着至关重要的作用。对此，我们在项

目实施中，着力将核心示范区建成新成果新技术的示范基地、提高农民素质的培训基地，同时，也成为新品种新技术向周边辐射和传播的桥梁。2006—2011年，辽宁省水稻研究所因地制宜开展水稻新品种示范推广工作，每年在沈阳、辽阳、鞍山、营口、盘锦、丹东、铁岭等水稻主产区建立优质水稻新品种核心示范区和展示基地1.2万亩，水稻超高产展示田1000亩，集中展示和推广适宜各地的水稻优新品种和超高产配套栽培技术，起到了有效的示范和带动作用。在盘锦、营口地区示范推广了屉优418、辽优5218、辽优2006等优质超级杂交粳稻新组合；在鞍山、辽阳和沈阳，重点推广了优质水稻新品种辽粳9号、辽星1号、辽星10号、辽星15号、辽星20号等常规品种；在铁岭、抚顺、本溪等地重点示范推广了辽星1号、辽粳371、辽粳912、辽优1052等中熟新品种新组合；在丹东、大连稻区重点推广中辽9052、辽粳9号、屉优418、辽优2006等新品种。这些示范推广的新品种、新组合在各地普遍都表现出了丰产性好、米质优的突出特点，特别是辽优5218、屉优418、辽优2006、辽星1号等超级稻，较普通常规水稻增产10%～15%，最高亩产达850公斤，为水稻新品种在我省适宜地区大面积开发应用起到了良好的示范带动作用。

（二）注重培植核心示范户，充分发挥典型带头作用

在项目实施中，每年在省内各水稻主产区筛选60～80个水稻种植水平较高的种稻大户作为核心示范户，如灯塔市东荒农场徐振辉、苏家屯八一镇任家甸村田丽、三家子村王恩宝、盘山县胡家镇红旗村李士杰、大石桥高坎镇的张宝录、海城西四镇的张井东、开原市庆云镇兴隆台村谭英等，为他们提供最新的水稻新品种，在水稻生长季内进行技术跟踪指导，创造出诸多高产样板。其中：大石桥高坎镇的张宝录2006年种植90亩辽优1052，平均亩产792公斤；苏家屯八一镇任家甸村田丽2007年种植120亩辽星1号，平均亩产801公斤；海城西四镇的张井东2008年种植150亩辽星1号，平均亩产760公斤。这些高产典型对当地水稻生产起到了很好的示范带动作用。

（三）采取“四统一”管理，保证示范区各项技术措施的落实

为了抓好水稻核心示范区建设，更好地发挥核心区的示范和带动作用，在核心区建设过程中，我们采取了“四统一”的组织管理措施。一是统一供种，每年对核心示范区的展示田全部实行统一供种，免费提供水稻新品种5万多公斤，保证了示范区各项任务及技术措施的落实，更好地发挥了核心区的辐射和带动作用。二是统一配肥，根据各水稻品种特点和各地区实际情况，为核心示范区统一配备了长效复合肥和硅钙肥，保证示范区内水稻施肥和管理技术落实到位。三是统一开展技术培训，积极与当地农业推广部门配合，共同针对示范区的农户开展技术培训工作，发放技术资料，保证了技术措施的贯彻和落实。四是统一病虫害综合防治，在核心区组织机防队，于水稻生产的不同时期，集中进行病虫害统一防治。

三、加大科技宣传和技术培训力度，促进先进适用技术推广普及

一是组织召开各种形式现场观摩会，增强示范展示作用。结合在各地建立的水稻核心示范区，每年 9 月份，除了在省水稻研究所多次组织召开由全省推广系统、水稻种子经销商、科技示范户参加的现场观摩会外，还同地方有关部门在全省各水稻主产区组织召开现场观摩会，对水稻新品种的示范推广起到了重要的推动作用。

二是充分发挥新闻媒体的作用，对水稻新品种的开发推广开展广泛宣传。通过加强与新闻媒体的联系，先后在辽宁广播电视台《黑土地》《今日黑土地》栏目，及《农民日报》《辽宁日报》《辽宁农民报》《新农业》等新闻媒体和报刊、杂志，播发各种专题片、技术讲座、高产典型等报道 130 余次。通过新闻媒体的宣传，进一步加快了优质水稻新品种、新技术的普及工作。

三是加强科技培训和技术指导，提高稻农科技素质。为使水稻产区的稻农及时了解水稻栽培新技术，省水稻所和各地农技推广部门一起大力开展技术培训工作。每年举办市、县级技术骨干培训班 5～8 次，乡、村级技术普及培训班 30～40 次，先后印发了《无公害稻谷生产技术手册》《北方优质杂交粳稻生产技术手册》《辽宁省水稻高产栽培技术指导手册》《水稻病虫害防治技术手册》等技术资料 30 余万份，制作发放《杂交水稻高产栽培技术讲座》、《旱作水稻生产技术讲座》VCD 光盘和《水稻高产栽培技术》DVD 光盘 2 万多张，通过各种方式培训技术人员达 15 万人次。此外，结合各地生产特点，在水稻生长的关键时期，如育苗期、秧田管理期、插秧期、分蘖期、拔节期、孕穗期、灌浆期等，选派科技人员深入田间地头进行现场技术指导，发现问题及时解决。对问题较为突出、病虫草害发生较为严重的地区，采取跟踪服务方式，确保推广工作取得实际成效。

四、项目实施取得的成效

（一）筛选出一批优良的后备品种，为辽宁水稻生产品种定向奠定了基础

2006—2011 年，辽宁省水稻研究所在省财政厅、省农委、省农科院等部门的关怀下，特别是在省、市、县农业综合开发部门的大力支持下，在各级农技推广部门的协助下，水稻新品种示范推广工作取得了可喜的成绩。通过新品种

展示和示范，不仅为新品种推广奠定了良好的基础，而且为我省水稻主推品种的筛选和定向明确了目标。如通过实施农业综合开发项目，我所选育的优质广适型水稻新品种辽粳9号、辽星1号的年推广面积均超过300万亩，先后成为辽宁省第一大主栽品种，分别获得辽宁省科技进步一等奖，为提高我省水稻产量、改善水稻品质发挥了重要作用。我所选育的辽优5218、屉优418、辽优2006等超级杂交稻成为东南沿海稻区主栽品种，表现出抗病性强，增产优势突出，有力地促进了中低产田稻区水稻生产的发展。

（二）建设一批高标准的水稻高产示范基地，为水稻新品种推广创造了条件

在项目实施过程中，我们建设了一批高标准的水稻高产示范基地，如沈阳市苏家屯区红菱镇、灯塔市佟二堡东荒农场、盘山县胡家镇、大洼县东风镇、海城市西四镇、开原市庆云镇、东港市示范农场水稻高产示范基地等。这些示范基地水利设施基础好，农田土壤肥沃，稻农素质较高，技术指导到位，经济效益突出，成为新品种新技术的展示区、辐射源，示范带动作用得到充分发挥。其中盘山县胡家镇水稻示范基地，在红星村党支部书记李士杰的带领下，自2005年起，每年建立新品种展示田1000亩，连续示范种植辽宁省水稻研究所育成的屉优418、辽优5218、辽优2006等超级杂交粳稻新组合，由于品种产量优势突出，田间丰产性好，并且抗病性强，每年都吸引周边地区众多的种子经销商、农户前来参观和考察，辐射带动了周边地区杂交粳稻的推广应用。

（三）大力提升辽宁省水稻综合生产能力，为稻农增收和国家粮食安全作出突出贡献

通过项目实施，使项目区水稻生产水平显著提高。2006年10月15日，辽宁省农委组织有关专家对沈阳市苏家屯区农户田丽种植的120亩辽星1号品种进行现场测产验收，实测结果为亩产811.1公斤。2007年9月29日，农业部科教司组织有关专家组成联合验收组，在辽中县茨榆坨镇对辽星1号进行田间测产验收，总测产面积为1.95万亩，平均亩产为730.3公斤，核心区亩增产达75～100公斤，辐射区亩增产60公斤，实现了辽星1号超级稻大面积均衡增产的目标，有力地提升了辽宁省水稻综合生产能力。

五年来，项目承担单位在全省累计推广种植辽粳系列和辽优系列水稻新品种、新组合18个，累计辐射推广面积达到3000多万亩，平均亩增产达到50公斤。项目核心区直接受益农户累计达9500户，受益人口3.8万人，实现经济效益28.5亿元，农户直接增加收入总额达1700多万元，对促进辽宁水稻持续健康发展作出了突出贡献。

良种良法配合　促进玉米高产田建设

玉米研究所

一、项目实施背景

玉米是辽宁省第一大作物，发展玉米生产对提高全省粮食综合生产能力和保障国家粮食安全意义重大。随着国民经济的发展和人口的增加，我国对玉米的需求越来越多，目前已经出现了供不应求的局面。但从我国农业布局来看，玉米总产量的增加不可能继续依靠扩大种植面积来实现，因此通过提高单产来增加总产已成为玉米生产的必然选择。目前，我省玉米生产采用的品种大多是高秆大穗型品种，收获时含水量高，品质差，干物质产量低。为了进一步提高单位面积产量，必须着力培育、推广适应不同生态区的耐密型玉米新品种，增加单位土地面积的玉米群体规模，发挥玉米的群体增产潜力，提高玉米单产。

国内外高产经验也证明，合理密植是获得高产的关键技术之一。“十一五”期间，国家明确玉米生产发展的主要任务是“一增四改”，核心是增加种植密度，加大耐密高产品种选育推广力度，力争使耐密品种的推广面积由目前的1亿亩增加到2亿亩。我们进行的推广实践表明，种植适于密植的玉米良种，辅以配套的密植栽培技术，使良种良法相配套，是大幅度提高玉米单产的有效途径。2006年以来，省农科院玉米所先后承担了国家、省下达的“耐密型玉米新品种辽单565繁育及高效栽培技术推广”农业科技推广、综合开发项目7项，在东北春玉米区及黄淮海夏玉米区累计推广应用辽单565等耐密型玉米新品种4171.8万亩，同时加强了配套栽培技术的研究与应用，做到良种良法相配套，有效提升了我省及相关产区玉米综合生产能力，促进了农民增收、农业增效。

二、加强示范区建设，搭建新品种推广平台

为使新品种能够在全国玉米产区快速推广应用，我们以示范区建设为核心，搭建推广平台，通过点面结合方式推进项目实施。在辽宁省及黄淮海农业科技

推广、综合开发项目区共建立玉米新品种高产示范基地57个，主要分布在辽宁的建平、建昌、黑山、辽中、新民、阜新、抚顺、昌图，及河南、河北、山东等地。示范面积1.5万亩，辐射推广950万亩。

示范推广的密植型品种主要为辽宁省农科院自主选育的拥有自主知识产权的辽单565、辽单566、辽单1211等玉米新品种。其中，辽单565为中熟玉米杂交种，生育期与先玉335、郑单958相当，2004年通过国家品种审定委员会审定；耐密植，抗倒伏，容重高，籽粒大，淀粉含量达到74.91%，属于高淀粉玉米品种，加工前景好；活秆成熟，收获时脱水快，收获期籽粒水分可降到28%左右，可有效地减轻辽宁玉米产区“水玉米”问题，也可降低储藏过程中的损耗。在辽宁、吉林等省大面积种植及北京、内蒙古等地区试种结果，辽单565平均亩产650~700公斤，具有亩产1000公斤以上的增产潜力。

在推广新品种的同时，结合实际，配套推广相适宜的玉米密植栽培技术，实现良种良法配套，主要技术内容包括如下几项。

1. 玉米简化栽培技术

采用玉米精量播种及种肥一体化标准栽培模式，实行播种、施肥、药剂封闭一条龙管理。精量播种技术可免去传统栽培方式中玉米出苗后需人工间苗等环节，不损伤幼苗；种子包衣处理，不仅能防治病虫害，而且还能提高保苗率；采用一次性侧深施专用长效肥，变氮肥多次施用为一次性基施，可节省追肥用工量。实践证明：应用玉米简化栽培能使耕层免中耕，保苗率高，降低成本，是实现玉米高产高效栽培的有效途径。

2. 玉米非等距密植栽培技术

玉米非等距密植栽培通过采取相同种植行内不等距离播种，减少植株之间的相互影响，最大限度创造合理的生长空间，增加群体叶面积指数，增强光合能力，有效延长光合时间。在不增加任何生产成本的前提下，有利于通风透光，提高玉米群体和单株的边行效应，提高玉米的免疫力和增产能力，增加玉米产量。

3. 坐水播种与地膜覆盖栽培技术

主要是针对辽西半干旱区采取的“抗旱节水”种植技术，重点在建平、建昌实施。坐水播种是根据土壤墒情来确定用水量，使土壤含水量满足种子出苗条件，是辽西地区重要的保苗技术措施。采用地膜覆盖栽培，具有明显的增湿、保墒、保肥、抑制杂草生长和减少虫害作用，有利于促进玉米生长发育和早熟，增产效果显著。

4. 缩距增密栽培技术

主要是针对当地玉米生产种植密度偏稀的传统习惯而实施的一项增加群体密度的技术措施，重点在辽中、铁岭、昌图等土地肥沃、雨水充足的地区实施。缩距增密技术主要是缩小垄距，将垄宽缩小到55厘米，株距不变或适当缩小，从而增加每亩的玉米群体数量。

5. 夏播复种栽培技术

主要是针对当地冬小麦或春马铃薯下茬种植夏玉米而采取的一项技术措施，重点在河南、河北、山东等地示范推广。玉米粗缩病是当前夏玉米生产的一种主要病害，危害严重，产量损失大。目前，我国大部分玉米品种都不抗这种病害，但生产实践证明，辽单565对玉米粗缩病的耐病性较强，田间发病程度轻，产量损失也比其他品种少。在推广辽单565时，采取适当延迟播种措施，避免玉米苗和前茬小麦出现共生期，有效减少了玉米粗缩病发生，确保实现高产高效。

三、项目实施取得的主要成效

（一）改变传统种植习惯，使“密植栽培”模式得到快速推广

由于历史延续下来的种植习惯，辽宁省玉米生产一直沿用稀植栽培模式，如我省80%的玉米种植面积密度在2800株/亩以下，远低于美国的4000～4500株/亩。种植密度偏低已经成为我省乃至全国玉米产量提高的主要限制因素之一。通过示范推广辽单565等耐密型玉米新品种，使农民认识到了种植耐密型玉米品种的增产潜力，改变了过去“棒大就是高产”的传统思想，促进了玉米密植增产技术的快速推广。

2006年，建平县太平庄乡太平庄村农民刘海洋种植5亩辽单565示范田，配套采用“坐水播种与地膜覆盖栽培技术”和“玉米简化栽培技术”，亩产达到1211.6公斤，创造了辽宁省高产记录。2009年，新民市大民屯乡李继华种植15亩辽单565示范田，配套采用“玉米非等距密植栽培技术”，亩产达到1104.8公斤。

通过项目实施，辽单565等耐密型玉米新品种在辽宁省的种植面积已从2005年的约2万亩发展到2010年的100多万亩。

（二）示范推广新品种新技术，取得显著的社会效益和经济效益

2007—2011年，在东北春玉米区及黄淮海夏玉米区累计推广辽单565等耐密型玉米新品种约4171.8万亩，各地平均亩增产25～55公斤，共增产玉米约23.1亿公斤，新增经济效益约28.8亿元。同时，通过建立种子繁育基地及玉米

生产示范基地，推行高效栽培技术，实行测土配方平衡施肥，增施有机肥，采取以生物防治为主的病虫害综合控制技术，使产品均达到无公害生产标准，促进了生产的可持续发展。

四、采取的主要做法

（一）加强组织领导，统筹协调实施

在项目实施中，成立了项目领导小组及技术小组。领导小组由省农科院赵奎华副院长任组长、科技推广处史书强处长任副组长，组员为玉米所及相关处室的科技人员。技术小组由玉米所所长王延波任组长，组员为玉米所的科技人员和项目区农技推广部门的技术人员。为协调项目实施，主持单位与参加单位签订了项目实施合同，在项目实施的各个时期，派科技人员到生产一线进行技术指导，保证了项目顺利实施。

（二）建立高产示范基地，构建推广平台

在沈阳市、铁岭市、朝阳市、阜新市、锦州市、辽阳市、抚顺市等地建立高产示范基地，累计建立核心示范区 285 亩、示范区 1.5 万亩。通过高产示范基地建设，一方面筛选出当地最适宜的耐密型玉米品种及配套栽培技术，另一方面为推广新品种、新技术树立了样板。

（三）加强科技宣传和技术培训，提高农民科学种田水平

为使农民群众掌握玉米密植高效栽培技术，项目组先后在各项目区召开现场观摩会 86 次，举办“密植型玉米新品种高产栽培技术培训班”157 期，培训当地农民 3.8 万人次，印发技术资料 5 万余份，有效提高了项目区农民科学种田技术水平。

（四）建立良种繁育基地，保证项目区用种

按照国家 GB/T 17315—1998 农作物种子生产技术操作规程的要求，在甘肃省的张掖、武威，宁夏回族自治区的银川、青铜峡等地建立玉米杂交繁种田和自交系亲本繁殖田。为保障制种工作，省农科院玉米所每年在玉米播种、砍杂、抽雄、晾晒、脱粒等关键时期，派技术人员到现场进行指导、监督，保证了繁育种子的质量和数量，满足了农民对密植型玉米新品种种子的需求，为项目实施提供了保障。

加强果树先进技术示范　促进优质果品基地建设

果树科学研究所

辽宁省是我国果品出口创汇的重要基地之一，果树栽培面积1000多万亩，水果总产量338万吨，产值59.2亿元左右，是我省农村经济发展的主导产业之一。随着全球经济一体化的迅速发展和人们生活水平的提高，对优质高档水果的需求不断增加，加快新品种、新技术推广，促进优质水果生产，已成为提升辽宁果业整体水平、增强市场竞争力和产业优势的重要任务。为促进辽宁果树产业结构的优化调整，加速果树新品种、新技术推广，2006年以来，辽宁省果树科学研究所连续五年实施辽宁省农业综合开发科技推广项目“果树优良品种及标准化生产技术推广”，按照多树种、多技术、多示范、多学科的“四多”开发推广策略，在全省重点水果产区推广果树优良新品种和标准化栽培技术，促进优质果品基地建设，使项目区果品产量和质量得到了大幅提升，果树产业呈现上升式发展的良好态势，有力地促进了辽宁果业的可持续发展。

一、根据辽宁果业区域布局，因地制宜地建立优质果品示范基地

根据辽宁省各水果产区的气候特点及果树品种结构，建立相应的优质果品示范基地，重点推广辽宁省果树所自主选育和引进的优良品种及优质高产高效标准化栽培技术。五年来，在沈阳、鞍山、锦州、朝阳、营口、葫芦岛等地建立果树优良品种示范基地32处，涉及辽宁6个市10个县（市、区）40多个乡镇160多个村1万余个专业户，示范面积5800亩，辐射带动了周边地区15万亩果树产业化发展。共推广苹果、梨、葡萄、桃、甜樱桃5个树种的优新果树品种16个，标准化生产技术17项，生物有机肥1万吨。通过项目实施，项目区优质果率平均提高20%，果品产量和果实商品性得到了大幅提升，取得了显著的经济效益和社会效益。

（一）根据市场需求，示范推广优良果树新品种

针对目前果树生产中存在的品种单一、结构不合理问题，加大名特优果品、

时令果品和错季果品的推广力度。根据各地气候特点和市场需求，在示范基地示范推广16个果树优良品种，促进了品种的更新换代。其中包括辽宁省果树所自主选育的“望山红”、“绿帅”苹果，“新苹梨”、“早金酥梨”，及引进的“无核白鸡心”葡萄，“中油4”、“金辉”桃，“红灯”、“拉宾斯”甜樱桃6个优良品种，加快了设施桃、葡萄、樱桃的发展步伐。根据果品加工业需求，与加工企业联合开发“法国兰”、“黑品诺”葡萄和“新苹梨”等加工型优良果树新品种，为我省水果加工业发展提供了有力的技术支撑。

（二）树立典型样板，带动新品种新技术推广

在示范基地建设中，通过高标准规划，选择地理位置好、工作积极性高的果树生产大户作为技术推广核心示范户，树立样板和典型，起到了以点带面的辐射作用。如营口盖州市青石岭镇飞云寨的2000亩苹果示范基地，原亩产2000公斤，优质果率仅为30%左右，通过推广标准化生产技术，亩产达到2500公斤，优质果率达到80%以上。盖州市东城办事处建立晚红葡萄标准化生产示范区300亩，项目实施前病害发生严重，果实品质差，通过项目实施，病情指数由原来的53%下降到27%，优质果率由原来的30%提高到75%。沈阳市苏家屯温室“无核白鸡心”示范基地，通过实施控产提质增效新技术，使葡萄可溶性固形物含量由原来的11%提高到13%～14%，果实提早采收近10天，每斤果实售价提高1～2元，通过示范带动，促进了苏家屯区设施葡萄产业整体质量的提高。葫芦岛市连山区西塔镇老官堡乡和盖州市团甸镇的苹果轮纹病无公害综合防控技术示范基地，项目实施前多数红富士苹果主、侧枝轮纹病连片发生，严重影响树势和产量，通过推广应用药剂防治和综合防治措施，防治效果达到81%，从根本上控制了轮纹病的危害，果实品质得到显著提高，使轮纹病防治新技术得到快速推广。

二、示范基地建设采取的主要措施

（一）加强组织管理，精心组织实施

在项目的组织方面，成立了项目领导小组和技术实施小组，做到合理分工、明确责任。根据项目开发内容，省果树所抽调苹果育种、苹果栽培、梨、葡萄、桃、樱桃、土壤肥料、植物保护等8个学科的40余名专家参与项目实施，使每个项目做到多学科联合攻关，提高了项目实施的科技含量，保证了开发项目各项任务的高标准完成。为落实好各项工作任务，省果树所还与各市县开发办和果树局（推广站）等单位建立合作关系，由上至下构建推广网络，确保各项任务落实到位。

（二）采取灵活多样形式，深化科技培训工作

在对果农进行科技培训过程中，通过采取课堂讲授与专家亲身到果园对果农进行实地培训相结合方式，实现由过去的“我讲什么你听什么”向“你需要什么我讲什么”方式转变，并利用多媒体讲课、影视广场设备等先进科技手段，提高培训效率和质量。五年来，累计举办各种形式的技术培训班150次，进行现场技术指导500余人次，培训果农1.5万余人次。制作了《梨栽培技术》《果园土肥水管理》《果实套袋技术》《设施葡萄栽培技术》《苹果树生长期病、虫害防治》《葡萄病害防治技术》6部VCD光盘，发放7000余张。发放《辽宁省苹果树现代整形修剪及产业化生产技术汇编》《苹果无公害病虫防治历》《梨树无公害病虫防治》《保护地葡萄生产优质高效栽培技术模式图》《果树优新品种简介》《桃温室管理作业历》《设施桃丰产优质栽培技术》等技术资料1.58万份。

此外，积极引进国外先进技术，邀请国外专家来示范区进行现场技术指导和示范。先后有日本长野县原山农场果树修剪专家原山武文先生、波兰波兹南生命科学大学Tomasz教授、荷兰Mijdrecht园艺顾问Tony de Snoo先生、美国爱达荷州大学Esmeil Fallahi教授等国外果树专家到项目区进行果树修剪、土肥管理、病害防治方面的技术交流和指导，培训技术人员和果农300余人。

（三）实行蹲点服务，加强对果农的技术指导

针对果农的实际需求，省果树所选派40位业务水平高、经验丰富的果树专家，深入示范基地实行蹲点服务，从品种选择、树形修剪到病虫害防治和田间管理等果树栽培的各个环节对果农进行全程技术指导，每年累计蹲点达3000余天，及时解决了果农在生产中遇到的实际问题，保证了各项推广技术落实到位，为示范区建设奠定了良好基础。

（四）重视媒体宣传，促进新技术推广普及

结合项目实施，与辽宁广播电视台《黑土地》栏目、《乡村四季》栏目，营口电视台《新农村》栏目及熊岳电视台开展合作，制作了“双飞式葡萄架”“棚内灌水有新招”“家有苹果树赶紧防治轮纹病”“梨架式栽培”“樱桃好吃树也不难栽”“司大嘴逛桃棚”“设施甜樱桃采收后修剪技术”“设施桃采收后主干型修剪技术”“梨品种——早金酥梨”“梨应用中间砧早结果”“我的名字叫‘绿帅’”“像沙果一样的苹果”等科普宣传专题片25个，对推广的新品种、新技术和典型经验进行宣传报道，促进了项目实施。2007年和2010年全省遇春季暴雪和早春低温冻害等灾害，项目组及时深入生产实际进行调研，并提出应对技术措施，制作了果树灾害补救措施等系列节目，并通过电视、网络、报纸等

媒体宣传，为减少果业生产损失作出了贡献。

（五）认真做好项目管理工作

由于本项目涉及的学科较多，果树所共有 8 个研究室的科技人员参与项目实施。为保证项目顺利实施，重点强化项目管理工作，在项目实施中，项目组成员之间做到分工协作，发挥团队力量推进项目实施。相关管理部门认真组织做好监督、检查工作，保证了各项任务的落实。为促进科研单位与各地推广部门的合作，通过定期召开协作网会形式，总结经验，互相交流学习，为提高项目实施水平创造了良好条件。

三、取得的成效

五年来，在全省共建立果树优新品种示范园 5800 亩，建立优质高效栽培技术展示区 3.76 万亩，向周边地区辐射面积 15 万亩。通过优良品种和标准化生产技术的推广，项目区果品品质明显改善，产量提高了 18% ~23%。其中，年产优质苹果达 2750 万公斤，每公斤增值 1.5 元以上，新增效益达 4125 万元；年产优质梨 2110 万公斤，每公斤增值 1.5 元以上，新增效益达 3165 万元；年产优质葡萄 1680 万公斤，每公斤增值 1.2 元以上，新增效益达 2016 万元；生产优质反季桃、樱桃、葡萄等水果总产量 917 万公斤，新增效益达 2100 万元。项目实施累计新增效益 1.14 亿元，取得了显著的经济效益。

通过项目实施，项目区形成了“品种良种化、生产标准化”的发展格局，促进了果业结构的优化调整，增强了全省果品的市场竞争力，对推动辽宁环渤海湾地区优质水果基地建设发挥了重要作用。

加快优新品种与配套技术集成推广
推动花生产业快速发展

风沙地改良利用研究所

一、辽宁花生产业现状与优势

花生是一种世界性的油料作物，其产量对食用油供给起着举足轻重的作用。我国是花生生产大国，花生播种面积占世界的19%，总产量占世界的41%，出口量占世界的52%。在国内，花生种植面积在全国油料作物中占三分之一，但总产却达到二分之一，并以油用消费为主，因此，加快新技术推广，不断提升花生生产技术水平，对保障我国食用油供给意义重大。

辽宁地处北纬38°53′~43°26′之间，是世界适宜花生生产最北部区域之一。有适宜种植花生的丰富土地资源，光照充足，病害少，特别是影响花生品质的黄曲霉病显著低于其他地区，有利于优质花生生产，是我国重要的优质花生出口基地。

辽宁花生主要分布在阜新、锦州、铁岭、沈阳、葫芦岛、鞍山、朝阳、大连等地区。“十一五”期间，辽宁省花生生产呈快速发展趋势，花生年均种植面积270万亩，2008年达到452.9万亩，2010年达到600万亩，成为辽宁省第三大作物。

虽然近些年辽宁的花生种植面积迅速扩大，但花生生产技术水平依然较低，平均亩产水平较全国平均水平低55.5公斤，其原因，一是品种老化，很多地块年复一年重复留种，造成花生病虫害加重、品质下降；二是栽培技术落后、管理粗放，限制了产量的提高。

二、结合花生生产实际，开展技术集成推广

针对辽宁省花生产业存在的问题，2007年辽宁省风沙地改良利用研究所组织实施了省农业综合开发重点科技项目“专用花生新品种及配套栽培技术示范

推广”，在花生重点产区推广高产优质花生新品种及配套集成栽培技术。项目区以阜新市为核心区域，辐射锦州、葫芦岛、沈阳、铁岭等市的 14 个县市 57 个乡镇，累计推广花生新品种 255 万亩，有力地推动了辽宁省花生产业的发展。

（一）建立示范基地，带动花生新品种推广

重点在阜蒙县和彰武县建立油用花生生产示范基地和出口花生生产示范基地。在油用花生生产示范基地，重点推广阜花 9 号、阜花 12 号、唐油 4 号、远杂 9102、冀花 4 号等高产高油新品种；在出口花生生产示范基地，重点推广阜花 13 号、鲁花 12 号、花育 20 号等花生新品种。见表 1。

表 1　推广新品种增产分析表

品　种	面积/万亩	亩产/公斤	亩增产/公斤	增产率/%	总增产/万公斤
阜花 12 号	51.5	232.3	30.8	15.3	1586.2
阜花 13 号	17.1	231.5	30	14.9	513
唐油 4 号	24.8	229.2	27.7	13.7	686.96
鲁花 12 号	18.9	228.3	26.8	13.3	506.52
阜花 9 号	3.1	232.3	30.8	15.3	95.48
阜花 14 号	2.8	234.5	33	16.4	92.4
阜花 15 号	2.6	235.1	33.6	16.7	87.36
其他	8.3	227.3	25.8	12.8	214.14
合计	129.1				3782.06

（二）研发推广花生高产栽培技术

由于辽宁大部分地区花生种植在较瘠薄的山坡地、风沙地、林间地，地块土质瘠薄、易旱，且多重茬，对此，重点推广了地膜覆盖、抗重茬、平衡施肥、抗旱播种、病虫害综合防治等高效集成技术，使花生产量提高 20% ~50%。

1. 地膜覆盖栽培

实践表明，采用地膜覆盖栽培具有增温保墒、改善花生生长环境、促进花生长势健壮等作用。单株形成荚果数达 13 ~17 个，明显高于裸地种植花生入土果针数（7 ~10 个）。其中采用塑料膜栽培平均亩产达 293.4 公斤。见表 2 和表 3。

表 2　地膜覆盖栽培花生调查考种分析表

处　理	亩苗数/万株	主茎高/厘米	侧枝长/厘米	分枝数/个	结果数/个	单株果重/克	折合亩产/公斤
塑料膜	16.5	43.3	45.7	7.8	15.8	23.0	378.9
液态膜	17.3	38.5	41.4	6.6	9.4	14.8	256.8
裸地	16.9	36.7	39.2	6.5	9.1	14.8	249.3

表 3　　地膜覆盖栽培花生增产效果分析表

处　理	面积/万亩	亩产/公斤	亩增产/公斤	增产率/%	总增产/万公斤
塑料地膜	4.3	292.4	90.9	45.1	193.98
液态膜	0.2	213.5	12	6.0	1.19
合计	4.5				195.17

2. 抗旱节水栽培

针对花生生产用工多、劳动强度大等状况，在项目实施中，研制出花生覆膜打孔播种机和抗旱播种机，推广机械化栽培技术。其中应用花生覆膜打孔播种机，花生播种后不用人工引苗，减少了人为地膜损坏和土壤水分流失，起到了增温保墒作用，比其他型号覆膜播种机提高产量 2.4%，减少人工引苗用工 50～100 元。花生抗旱播种机能够充分利用土壤水分，提高播种质量，比其他同类型播种机工作效率提高 10%～30%，出苗率均在 90% 以上，增产 5%～10%。在栽培上，采取增施有机肥、秋整地等措施，改善了土壤结构，增加土壤蓄水、保水量，为抗旱保苗创造了有利条件。见表 4 和表 5。

表 4　　不同抗旱处理花生性状调查考种分析表

处　理	亩苗数/万株	出苗天数/天	主茎高/厘米	侧枝长/厘米	分枝数/个	结果数/个	单株果重/克	折合亩产/公斤
施有机肥	1.89	20	38.4	42.1	6.9	9.3	14.4	271.3
秋整地	1.83	20	37.8	41.3	6.6	9.3	14.1	257.2
地膜覆盖	1.64	15	42.6	46.2	8.1	16.1	22.5	368.8
机械抗旱播种	1.93	19	38.1	41.9	6.5	9.2	14.0	268.9
对照	1.57	23	36.6	39.3	6.6	9.3	13.7	214.5

表 5　　不同抗旱处理花生增产效果分析表

处　理	应用面积/亩	亩产/公斤	亩增产/公斤	增产率/%	总增产/万公斤
施有机肥	95	215.1	21.7	11.2	0.2
秋整地	1845	206.0	12.6	6.5	2.3
机械抗旱播种	3350	210.6	17.2	8.9	5.8
对照		193.4			
合计	5290				8.3

3. 抗重茬栽培

辽西北花生重茬严重，有些区域花生种植面积超过耕地面积一半以上，无法正常轮作倒茬。针对重茬地，示范推广抗重茬技术措施：一是选用抗病品种；二是增施有机肥，改善土壤结构；三是实行秋深翻；四是增施生物肥；五是增施微肥；六是加强病虫害防治；七是应用抗重茬剂。

采用上述综合技术使重茬连作引起的障碍明显降低，花生长势健壮，病虫害显著减少。其中根腐病发生率为0.03%，比对照0.83%减少0.8%；叶斑病发生率为0.7%，比对照5.4%减少4.7%；无蛴螬危害苗数。见表6。

表6　不同抗重茬处理花生增产效果分析表

处理	应用面积/亩	亩增成本/元	亩产/公斤	亩增产/公斤	增产率/%	亩效益/元	总效益/元
施有机肥	305	60	223.3	26.0	13.2	19.2	5856
秋深翻	750	20	207.4	10.1	5.1	10.6	7950
施微肥	1240	15	215.8	18.5	9.4	41.4	51336
抗重茬剂	1305	15	212.3	15.0	7.6	30.6	39933
异地换种	1560	8	206.8	9.5	4.8	20.8	32448
综合措施	190	88	241.1	43.8	22.2	45.2	8588
重茬二年			197.3				
合　计	5350						146111

4. 防风蚀栽培

通过采取花生玉米间作、喷施液态膜、地表覆盖秸秆等技术，防风蚀效果明显，基本遏制了风剥现象。其中，地表覆盖秸秆表现不增产，原因是对花生保苗有一定影响，但进入夏季，秸秆腐烂，能起到培肥地力、增加土壤有机质的作用，有利下一年作物生长。见表7。

表7　不同防风蚀处理防风蚀效果和增产情况

处理	应用面积/亩	风蚀量/厘米	亩成本/元	亩产/公斤	亩增产/公斤	增产率/%	总增产/公斤
花生玉米间作	1300	3.2	10	191.6	2.3	1.2	1560
地表覆盖	56	-1.5	25	189.1	-0.2	-0.1	-5.6
喷液态膜	100	0.5	60	205.2	15.9	8.4	840
施有机肥	15	3.6	60	212.6	23.3	12.3	184.5
收后镇压	25	3.8	10	190.4	1.1	0.6	15
不旋耕	15	4.2	-15	189.7	0.4	0.2	3
对照		5.1		189.3			
合计	1511						2596.9

注　调查时间为4月25日—5月25日。

5. 机械化栽培

重点推广了辽宁省风沙所研制的花生覆膜打孔播种机和抗旱节水播种机。

花生覆膜打孔播种机由于膜上打孔播种，不用人工引苗，提高了功效和作业质量；花生抗旱节水播种机，采取双覆土双镇压播种方式，在春旱情况下，发挥了巨大作用，出苗效果好，基本达到全苗。见表8。

表8　　推广花生机械化生产效果分析表

机械种类	产　地	推广数量/台	应用面积/万亩	亩节省工时/个	总增效益/万元
花生覆膜播种机	阜新	50	1.2	3.5	210.0
花生覆膜播种机	山东	175	4.1	2.5	512.5
花生播种机	阜新	30	0.75	1.5	56.3
花生起果机	山东	10	0.3	3	45.0
花生起果机	新立屯	10	0.25	3	37.5
合计		275	6.6		861.3

6. 病虫害综合防治

通过推广种衣剂拌种、播种同时施入农药等措施，遏制了蛴螬、象甲、根腐病等苗期病虫害发生；进入花生开花期，重点防治叶斑病、花生丛枝病、花叶病、蚜虫、蓟马、造桥虫等病虫害。见表9和表10。

表9　　不同处理病虫害防治效果

处　理	金龟子/%	蛴螬/%	蚜虫/%	叶斑病/级	根腐病/%	疮痂病/%	病毒病/%
种衣剂（高巧）	0.2	0.5	1.1	1	0.2	11.5	0.2
种衣剂（扑力猛）	0.3	0.3	1.3	1	0.3	9.3	0.1
化肥＋三尺绝	0.3	0.1	7.3	3	1.4	13.2	1.5
花期喷多菌灵	7.9	9.8	12.3	1	1.3	7.3	1.2
花期喷托布津	8.3	8.8	12.3	1	1.4	7.2	1.6
综合防治	0.1	0.2	0.3	1	0.2	4.1	0.1
无处理	13	11	13	3	1.5	15.3	3.3

表10　　病虫害不同防治处理增产效果

处　理	应用面积/亩	亩增成本/元	亩产/公斤	亩增产/公斤	增产/%	亩增效/元	总增效/元
种衣剂（高巧）	150	25	211.6	17.3	8.9	78.8	1.2
种衣剂（扑力猛）	160	25	211.2	16.9	8.7	76.4	1.2
化肥＋三尺绝	11260	15	204.8	10.5	5.4	48.0	54
花期喷多菌灵	1200	20	207.7	13.4	6.9	60.4	7.3
花期喷托布津	1100	20	207.3	13.0	6.7	58.1	6.4
综合防治	3340	30	222.9	28.6	14.7	141.4	47.4
无处理			194.3				
合计	17210						117.5

（三）建立良种生产基地，确保新品种种子供给

为保证花生品种提纯复壮和新品种种子供给，在各项目区建立原种繁育基地 3000 亩，每年生产原种 60 万公斤；建立良种繁育基地 3 万亩，每年生产良种 600 万公斤，保障了推广田的良种供给。

三、取得的工作经验

（一）成立项目协作组，明确分工，做好任务落实

成立以辽宁省风沙地改良利用研究所为主，由各实施县农业开发办、农业技术推广中心为协作单位组成的领导小组和技术指导小组，做到分工明确，为项目实施提供了组织保障。项目实施中，由辽宁省风沙地改良利用研究所负责制定实施方案、编写新品种配套栽培技术规程，各市县的农业开发办、农业技术推广中心负责方案落实，安排重点示范户，发放种子及技术资料，组织开展技术培训等。通过科研单位与各地职能部门密切配合，确保了推广项目顺利实施。

（二）强化核心区建设，充分发挥示范作用

实施过程中，注重核心示范区建设，创建了一批高产示范典型，以点带面推进项目实施。其中 2007 年建立示范区 1 万亩，高产示范田 75 亩；2008 年建立示范区 1 万亩，高产展示田 2000 亩；2009 年建立示范区 1 万亩，高产展示田 3000 亩；2010 年建立示范区 3 万亩，高产展示田 7200 亩；2011 年建立核心区 1.3 万亩，示范区 3 万亩，推广面积达 129.1 万亩。随着示范区规模的不断扩大，示范带动作用不断增强，促进了新品种在项目区的大面积推广。

对核心示范区建设采取“三统一”管理措施。一是对核心示范区农户实行统一供种，对大面积地膜覆盖栽培展示区，免费提供花生覆膜播种机和地膜、化肥、农药等农资，并与高产展示田的农户签订协议书，对达到目标产量指标的给予奖励，调动了示范户的积极性。二是统一技术指导。结合各地实际分别制定了针对不同花生新品种的栽培技术规程，编写出《阜花系列花生新品种栽培技术手册》，内容包括：阜花系列花生新品种介绍、花生高产栽培技术规程、花生地膜覆盖高产栽培技术、花生黄曲霉综合防控栽培技术、花生病虫草害无公害防治技术、花生测土配方施肥技术、花生覆膜打孔播种机使用技术等，确保花生生产的规范化。同时，在部分地区聘请有经验的技术人员作为当地的技术负责人，具体负责当地的技术指导和技术培训，有效提高农民科技素质。三是统一进行病害防治和配方施肥。对花生生产中的一些主要病害，采取统一防

治的措施，避免了病虫害的大面积发生。

（三）加大科技宣传力度，推动项目实施

一是花生生长关键期在示范区召开现场观摩会，让农民增强对新品种、新技术的认识，加快花生新技术推广。二是发挥省、市电视台、广播电台以及《科技日报》《农民日报》等报纸、杂志的宣传作用，通过科技宣传，扩大技术推广的覆盖面。三是编写印发宣传单、宣传画和技术手册等宣传资料，方便农民了解新品种、学习新技术，推动项目实施。四是开展技术培训，在各市、县举办技术骨干培训班，培训县、乡两级技术骨干，在花生生长关键时期，派科技人员开展田间技术指导，保证了各项技术落实到位。

（四）扶持龙头企业，推进花生产业化发展

项目组与辽宁鑫吉粮油加工有限公司和绿色房山粮油加工有限公司开展科企合作，为企业提供高油、高蛋白花生新品种及配套栽培技术，帮助公司建立高油和高蛋白花生生产基地，解决优质原料问题。同时，帮助企业研究开发花生酱、花生糕点、花生饮料，以及利用花生壳、花生秸秆等副产物加工饲料、纤维板、培养食用菌等技术，形成“龙头企业 + 科研单位 + 生产基地”产业发展模式，促进了项目区花生产业化发展，提升了花生生产的经济效益。

四、推广成果

2007—2011 年，累计在项目区推广花生新品种 145 万亩，增产花生 6520 万公斤，增加经济效益 3.1 亿元。通过项目的实施，扩大了项目区花生新品种种植面积，特别是优质专用花生新品种面积的推广，提高了全省花生产区的花生产量和效益，促进了农业结构调整，同时，推动了花生产业发展，促进了农民增收，对拉动农村经济发展发挥了重要作用。

项目实施期间，针对生产实际问题开展技术创新，取得重要进展。其中，研制出花生覆膜打孔播种机和抗旱播种机，获得了发明专利（专利号 ZL 2008 1 0011384.1）和实用新型专利（专利号 ZL 2008 2 0013616.2）。“高产优质专用花生新品种选育与配套技术研究”2009 年获辽宁省政府科技进步二等奖。

建立科技推广网络　带动辽西设施蔬菜产业技术升级

水土保持研究所

辽西地区是我省设施蔬菜的重点产区，近几年，在省委、省政府的大力支持和当地政府的重视下，设施蔬菜栽培面积迅速扩大，规模化种植程度不断提高，并形成区域特色，成为当地农业重要的支柱产业。但在发展过程中，由于科技水平不高，阻碍了产业的健康发展。对此，辽宁省水土保持研究所于2006—2011年连续六年在辽西地区实施省农业综合开发科技推广项目“设施蔬菜高效栽培模式及技术集成示范与推广”。针对当地设施蔬菜发展中存在的实际问题，推广新品种、新技术，充分挖掘设施栽培生产潜力，促进增产增收，为辽西设施蔬菜产业发展提供了有力的技术支撑。

一、根据辽西设施蔬菜发展需求加快先进技术推广

（一）设施蔬菜优质高效栽培模式示范推广

推广应用设施蔬菜优质高效栽培模式，可提高设施内土地利用率，缩短茬口间歇时间；合理安排茬口，使各茬产品供应处于市场供应淡季，获得较高经济收益；充分发挥品种的生产潜力，节效增收。同时，在实施过程中，通过新品种、软管微喷技术、地膜覆盖技术、嫁接技术、配方施肥技术、无害化病虫害防控技术等配套推广，实现设施产业的高效生产。根据辽西设施蔬菜发展需求重点推广11种栽培模式，增产增收效果显著，亩均增效益2500～4000元，高的增收近万元。11种栽培模式包括：

（1）日光温室越夏栽培番茄＋越冬番茄；

（2）冷棚甜瓜＋越夏番茄栽培模式；

（3）冷棚葡萄、青椒套作越夏栽培模式；

（4）日光温室越冬番茄周年生产技术；

（5）越冬青椒周年生产技术；

（6）日光温室茄子周年生产技术；

(7) 日光温室黄瓜周年生产技术;

(8) 日光温室冬春茬番茄套作菜豆栽培模式;

(9) 法国吊蔓西葫芦高产栽培模式;

(10) 冬春茬西葫芦+越夏番茄高效栽培模式;

(11) 越冬茬芹菜+番茄(黄瓜)生产模式。

北票市科技示范园示范户路占英,应用日光温室冬春茬番茄套作菜豆栽培模式种植1.18亩温室,配套秸秆生物降解栽培和膜下软管微喷技术,番茄产量达31250斤,菜豆亩产量9870斤,一茬两品种总收入近70000元,增产、增收效果显著。

(二)有机生态型栽培技术示范与推广

有机生态型栽培技术可根据作物各生育期对不同矿质元素的需求施用配方基质,代替传统土壤栽培,实现人工调控作物生长所需的养分、水分、气体等,使作物始终处于最佳的生长发育环境中,从而充分发挥作物生产潜力,有效提高蔬菜产量,增进品质,省肥,省水,克服或减轻连作障碍,减轻病虫害发生程度,经济效益得到大幅度提高。试验示范结果证明,应用该项技术,可节水40%以上,蔬菜产品提早成熟5~7天。在喀左县的南公营子镇、平房子乡,北票市的五间房镇科技示范园、蒙古营子乡推广该项技术,黄瓜栽培亩提高产量25%~30%,番茄增产20%~25%。

(三)设施蔬菜秸秆生物降解栽培技术大面积推广

生物秸秆降解栽培技术是近年继续大面积推广应用的一项高效、省本、节能的保护地蔬菜栽培新技术,该项技术利用特定的微生物菌群将秸秆发酵分解,释放CO_2和热量,改善土壤微生态环境,为作物生长发育创造良好的环境条件。该项技术操作简便,成本低,能有效地利用当地丰富的秸秆资源,提高资源利用率;克服土壤连作障碍,减轻病害,提高土地肥力,解决目前蔬菜生产较为严重的土壤退化、环境污染等问题,具有一技多效的功能,可实现设施蔬菜生产的绿色、环保、高效,推进设施产业的健康、持续发展。

推广实践证明,应用秸秆生物降解栽培技术有如下特点:①提高二氧化碳浓度和光合效率。可使温室内二氧化碳浓度提高2~3倍,光合效率提高50%以上。②有效提高地温。产生的热量效应可使20厘米地温增加3~5℃。③减少病害。一般可减少发病率30%~50%。④减少化肥用量。应用该项技术将逐年减少化肥施用量,特别第二年可减少化肥用量30%~50%,节约生产成本400~600元。⑤提高品质,提前采收5~7天。项目区的朝阳县尚志乡李家沟村张立海,由于长期种植黄瓜老棚室,土壤连作十分严重,产量低品质差,应用该项技术后，种植同一作物不仅安全度过了低温冷害天气，还较常规栽培方式提高产量25% ~30%，产量品质也大幅度提高，增产、增收效果十分显著。

（四）设施蔬菜优质高效综合配套技术集成

1. 荷兰熊蜂授粉技术

授粉是农作物坐果的关键环节，而蜂媒授粉又是农作物授粉的最佳方式。温室内茄果类蔬菜使用人工授粉费时费力，授粉质量低；使用激素点花，由于受温度和湿度影响难以把握，会造成果实畸形和果实品质不良，影响食品安全。使用熊蜂授粉，可以省工、省力，提高果实品质，降低畸形果菜的比值，避免植株因激素中毒而大幅减产的问题，增加果菜产量。经试验应用效果表明，应用熊蜂授粉技术，番茄增产10%以上，青椒增产20%，蓝莓增产32%，减少了畸形果、空心果的比例，提高单果重，一级果率可达90%以上。2011 年度示范面积200 亩。

2. 节水灌溉栽培技术

辽西地区干旱少雨，水资源匮乏，大面积推广地膜覆盖栽培、膜下软管微喷技术，可有效提高资源利用率，提高地温，降低棚室湿度，减轻病虫害的发生程度，降低生产成本，提高蔬菜的产量和品质。

3. 设施蔬菜无害化生产技术

重点推广病虫害综合防控技术、测土配方施肥技术、设施环境调控技术。

（1）病虫害综合防控技术：推广“两网一膜”配套技术，应用防虫网、黄板诱杀、黑光灯、遮阳网，达到遮阳、降湿、防虫的效果。推行地膜覆盖栽培，采取增温、保水、降湿、防雨等措施，创造适宜蔬菜生长的环境，防止病害的浸染和虫害的发生，减少农药的使用量。

（2）测土配方施肥技术：应用 CO_2气肥，增施生物有机肥，减少化肥的使用量。

（3）设施环境调控技术：推广设施蔬菜生产节水节肥、增温、降湿和节能技术、补光遮荫环境调控技术，提高资源利用率，减轻环境的污染，实现设施蔬菜生产的无害化。

（五）国内外设施蔬菜新品种引进推广

依据辽西地区设施产业的发展和市场需求，引进国内外优质、高产、高抗设施蔬菜新品种 30 个，其中包括番茄新品种 10 个，主要有红太子、1801、迪利奥、欧冠、苏菲亚、375、898、75 号等；黄瓜新品种 8 个，主要有中荷 8 号、中荷 9 号、堪特 9 号等；青椒新品种 5 个，主要有黄马、日本椒王、日本 1 号、37-74、奥黛丽等；吊蔓西葫芦品种 4 个，主要有冬玉、法拉丽、凯萨等，以及茄子新品种3个。通过试验示范，筛选出适于本地区栽培的优良品种，并在生产上推广应用，以提高项目区新品种覆盖率和设施蔬菜品种的更新换代。

二、开展技术推广的主要途径

（一）建立“三位一体”推广网络

项目实施过程中，为了做到项目有效推进，增强技术推广力度，扩大技术普及规模，结合项目区设施蔬菜生产实际特点，实行以科研单位为技术推广核心，充分利用各级科技推广部门技术力量，探索出以项目为支点建立科技服务平台，构建起科研单位——地方科技推广部门——农民专业合作组织“三位一体”、由上至下的推广网络，保证各项推广任务层层得到落实。同时，结合当地设施农业区域规划，制定推广计划和方案，探索出具有本地特色的科技推进产业发展的开发模式，对辽西地区设施蔬菜产业整体技术水平的提高发挥了重要作用。

（二）加强示范区建设，强化典型的辐射带动作用

开展示范区建设，树立先进典型，是加快新技术推广的重要渠道。对此，在项目实施中，结合各地设施蔬菜产业布局，有的放矢地开展示范区建设。如建立秸秆生物降解栽培、有机质无土栽培、番茄越夏栽培、冷棚青椒葡萄套作、日光温室布利塔茄子、番茄周年生产等各具特色的示范区，并选择科技意识强、设施水平高、管理好的种植户作为核心示范户，重点进行扶持，提供软管微喷、两网一膜、二氧化碳气肥、秸秆发酵菌、杀虫黄板等生产资料，使推广的多项新技术能够在样板田内得到集中展示，树立了高效典型，带动了示范区内新技术的普及推广，促进新技术向周边区域辐射。

对核心示范户，通过进行物资和技术扶持，使其成为掌握新技术的科技带头人，向其他种植户传授先进的种植经验，提高了周边农民对应用新品种、新技术的认识，带动了新品种、新技术的推广普及，对促进当地以及周边地区规模化种植，有效推动和加快设施蔬菜的产业化进程发挥了重要作用。

为加强示范区建设，在每个示范区选派科技人员开展科技培训和技术指导活动，提高农民的科技素质和生产水平，有效提升示范区整体生产技术水平。项目组还组织农户进行拉练学习，在发挥典型示范带动作用的同时，也推动了先进科学技术的快速推广。见图1。

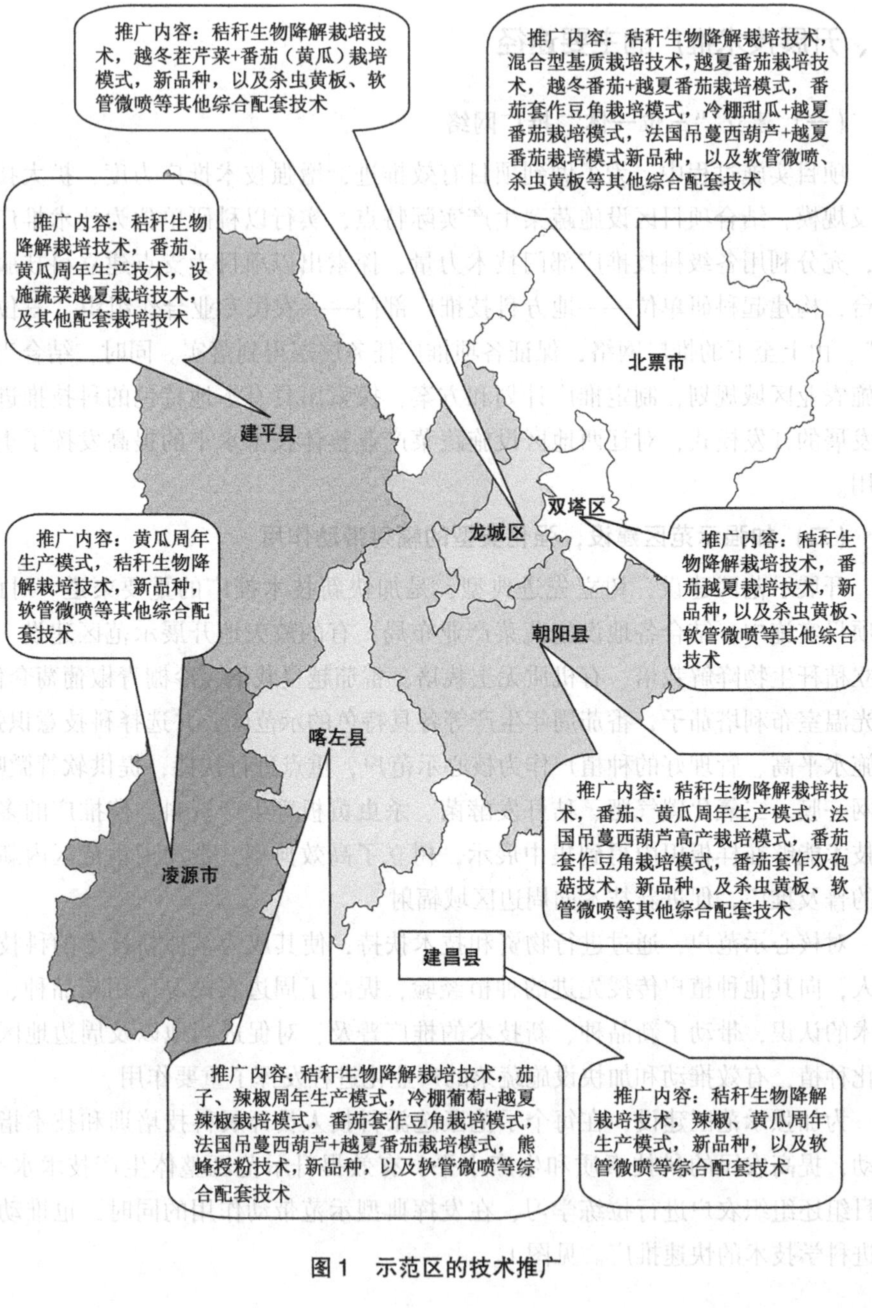
推广内容：秸秆生物降解栽培技术，越冬茬芹菜+番茄（黄瓜）栽培模式，新品种，以及杀虫黄板、软管微喷等其他综合配套技术
推广内容：秸秆生物降解栽培技术，混合型基质栽培技术，越夏番茄栽培技术，越冬番茄+越夏番茄栽培模式，番茄套作豆角栽培模式，冷棚甜瓜+越夏番茄栽培模式，法国吊蔓西葫芦+越夏番茄栽培模式新品种，以及软管微喷、杀虫黄板等其他综合配套技术
推广内容：秸秆生物降解栽培技术，番茄、黄瓜周年生产技术，设施蔬菜越夏栽培技术，及其他配套栽培技术
北票市
建平县
双塔区
龙城区
推广内容：秸秆生物降解栽培技术，番茄越夏栽培技术，新品种，以及杀虫黄板、软管微喷等其他综合技术
推广内容：黄瓜周年生产模式，秸秆生物降解栽培技术，新品种，软管微喷等其他综合配套技术
朝阳县
喀左县
推广内容：秸秆生物降解栽培技术，番茄、黄瓜周年生产模式，法国吊蔓西葫芦高产栽培模式，番茄套作豆角栽培模式，番茄套作双孢菇技术，新品种，及杀虫黄板、软管微喷等其他综合配套技术
凌源市
建昌县
推广内容：秸秆生物降解栽培技术，茄子、辣椒周年生产模式，冷棚葡萄+越夏辣椒栽培模式，番茄套作豆角栽培模式，法国吊蔓西葫芦+越夏番茄栽培模式，熊蜂授粉技术，新品种，以及软管微喷等综合配套技术
推广内容：秸秆生物降解栽培技术，辣椒、黄瓜周年生产模式，新品种，以及软管微喷等综合配套技术

图 1　示范区的技术推广

三、推广工作经验

（一）加强领导，为项目实施提供组织保障

项目实施过程中，为加强项目组织协调工作，由辽宁省水土保持研究所牵头，组成由科研单位与各项目区农业综合开发办、农业主管部门参加的项目领导小组，由省水保所和各地蔬菜技术推广部门参加的项目技术小组。领导小组主要负责项目的组织协调，制定项目的实施计划，研究解决项目开展中存在的问题，对项目实施监督、检查和管理，使技术推广工作高效有序开展。技术组主要负责制定项目实施方案，落实各项开发推广任务，撰写科技宣传资料，组织科技人员深入项目区开展科技培训、技术指导等工作。项目领导小组和技术组定期召开会议，研究、交流推广工作进展情况，明确工作任务，解决实际问题，提高工作效率。同时，加强项目主持单位与各项目区农业主管部门的相互协调合作，因地制宜建立示范区、示范户，做好各项扶持物资的落实工作；加强科研单位与基层两级科技人员的相互交流和学习，了解生产需求，知农户之所想，急农户之所需，为农技推广工作搭建平台，提供服务，确保了项目顺利实施。

（二）扶持农民专业合作组织，推进设施产业向纵深发展

随着辽西地区设施蔬菜的不断发展，一家一户的传统分散经营模式在激烈的市场竞争中越来越丧失其市场竞争力，自产自销的销售模式常常使农民在增产的同时却难以实现增收。为了改善这一现状，项目组积极协助项目区农业主管部门，扶持项目区技术能手和种植大户，利用他们在本地区的影响力，与周边农户联合成立农业专业合作组织，实现统一种植，统一管理，统一销售，对内实施农业标准化生产，对外统一质量、价格，不仅提高了农产品的市场竞争力，同时也保护了农民的利益。如项目组扶持北票市五间房镇张治中，带领农民成立了“甜瓜＋番茄”生产合作社，土城子乡王升军成立番茄生产合作社，喀左县孙凤如成立青椒生产合作社等，有效带动了周边农户进行规模化生产，促进了产销一体化、种植标准化、生产规模化，推动了设施蔬菜产业的健康、持续发展。

（三）不断改进提高推广技术，增强项目科技含量

实现农民增收、农业增效，优良品种是基础，先进技术是保障。因此，项目实施过程中，项目组积极组织技术人员到省内外设施栽培发达地区参观学习，掌握行业发展动态，引进适合本地区的新品种、新技术，并进行组装集成，结

合本地区实际加以推广应用，使项目实施的科技含量不断提升。五年来，累计在项目区推广新技术34项，引进推广应用新品种65个。目前，项目区设施蔬菜栽培已实现新品种普及率100%，节水灌溉技术应用率80%以上，推广应用有机质无土栽培、生物秸秆降解栽培技术3万亩以上。

（四）突出区域特色，推广高效栽培模式

目前，经过多年的发展，朝阳地区设施农业已形成凌源黄瓜、北票番茄、喀左茄子和辣椒、朝阳韭菜、城郊特菜等多个具有区域特色的优质反季节蔬菜生产基地，有种植水平较高的栽培大户和专业合作社，农民的种植热情高，接受新事物意识强。项目开展过程中，我们根据这一特点，针对不同地区特色因地制宜地示范推广高效栽培模式，使这些地区设施蔬菜的整体栽培水平、产品产量和质量不断提高，打造了一批名优品牌，市场影响力不断提升。如在喀左项目区，根据其生产实际推广“葡萄＋越夏青椒套作”栽培模式、“冷棚青椒越夏高产栽培”模式和“越冬茬茄子布利塔周年生产”模式等，为培植壮大区域特色产业提供了有力的技术支撑。

（五）加大技术培训和科技宣传力度，提升农民科技素质

提高农民科技素质是保证农业技术推广顺利实施的重要环节，对此，项目组在项目实施过程中，结合推广的有机质无土栽培、番茄越夏栽培、秸秆生物降解栽培、平衡施肥及节水灌溉、病虫害综合防治等技术，通过广播电视传播媒介、编写印刷技术手册、刻录技术光盘、举办技术培训、录制技术专题片、进行现场指导、赶科技大集、组织农户观摩学习等多种形式，大力宣传农业科学技术，提高农民科技素质。五年来，在项目区累计举办培训班97次，培训农民1.14万人次，发放科技资料1.65万份，录制电视专题技术讲座10集，取得了良好的推广效果。使项目区农民学技术、用技术的热情不断提升，为项目实施创造了有利条件。

四、项目实施取得的成效

2006—2011年，项目组依据辽西地区独特的气候特点，紧紧围绕设施蔬菜产业提质增效的核心，立足朝阳，面向辽西，在朝阳市的北票市、喀左县、凌源市、朝阳县、龙城区、双塔区，以及葫芦岛市建昌县，共7个县（市、区）30余个乡镇，重点实施了新品种引进推广、秸秆生物降解栽培、有机质无土栽培、节水灌溉、越夏栽培、周年生产及病虫害综合防治等26项新技术，推广蔬菜新品种55个，如番茄品种格雷、瑞菲、玛瓦、太子；黄瓜品种中荷8号、津优40、堪特9号；辣椒品种日本椒王、日本1号、红罗丹、红英达；茄子品种

辽茄14、安德烈、布利塔等，累计推广面积36.6万亩，创造经济效益12.16亿元。

在项目实施中，项目组根据设施蔬菜生产对新品种、新技术的需求，积极组织开展设施蔬菜新品种选育和设施高效技术研发，选育出黄瓜品种1个、菜豆品种2个，并通过了省非主要农作物品种备案登记。引进筛选出国外设施蔬菜新品种12个，并在生产上进行应用推广。“菜豆新品种选育及大面积推广”2006年获朝阳市政府科技进步一等奖，2007年获省农科院科技创新三等奖。结合设施蔬菜生产实际，提出并在生产上推广了黄瓜、番茄全生育期高产高效施肥标准，促进了设施蔬菜标准化生产。

农业技术推广工作是技术服务农业的具体体现，充分发挥了农业科技人员的知识优势，体现了农业工作者的自身价值。辽宁省水土保持研究所实施“设施蔬菜优质高效栽培技术推广”项目，通过科技人员开展新技术、新品种推广，使项目区设施蔬菜栽培技术水平上了一个新的台阶，同时提高了农民学科学、用技术的积极性，加快了贫困地区农民依靠科技脱贫致富的步伐，为农业科技推广工作开辟了一条新途径。

发挥科技引领作用 推进高效农业示范县建设

蔬菜研究所

一、项目实施背景

台安县是辽宁省传统农业大县和科技先进县。地处辽宁西南部，全县土地总面积1388平方公里，辖19个镇（场、区）204个村，总人口37万，其中农业人口30万。全县有耕地面积102万亩，经济作物（含蔬菜保护地面积）35万亩，农业总产值159亿元，其中设施农业占63%。近几年，台安县注重发挥科技引领作用，以辽宁省农业科学院为技术依托，以县农业技术推广中心、乡镇推广站为骨干，全力推进高效农业示范县建设，成效显著。2006—2011年，在台安的桑林、桓洞、黄沙、西佛、富家、台东、台北等7个镇（区）实施农业综合开发技术推广综合示范项目，通过开展新品种、新技术示范推广，有力促进了台安农业农村经济发展和社会主义新农村建设。

二、采取的主要技术措施

（一）开展技术培训，提高项目区农民的科技素质

加强对农民的技术培训，对提高项目区科技成果的推广速度，提高农民科技素质至关重要。为此，项目组认真做好技术指导和技术培训工作，把科技下乡和技术培训工作作为一项重要实施内容来抓。“十一五”期间，通过采取集中办班、现场指导、编发技术资料、咨询服务等形式，开展蔬菜、玉米、水稻新品种推广，生产管理，病虫害防治，土壤改良等技术培训43次，培训人员4300人次，现场指导680人次，发放技术资料1.2万册。通过培训，项目区农民科技意识不断增强，农民学科学、用科学的积极性明显提高，有效提升了项目区农业生产的科技含量。如实施“小麦复种大葱高产高效栽培综合技术推广”项目，省农科院通过开展技术培训和技术指导，有效提高了农民的栽培技

术水平，获得了显著效益，得到了农民的认可，加快了该项高效技术在台安的推广。

（二）引进推广作物优新品种

应用优新品种是实现高产、高效的关键。针对台安农业生产存在的品种老化、结构不合理等问题，积极开展新品种引进推广工作，促进了品种更新换代。几年来，共计在项目区引进推广蔬菜、玉米、水稻、小麦、马铃薯、大豆优新品种 51 个，其中蔬菜品种有辽茄五号、西安绿茄、绿油茄、布利塔茄子、金冠 5 号、金冠 6 号番茄、辽葱 1 号大葱、金棚 1 号、辽椒 10 号、辽椒 11 号、辽椒 18 号辣椒等 20 个；玉米品种有辽单 565、辽单 31、辽单 539、郑单 958、台育 19 号等 5 个；水稻品种有辽粳 9 号、辽优 5218、辽星 1 号、抗旱品种旱 25、辽优 1046、辽优 2006 等 6 个；小麦品种有辽春 9 号、辽春 10 号、辽春 11 号、辽春 18 号、辽春 20 号等 5 个；马铃薯品种有早大白、中薯 1 号、河薯 1 号等 3 个；夏播大豆品种有黑河 21 号、黑农 35 号、黑农 41 号等 3 个；甜瓜品种有齐甜 3 号、金香玉、甜抗 3 号、齐甜脆、红城五、黄金道、永甜 6 号、超级景甜 208 等 8 个；西瓜品种有京欣 1 号等。通过新品种的推广应用，使当地设施蔬菜每亩经济效益增加 1500 元以上，大田作物平均每亩增加产值达 200 元，经济效益显著。

（三）建立示范基地，为成果转化搭建桥梁

通过建立示范基地加快成果转化和优新品种及先进技术推广是项目实施的重要途径。2007—2008 年，在台安县农业综合开发办的支持下，在台安县桑林镇租用 100 亩土地，设立了科技示范园区，开展小麦复种大葱品种比较试验、小拱棚内西瓜品种生产试验、秋延后大棚番茄栽培试验、玉米高产栽培试验、温室茄子高产高效嫁接栽培等 5 项技术示范。通过科技成果展示，促进了新品种新技术推广，共带动周边乡镇发展小麦复种大葱面积 2000 亩、大棚栽培秋延后番茄 93 亩、小拱棚内栽培西瓜 153 亩，推广玉米新品种 1.2 万亩，收到了很好的示范和带动效果。

（四）推广高效栽培模式，促进农民增收

如何取得较高的经济效益是项目成功的关键。为此，在项目实施中，我们十分重视在提高单位面积经济效益上做文章，重点推广高效复种栽培模式，有效利用土地，提高复种指数，增加经济效益，使推广项目深受群众欢迎。根据当地生产条件重点示范推广了 3 项高效复种栽培模式，分别为：（1）上茬马铃薯下茬大豆高产高效栽培技术。该项目上茬亩产马铃薯 4000 公斤，下茬大豆亩产 200 公斤，合计亩产值达到 4000 元。在项目区建立核心区面积 100 亩，通过示范，辐射带动面积1200亩，增加经济效益360万元。(2) 小麦复种大葱高产高效栽培综合技术推广。2008年和2009年在台安县桑林镇推广麦葱复种面积260亩，小麦平均亩产400公斤，亩产值600元；大葱平均亩产5000公斤，亩产值4000元，两茬合计亩产值4600元。在项目区推广1200亩，共增加经济效益312万元。(3) 上茬甘蓝下茬秋延后大棚番茄栽培技术推广。上茬甘蓝每亩收入9000元，下茬番茄每亩收入1.2万元，两茬合计产值达到2.1万元，取得了显著的增收效益。

三、主要工作经验

(一) 加强组织领导，强化项目的监督和管理

为保证项目的顺利实施，项目技术依托单位辽宁省农业科学院与项目实施单位台安县农业综合开发办公室组成领导小组，负责项目的组织领导，协调解决项目实施中出现的问题，加强对项目的管理。辽宁省农科院蔬菜所、玉米所、植环所、植保所的10名专家与台安县农业部门的技术人员组成技术指导小组，充分发挥多学科和专业优势，合理开展技术培训、技术指导等工作，为项目实施提供技术保证。在项目实施过程中，实行责任到人和目标管理，对项目组的每名成员实行统一调配，分工协作，保证了项目顺利实施。

(二) 加强技术依托单位与实施部门合作，增强技术推广合力

项目实施过程中，技术依托单位与台安县农业综合开发办公室的工作人员紧密配合，根据台安县的生产实际，共同研究确定示范开发的技术内容，确保了项目实施的科学性和可操作性。为了便于项目的实施，台安县农业综合开发办公室还委托台安县农业技术推广中心负责具体技术内容的落实和实施，使科研单位与地方的科技力量组成联合体，构建高效科技推广体系，增强了科技推广的合力。

(三) 充分发挥科技引领作用

农业开发做的是农业的文章，是为农民服务的。实践表明，要想使农民通过农业开发致富，必须坚持以科技为引领，以推进“两高一优农业”为出发点和落脚点。因此，在项目实施时，将科技含量够不够、市场前景如何、是否能增加农民的收入作为重要指标，有的放矢地开展各项工作。五年来，根据农业生产实际需要，共实施经济作物、大田作物品种改良、综合技术推广等单项技术项目24个，既提高了当地种植水平，同时又取得了明显的增收效益，充分发挥了科技示范和引领作用。如通过推广水稻高效节水栽培技术，实现亩增产稻

谷20公斤，亩增收50元，推广面积4000亩，节支增收达到20万元。通过推广温室秸秆生物反应堆栽培技术，使茄子品质和产量明显提高，亩产量增加20%以上，亩效益增加5000元。通过引进玉米新品种辽单565进行密植栽培，每亩增产200公斤，亩增加产值240元，示范、辐射带动面积1.2万亩，增加经济效益288万元。

四、取得的成效

五年来，台安县科技综合示范项目充分发挥科技在农业综合开发中的引领带动作用，共实施单项技术项目24项，推广新技术45个，引进玉米、蔬菜、水稻、甜瓜等作物新品种51个，推广应用面积27万亩，增加经济效益2707万元。共开展各类科技培训43次，培训人员4300人次，现场指导680人次，发放资料1.2万册，取得了明显的经济效益和社会效益。

以综合示范项目为纽带为营口农业产业发展提供技术支撑

作物研究所

大石桥市和老边区是营口市主要蔬菜、水果和水稻生产基地，特别是蔬菜生产，规模较大，发展前景广阔。为加快当地主导产业发展，针对生产中存在的关键技术缺乏、科技含量低等诸多问题，2006—2011 年，以辽宁省农业科学院为技术依托单位，分别在营口市的大石桥市和老边区实施了“农业综合开发技术推广综合示范”项目，通过引进新品种，推广先进适用技术，充分发挥科技示范作用，有力地推进了营口农业产业化发展，取得了显著成效。

一、项目实施情况

（一）以科技为先导，带动区域优势产业发展

项目实施 5 年来，根据项目区生产实际，经过充分调研，推广了保护地蔬菜无公害生产技术、脱毒马铃薯双膜覆盖栽培技术、蔬菜精准施肥和水肥配施技术、无公害蔬菜生产病虫害综合防治技术、A 级绿色稻米生产技术等 39 项农业高新技术。引进水稻、蔬菜、玉米、杂粮等新品种 176 个，其中一批新品种已在生产上大面积推广应用，如水稻辽星 15 号、盐丰 47，茄子新品种布利塔，大葱新品种辽葱 2 号，西红柿新品种金冠 5 号，黄瓜新品种博丰 1 号，芸豆新品种 923-10 架豆和紫架豆，脱毒马铃薯品种早大白、费乌瑞它等。目前，项目区新品种、新技术普及率达到 100%，农业综合生产能力明显提高。2009 年，在老边区柳树镇东岗村开展“脱毒马铃薯双膜覆盖下茬复种大葱栽培技术”推广，亩产达 7812 斤，比单膜覆盖亩增产 1812 斤，提早上市 10 天左右，亩增加收益 1400 元。

（二）强化科技示范作用，促进新品种新技术推广应用

在项目实施过程中，强化了科技示范作用。建立新品种、新技术核心试验

区 42 个，累计试验面积 198 亩；建立科技示范区 38 个，累计示范面积 6300 亩；培养科技示范户 104 户。为示范区提供玉米、水稻等大田作物新品种良种 8000 多公斤，蔬菜新品种种子 1600 多袋，新型农药化肥 5 吨。在示范区通过采取召开现场观摩会等形式进行技术展示，以点带面，加速了新技术、新品种的推广进度。2007 年，在大石桥市博洛堡镇推广辽葱 2 号大葱新品种及高产高效栽培技术，建立示范区 2 个，培养科技示范户 4 户，通过推广标准化生产技术，示范田亩增产 23%，比种植常规大葱品种亩增收 300 多元。在科技示范户的带动下，2008 年，该镇 90% 以上的种植户种植辽葱 2 号，并按照高产高效栽培技术进行生产，使此项技术很快在周边乡镇推广，种植面积迅速扩大。

（三）加强科技培训，提高农民科技素质

在项目实施中，采取现场指导和技术培训相结合，先后组织科技人员深入生产实际进行技术指导 368 人次，通过农村广播、办培训班、现场观摩会等方法对农民进行技术培训，举办各种农业科技培训班 18 次，召开新品种新技术现场会 32 次，培训指导农民 6710 人次。根据项目区农业生产实际需求，各市、县（区）开发办和省农科院科技人员还组织编写技术资料，包括 39 项新技术，15 万余字，印发 5 万多册，大大提高了项目区农民的科学种田水平，对项目顺利实施起到了积极作用。

二、项目实施取得的成效

五年来，在项目区共示范推广 39 项农业高新技术，累计示范推广面积 26 万亩，增加经济效益 3400 万元，加速了当地农业产业结构调整，促进了农民增收和地方经济发展。在项目实施中，通过推广普及科学知识，带动广大农民进行科学种田，大力发展无公害生产，培养了一批懂技术、会管理的新型农民，提高了农民的综合素质，实现了经济、社会和生态效益兼顾，达到了农民增收、农业增效的目标。

三、主要经验和做法

（一）健全组织，加强项目管理

做好项目实施，管理是关键。项目下达后，分别成立了由营口市开发办、县区开发办主任组成的项目领导小组和由省农科院相关研究所领导及专家组成的技术小组，及由县区开发办、有关乡镇领导、技术员组成的实施小组。为强化管理，对技术依托单位和项目实施单位的专业技术人员和管理人员实行合同制管理，层层落实承包责任制，做到责任落实到人，任务落实到地，分工明确，目标具体，通力协作。领导小组负责项目的全面统筹安排、组织协调和监督检查验收；技术小组负责项目技术资料印发、技术指导和技术培训；实施小组负责落实实施地点、面积和技术内容。通过健全组织，加强项目管理，保证了项目有序实施。

（二）认真规划，科学组织实施

为保证项目各项工作任务落到实处，项目实施单位和技术依托单位精心安排部署，超前谋划工作。每年初，通过深入项目区认真开展调查研究，根据项目区的实际情况，制定出切实可行的实施方案。同时，组织召开由有关单位负责人参加的工作会议，对年度工作提出了明确要求，做好前期工作，抓好落实；加强对以前项目实施过程中存在问题的整改，增强了工作的积极性和主动性，促进了项目的科学实施。

（三）强化部门间协作，为项目实施提供保障

通过项目承担单位和项目主管部门、项目实施单位密切配合，保证了项目顺利实施。项目实施以来，省、市开发办和省农科院领导对项目给予了大力支持，多次到项目区检查指导项目实施工作。大石桥市、老边区开发办领导在立项、申报、实施等环节多次到项目区指导工作，及时解决项目执行过程中遇到的困难，为项目的顺利实施创造了良好的条件。在落实具体任务时，项目实施单位和技术依托单位的项目组人员积极沟通，密切合作，按照实施方案要求，有计划地开展各项工作，建立了以县、镇农业技术推广中心为主体，以村干部、种植大户为骨干的科技推广体系，在每村设立1～2名联络员，疏通了科技入户渠道，保证了各项技术落实到位。

（四）重视档案管理，确保项目实施质量

科技开发项目涉及的技术内容较多，建立档案，保证资料齐全，对总结先进经验、发挥其应有的作用、提高项目实施质量十分重要。为做好这项工作，实行了项目档案专人管理，加强对申报书、合同书、批复文件、实施方案等文字资料的保管，并注重项目实施过程中技术和图片资料的采集、保存。同时，要求技术人员详细记载在示范基地开展科技推广活动情况，既对各项工作起到了监督作用，又为项目检查和验收提供了充分依据，保证了项目实施有始有终。

依靠科技支撑 推动区域优势产业健康发展

植物保护研究所

水稻、蔬菜、果树是东港和北镇两市的重要产业。针对两地农产品安全生产中存在关键技术缺乏、无公害生产水平较低、效益不高等问题，自2006年以来，省农科院植保所承担了东港和北镇两市农业综合开发技术推广综合示范项目。先后建立科技示范基点50余个，引进新品种100余个，推广新技术40余项，推广面积500万亩，增加经济效益6.26亿元。依靠科技支撑，有力地推动了当地蔬菜、葡萄、稻米、草莓等优势产业的健康发展，得到了当地政府的充分肯定和广大农民的欢迎。

一、项目区概况

北镇市是闻名全国的葡萄之乡，也是全国最大的葡萄鲜储基地。全市葡萄种植面积18万亩，产量达到30万吨，种植的品种有巨峰、玫瑰香、白鸡心、晚红等10多个。同时，北镇也是东北地区最大的设施蔬菜生产基地，素有“南有寿光、北有窟窿台”的美誉。目前，北镇市蔬菜已发展到45万亩，总产值达到32亿元，占全市农业总产值的56%。其中，韭菜、辣椒、番茄、茄子、甜瓜等是主要蔬菜品种。

东港市气候温和，水资源丰富，土壤肥沃，土地和灌溉水污染少，具有发展优质稻米的优越条件。全市水稻种植面积80万亩，产量39.2万吨，现已成为国家商品粮基地和优质水稻主产区之一，主要品种有中作9052、屉优418、京越1号、东示8号等。草莓在东港有80多年的栽培历史，已经成为农村经济的支柱产业之一。生产面积12万亩，产量15万吨，杜克拉、图得拉、丰香、章姬、卡尔特一号、哈尼等是全市的主栽品种。目前，全市有10多万户农民从事草莓生产，上百家工贸企业从事草莓贸易和加工，是全国最大的草莓生产基地之一，是被农业部命名的唯一的“全国优质草莓生产基地”，也是国家外专局命名的草莓业“全国引智成果示范推广基地”。东港市蔬菜种植面积达22.8

万亩，占耕地面积的17%，其中保护地蔬菜面积14.5万亩，年总产量60万吨，年总产值达8.64亿元，是农民增收致富的又一支柱产业。

二、明确主攻方向，加快现代农业技术示范与推广，取得显著成效

围绕北镇和东港两市果树、蔬菜、水稻等重要产业普遍存在的问题，省农科院植保所开展了40多项综合技术示范与推广，主要有如下几类。(1) 葡萄无公害安全生产关键技术开发，包括：优质高效新品种引进、苗木繁育基地建设、肥料减量化技术、新型肥料应用、安全控产优质栽培、避雨栽培控病、重大病虫害生态控制、新型植保器械应用、冷棚葡萄优质增效技术、酒用葡萄新品种、反季节延缓栽培等。(2) 保护地安全生产关键技术，包括：设施蔬菜新品种引进、优质栽培、土传病害防控、细菌病害诊断与防治、肥料减量化技术、节肥关键技术、重大病虫害预警、病虫害专家诊断系统等。(3) 水稻安全生产与加工技术，包括：优质稻米新品种推广、节水栽培、农业安全使用、配方施肥、水稻全程机械化栽培、稻米加工等。(4) 其他技术，包括：草莓安全生产技术、花卉新品种引进与病虫害防治技术、食用菌优质高效栽培技术和猪、鸡饲养与防疫技术开发等。

项目实施以来，推广各项技术面积500万亩，增加经济效益6.25亿元。通过项目实施，加速了农业产业结构调整，建立了农产品安全生产体系、主要农产品质量监测体系和农民专业合作组织服务体系等；减少了项目区农药和化肥的使用量，降低了化肥、农药的污染，改善了生态环境，提高了农产品品质，有效地推动了农产品安全生产；增强了市场竞争力，促进了农民增收和地方经济发展，取得了较好的经济、社会和生态效益。

三、主要做法

(一) 建立一支学科搭配合理、高素质的科技推广队伍

建立与打造一支高水平、肯吃苦、有热情的科技推广队伍是决定科技推广工作能否取得成功的关键。根据东港、北镇两市农业产业发展的实际需要，组建了由植物保护、土壤肥料、育种、栽培等专业科技人员组成的学科齐全的科技推广队伍，成员均为省农科院各研究所的骨干力量，他们不仅具有较高的学术水平，了解国内外科研发展前沿动态，而且长期以来一直活跃在科研与推广的第一线，具有丰富的研究和推广实践经验。

为加强管理，强化推广队伍能力建设，项目组制定了一系列的组织管理制度。明确了每个项目组成员的职责与任务，制定了项目组成员定期交流和汇报

制度。同时，还组织相关专家和主管部门领导不定期对项目执行情况进行检查，及时发现项目实施中存在的问题，督促各项工作的开展，保证了项目的顺利实施。为提高科技人员工作积极性，制定了具有针对性的奖惩措施，建立起有效的激励机制。每年对项目组成员进行年终考核，对表现突出的给予相应的奖励，对表现差的提出批评，连续两年表现不好的将从项目组中撤除。通过严格管理，打造了一支规范化、正规化的科技推广团队，为项目实施奠定了坚实基础。

（二）注重示范区建设，以点带面，让科技之火渐成燎原之势

建立科技示范区，以示范区为载体，促进农业科技成果推广，是加快科技成果转化最有效的途径之一，同时也是科技推广工作的重要内容。对此，项目组对示范区建设十分重视，通过调查研究，将龙头企业、农民专业合作社作为科技示范区的基地，充分发挥了龙头企业、农民专业合作社对农业产业化经营的“火车头”带动作用，成为实现“小生产”与“大市场”对接的联结点，示范带动作用显著。2006 年以来，先后在北镇、东港两地建立 50 多个科技示范基点，示范区面积达 60 万亩，带动农户 30 万户，辐射面积 150 万亩，促进了新品种和新科技成果的示范推广。

（三）建立全程跟踪和应急服务机制

通过建立“产前、产中、产后”全过程监控服务机制，确保作物安全生产和农产品质量安全。在产前，重点做好测土配方施肥、培育壮苗、土壤消毒等技术的示范与推广；在产中，针对不同作物容易发生的病虫草害，做到早期预防、及时防治；产后重点对产品进行安全性检测，确保食品安全。从 2006 年开始，项目组协助北镇、东港两市建立了农产品质量检测中心，并对检测人员进行培训，使其能独立完成对全市蔬菜生产基地、批发市场的果菜样品农药残留的快速检测，促进了安全生产，保证了市场蔬菜供应的安全性。

为应对突发农业灾害，制定了相应的应急预案，避免或减轻了因突发灾情所造成的生产损失。2007 年，我省受到暴风雪袭击后，项目组立刻启动相应的应急预案，第一时间组织项目组专家到达项目区，调查设施生产受害情况，为当地制定出恢复生产自救的方案，协助当地政府部门开展生产自救，指导农民群众做好灾后作物水肥管理以及绝收作物毁种后选择合适品种等工作。2009 年，东港地区稻飞虱突然爆发，项目组立即开展虫情调查及稻飞虱虫源地分析，及时发布预测预报信息，检测带毒率，并与当地农业技术推广部门统一行动，部署全市统防、统治，迅速将虫口密度降低，减少经济损失。

（四）加强安全生产技术培训，提高生产者整体素质

在项目实施中，我们采取多种形式，通过多外渠道着力培养一批懂技术、

能扎根于基层的农技人员，重点对龙头企业、蔬菜专业合作社负责人及技术骨干、乡镇科技人员、种菜大户等进行了系统培训，增强了基层农技推广力量和应用新技术的水平。几年来，在两市共举办各类培训班200余次，发放技术宣传资料8万余份，通过广播电台、电视台等新闻媒体开展技术推广，培训各类人员14万人次。通过技术培训，使农民的整体素质明显提高，促进了安全生产技术的推广应用，全市优良品种的推广率达到了95%以上，新技术推广面积达80%以上。

发挥科技对现代农业的支撑作用
推进凌海主导产业发展

科技成果转化中心

近年来，凌海市通过调整优化农业产业结构，以粮食、蔬菜和保护地为代表的种植业基地规模不断壮大，初步形成了“基地＋龙头企业＋农户”的发展模式，农产品量的积累已经完成。如何立足区位和资源优势，实施“打绿色牌、走特色路”的发展战略，努力建设绿色食品基地、有机食品基地和专用粮食生产基地，是凌海市农业产业实现质的飞跃面临的重要课题。对此，2009—2011年，以辽宁省农科院成果转化中心为技术依托，在凌海市实施了辽宁省农业综合开发“凌海市农业综合开发技术推广综合示范”重点科技推广项目，以加大科技投入，促进现代农业技术推广普及，提高凌海市农业产业发展水平。根据产业发展需求，重点引进、示范、推广国内外优良品种及农业标准化生产技术，初步建立了具有地方产业特色的科技示范样板，在提升农产品质量、促进产业链延伸、提高农产品科技含量等方面取得了明显成效。

一、项目区概况

凌海市位于辽西走廊，是辽宁省沿海经济带建设的重要组成部分。区域面积2935平方公里，其中耕地面积132万亩，人口53.7万人。2009年，地区生产总值实现156亿元，地方财政一般预算收入实现8.16亿元，全市农业总产值实现63.25亿元，农民人均纯收入7585元。

近年来，凌海市围绕农业主导产业发展开展了多项技术开发，初步形成了出口保鲜蔬菜，保护地蔬菜、苹果、水稻、玉米的优质高效规模化和专业化生产布局，在特色产业开发方面初见成效。2009年，全市粮豆播种面积120万亩左右，总产量达5亿公斤以上。出口菜种植面积达10.5万亩，年供货量达100万公斤。蔬菜播种面积33.4万亩，其中，日光温室面积11.61万亩，冷棚面积7.46万亩，蔬菜总产量达121.34万吨。全市果园面积发展到27万亩，有果树

1131 万株，年产量达 6000 多万公斤。

凌海市农业综合技术示范项目区包括双羊、安屯、石山、新庄乡，以及凌海市农业中心示范场等乡镇和单位。项目核心试验区面积 200 亩，示范区 1000 亩，辐射区 5 万亩。

二、实施的主体技术及完成情况

项目实施两年来，围绕粮食、蔬菜、水果、保护地四大主导产业重点实施了“主要粮食作物新品种引进及配套栽培技术集成与示范”“主要粮食作物精准施肥技术示范与推广”“蔬菜新品种引进及配套栽培技术集成与示范”“设施果树新品种引进及配套栽培技术集成与示范”“出口保鲜蔬菜标准化生产技术开发”“苹果无公害生产技术集成与示范”“农作物病虫害综合防治技术集成与示范”“农业信息服务体系建设”等 8 项综合配套技术。共引进各类作物新品种 47 个，引进推广新技术 14 项，示范推广面积 4. 95 万亩。其中，出口蔬菜 3500 亩，设施蔬菜 2000 亩，测土配方施肥 2. 1 万亩，粮食作物 2 万亩，设施桃 1000 亩，苹果 2000 亩。

项目实施过程中，举办培训班 12 次，培训技术人员 2300 人次；现场指导 110 人次，培训农民 1300 人次；举办现场拉练会 7 天，培训技术骨干 1000 人次；发放技术培训材料 3000 册，录制远程教育专题录像片 11 个。

三、取得的主要成效

（一）推广新品种、新技术，稳步提高粮食生产

凌海市是辽宁省重点商品粮基地县，粮食生产是农业四大主导产业之一。在粮食播种面积保持相对稳定的前提下，推广新品种、新技术，提高粮食单产水平，实现稳产高产，对保证粮食生产安全十分重要。对此，该项目共引进示范适合凌海种植的优质抗逆粮食新品种 31 个，促进了粮食作物品种更新换代，优化了品种结构；同时，开展了玉米超高产栽培技术、缩距增密栽培技术、大垄双行栽培技术、宽窄行倒茬栽培技术、简化施肥栽培技术、水稻优质高产栽培技术、绿色稻米生产综合配套技术及主要粮食作物测土配方施肥技术等 8 项新技术的示范推广。通过新品种、新技术的推广，示范区平均每亩节本增效 120 元，共计增产粮食 200 万公斤，增收 320 万元。

（二）实施关键技术，为创建优质名牌产品提供技术支持

结合项目区保护地蔬菜生产特点，在大凌河镇尤山子村建立无公害黄瓜生

产示范基地，并根据无公害蔬菜生产的技术要求，通过技术组装配套，重点开展了设施蔬菜秸秆生物反应堆技术、生物肥料和生物农药施用技术、物理防虫防病技术等多项农业新技术的示范推广，使设施蔬菜亩产提高30%，产品质量明显改善，亩增收3000元。目前，示范基地蔬菜产品已注册了“凌绿菜”商标，并获得了无公害黄瓜产品认证证书和产地认定证书，日产黄瓜1.2万斤，产品畅销省内外，成为促进当地农民增产增收的主渠道和凌海市现代农业的一大亮点。

此外，针对凌海市棚桃生产存在的问题，在有“辽西棚桃第一村”之称的双羊镇新站村建立设施桃优新品种引进及配套栽培技术示范基地。引进了中油4号、中油5号、126、丽春、春光等5个新品种；推广当年定植当年成花技术、整形与修剪技术、合理密植技术、节水灌溉技术、生物肥施用技术、病虫防治技术、温湿度调控技术、花果管理和采收后整形修剪等适用技术，使棚室油桃亩产提高了20%，亩增收2000元。目前，示范基地已注册“新站”牌棚果商标，每年棚果总产量达到240万公斤，实现产值1000万元，仅此一项，全村农民人均增收3000元。

（三）扶持龙头企业，带动产业基地发展

通过扶持地方龙头企业，发挥其帮、带、扶作用，推动了农业产业的快速发展。如扶持圣田农产品公司和老沟果树专业合作社，为圣田农产品公司引进保鲜蔬菜新品种11个，并协助制定了出口型西兰花、生菜和甜玉米标准化生产技术规程，在公司出口蔬菜生产基地进行示范推广，平均亩增效500元，总增收175万元。协助老沟果树专业合作社苹果生产基地开展苹果轮纹病无公害综合防治技术推广，示范园苹果轮纹病治愈率达80%以上，产量提高10%，优质果率提高20%，亩纯收益提高300元。此外，通过对从业人员进行指导和培训，为地方培养一批技术过硬的技术人员，带动了凌海市果农和菜农有组织、有计划、互助协作生产，为推进农业产业化创造了条件。

四、项目实施的主要做法

（一）选准切入点，充分发挥技术优势

在项目申报前，我们通过深入实际进行调研，广泛了解当地的农业生产情况，并制订了《凌海市区域农业发展建设规划》，根据当地资源优势以及重点发展领域，围绕主导产业选准切入点进行立项。在项目实施中，根据项目需要选调省农科院果树、蔬菜、土肥、农学等各专业8名技术骨干组成项目组，保证了各项技术措施顺利开展，并取得良好效果。

（二）健全管理体系，构建科技推广网络

在项目实施过程中，成立了项目领导小组和技术实施小组，做到统一领导，加强协作，明确分工，各负其责。技术实施小组负责制定项目实施方案，并定期与市县开发办沟通汇报项目进展情况，市县开发办则全年派专人监督、检查项目的落实情况，对项目存在的问题及时帮助解决。为了加强农业综合开发项目实施，省农科院科技成果转化中心还与锦州市农业综合开发办公室签订了科技合作协议，与锦州市农业综合开发办公室及凌海市农业技术推广中心签订了三方合作协议，使省级科研单位与地方农业科技推广部门技术力量有机结合，由上至下形成科技推广网络，为项目实施提供了技术保障。

（三）广泛开展技术培训，提高农民科技素质

一是进行现场指导。在各项技术实施过程中，组织科技人员在农时关键季节深入棚区、田间、企业及示范场进行现场技术指导。二是开展现场拉练。充分利用凌海市农业技术推广中心示范农场的有利条件，举办“农业新品种、新技术、新成果现场展示会”，对全市各乡镇农业技术骨干、专业户及周边农民进行现场拉练培训。三是进行集中培训。在技术推广关键时期和冬季农闲季节，通过举办培训班对农民进行集中培训。四是发放技术资料。结合项目实施的技术内容，编写技术指导材料与操作技术规程，发至农户。五是开展远程教育。编排录制了《番茄高产高效栽培技术》《果树病虫害防治技术》《脱毒马铃薯优质高效栽培技术》等11个专题录像片，并通过电视等媒体进行播放，取得了良好的宣传效果。

依托科技推广助推彰武特色农业发展

耕作栽培研究所

彰武是农业大县，经济发展相对落后，2009 年全县农业总产值实现26.6 亿元，占全县经济总量的53.4%，农业在全县产业结构中占据了半壁江山。不断加快农业发展步伐，对促进彰武县域经济发展十分重要。几年来，省农科院栽培所在实施彰武县农业综合开发综合示范项目中，立足县情实际，以推进农业特色产业发展为中心，加大农业科技示范、推广力度，大力推广先进适用技术，提高产业的科技含量，加快发展步伐，促进了农民增收、农业增效，为推动彰武县农业和农村经济发展注入了生机和活力。

一、以项目为载体，加快先进技术推广，推进特色产业发展

几年来，根据彰武县的自然条件和地域特点，结合特色产业发展需求，坚持因地制宜的原则，实施农业科技项目，大力引进、示范、推广粮食、经济作物、畜牧业新品种和先进技术，为彰武特色产业发展提供了有力的技术支撑。

（一）白鹅高效养殖技术推广

通过推广白鹅规模舍饲饲养技术，在全县共建成标准化养鹅小区 20 个，专业饲养村屯 78 个。同时，加强种鹅繁育体系建设，引进莱茵鹅、蒙鹅等新品种，对本地白鹅进行提纯复壮，建成边江种鹅场和年出栏 10 万只标准化种鹅的孵化场各一处，使白鹅饲养量达 610 万只。

（二）万亩花生高产示范区建设

在苇子沟乡建立万亩花生高产示范区，主要推广阜花系列、唐油系列等花生新品种及机械播种、地膜覆盖、液体地膜等新技术，使项目区花生亩产达 500 ~600 斤，亩效益 2500 ~3000 元。全县推广面积 50 万亩，增加效益 1.25 亿元。

（三）金盏花特色产业开发

以冯家镇为中心，辐射周边大四、前福兴地、兴隆堡等10余个乡镇，重点推广金盏花新品种及配套技术，产品提供给禾丰牧业公司通过深加工提取叶黄素。通过应用新品种、新技术，项目区亩产鲜花5000～6000斤，年产金盏花鲜花5万吨，平均亩效益达1500元，成为农民的一项致富产业。目前，全县推广面积已达2.5万亩。

（四）肉牛产业化技术开发

从2009年起分三年实施，计划到2012年累计饲养肉牛69万头，出栏32万头，饲养量比项目实施前提高73.03%，出栏提高69.1%，实现增收5313.6万元。同时，建立辽育白牛纯繁中心和种牛繁育体系，用日本和牛冷冻精液进行杂交、选育。目前，已引进辽育白牛基础母牛300头，并建设起种牛繁育场。

（五）实施科技共建项目

几年来，建立了包括白鹅高效养殖、杂粮新品种示范、水稻优质米基地、万亩花生高产示范基地、保护地蔬菜新品种示范、大棚樱桃生产技术引进、金盏花种植管理示范基地等示范基地10余个，涉及14个乡镇71个示范点。推广农作物新品种种植面积23.4万亩、白鹅高效养殖50万只。此外，省农科院在彰武县建立高淀粉玉米、饲料玉米、葡萄新品种、菊芋栽植示范点4个，示范品种19个，累计推广面积150多万亩。建立的共建基地，通过实施标准化管理，重点开展品种引进、品种筛选等工作，已成为彰武县农业科技成果的集中地和输出地，为农业产业发展提供了有力的技术支撑。

二、实施综合示范项目的主要做法

几年的实践经验表明，开展农业综合开发综合示范项目，必须立足当地生产实际，紧紧围绕农业产业发展需求，以提高当地的科技水平、产出效益、促进农民增收为方向，有的放矢地安排好各项措施和技术内容，因地制宜地抓好科技服务，为农业产业化发展提供有力支持。

（一）强化领导，建立组织保障体系

彰武县政府对科技推广工作高度重视，成立了县科技共建工作领导小组和科普工作领导小组，并把科技示范推广经费和科普经费列入县级财政预算，为抓好这项工作提供组织保障和财力保障。各乡镇还成立了工作办，明确领导和专门技术人员。目前，彰武县已形成县科技专家和乡镇技术指导员共同参与、互为依托、相互配合的局面，为科技服务和科技推广工作提供了有力支撑。

（二）搞好科技服务，切实提高农民素质

一是围绕全县农业结构调整，协助科技、科协及农业相关部门，开展“科普之冬”“科普之春”等活动，积极推动送科技下乡。把培训班办到田间地头，通过现场讲解和“手把手”“面对面”的技术指导，有效解决了农技推广“最后一公里”、技术转化“最后一道坎”的问题，让农民看得见、摸得着，帮助他们解决生产中的难题。几年来，全县年均举办蔬菜保护地、白鹅养殖等各类科技培训班400余场次，每年培训人数达10万人次。二是通过广泛收集科技信息编办简报，邀请省内外专家举办讲座并制作光碟等形式，进行科技宣传，把广大农民最需要的科技知识送到农民手中。同时，积极组织外出参观学习。几年来，共组织乡村干部、种养大户到凌源、盘锦、海城、北镇、内蒙古等地参观学习20余次。通过领着农民干、带着农民看，增加了广大农村干部和农民上项目促发展的积极性和信心。三是积极开展“科技特派”活动。2008年以来，先后组织省农科院水稻、果树、蔬菜等方面专家，组成五个特派团，分别进驻冯家、二道河子、后新秋、兴隆堡等乡镇开展“科技特派”活动，帮助广大农民发展致富产业。

（三）抓好各级科技推广队伍建设

重点做好三个培养。第一，培养科技示范户。选择乡村种植、养殖等各行业致富典型，积极扶持培养，确定为农村科技示范户。几年来，共培养科技示范户20余户。例如：扶持西六乡三家子村养鹅大户韩树民，成为远近闻名的养殖和育雏专业户，通过发挥其典型引路和示范带动作用，带领周边农民共同致富；二道河子乡大棚专业户李春华的大棚樱桃生产，通过科技扶持，取得了显著经济效益，起到了很好的示范效果。第二，培养科技经纪人队伍。以农民专业合作社为依托，优选科技素质较强的农民经纪人进行专门培训。共培养由科技和工商部门颁发证书的科技经纪人14人，其中省级4人，市级10人。第三，培养农民技术员。全力实施“农民技术员培养工程”，选送63名农村种养大户及有一定生产经验的农民去沈阳农业大学、辽宁农业职业技术学院学习，计划到2012年为全县每村培养一名农民专业技术员。

（四）加强基地建设，打造示范样板工程

科技园区是促进生产要素聚集，加快科技产业发展的有效载体。目前，全县共建农业科技示范园区27个，由县有关科技部门和各乡镇对科技园区进行管理，通过不断增加投入，示范园区规模和档次不断提高。为发挥科技园区作用，在科技园区内开展了“优质种苗工程”等农业标准化生产技术示范。几年来，全县在科技园区共安排省、市、县科技项目80项，引进农业新品种260多个，

推广农业新技术近100项，取得科技成果70余项。通过科技示范园展示，让农民学到最新的技术、最优的品种，使农业科技园建设在促进科技推广中发挥了重要作用。

（五）依托龙头企业，推进农业产业化进程

彰武县近些年农业综合开发科技项目之所以能够取得明显成效，最关键的因素在于紧紧依托当地企业，积极发展现代农业、特色农业，不断推进农业生产向规模化、产业化、专业化发展，积极走农业产业化之路。目前，通过实施科技项目，促进了美中鹅业、福元食品、福祥肉牛、禾丰牧业、辉武乳业、豪森科技、宏翔淀粉、阜东和振隆花生加工、谷香杂粮、金谷食品、哈尔套农副产品和后新秋蔬菜批发市场等龙头企业不断发展壮大，促进了全县禽类、肉牛、乳业、玉米、杂粮、花生、蔬菜等七条产业链条的形成。

（六）增强合作意识，建立利益联结机制

农民专业合作社是农业生产基地与农户、农户与企业的连接纽带，几年来，我们积极配合相关部门加强农民专业合作社建设，为农民专业合作社的发展提供了强有力的支持。成立了专门办公室，为农民专业合作社提供信息咨询、技术指导和专业培训，并积极协助农民专业合作社联系产品销路、协调关系等。累计培训农民1万余人次，发放科技资料1万余份，聘请专家和技术人员近百人，为白鹅、生猪、养羊、蛋禽、蔬菜、农化服务、水稻、杂粮等农民专业合作社争取扶持资金100余万元。目前，彰武县农民专业合作社已形成较大规模，并取得了较好的经济效益。

三、取得的主要成效

通过有针对性地开展技术开发推广工作，建立服务于农业生产的科技推广平台，使农业开发推广工作真正服务于农村，服务于农业，成为连接农业科研与农业生产的纽带、科技成果转化的桥梁，有效推进了项目区农村经济发展，促进了农民增收。

几年来，根据彰武县农业生产的现状，有针对性地开展农业综合开发综合示范项目，组织实施了食用菌开发、保护地蔬菜生产基地建设、白鹅养殖、花生示范基地建设、菊芋示范基地建设、高淀粉和耐密玉米开发、水稻新品种高产示范田建设、大棚葡萄开发、大棚樱桃等10个开发项目，使项目区农业科技水平明显提高，生产水平快速提升，取得了显著的经济效益和社会效益。2009年，全县农民人均纯收入达到5486元，其中实施的农业综合开发综合示范项目发挥了重要作用。

以培育优势特色产业为核心推进综合示范项目实施

植物营养与环境资源研究所

为充分发挥农业综合开发在农业生产中的科技引领作用，推动农业科技成果转化，引导农民应用先进实用技术，破解农业生产发展中的瓶颈问题，壮大地方特色产业，促进农业产业持续发展和农民增收，2006 年以来，在铁岭市开原、昌图和铁岭县实施了农业综合开发综合示范项目。项目以辽宁省农科院为技术依托单位，紧紧围绕项目区农业优势特色产业开展科技示范推广工作，经过几年建设，项目区已打造成绿色稻米生产优势示范区和特色产业核心示范区，有力促进了开原苗木花卉、昌图花生及铁岭绿色稻米、设施蔬菜等特色产业发展。

一、项目区概况

铁岭素有“辽北粮仓”之称，是闻名全国的粮食主产区和重点商品粮生产基地。正常年份全市粮食总产量 250 万吨以上，其中，玉米 200 万吨，占全省出口量的三分之二。2005 年，全市粮食作物播种面积达 39. 9 万公顷，粮食总产量 289. 0 万吨，其中，水稻 40. 8 万吨，玉米 229. 7 万吨，大豆 5. 7 万吨。在非粮食作物中，以花生为主的油料作物产量 9. 3 万吨，蔬菜产量 205. 7 万吨。此外，铁岭市还是全国著名的苗木花卉生产基地，开原市靠山镇 2002 年被确定为全国首批苗木花卉乡镇，排名全国第六，东北第一。

5 年来，省农业综合开发科技综合示范项目分别在开原市的靠山镇、李家台乡、黄旗寨乡，昌图县的古榆树镇、三江口镇、付家镇、曲家店镇，铁岭县的凡河镇、李千户镇、横道河镇、蔡牛乡等地实施，通过项目区带动辐射周边区域特色产业发展，取得了良好的示范推广效果。

二、围绕重点产业开展技术示范推广

作为省农业综合开发项目技术依托单位，五年来，辽宁省农业科学院分别与开原市农业综合开发办、昌图县农业综合开发办、铁岭县农业综合开发办共同实施了2006—2007年、2008—2009年及2010年的省农业综合开发综合示范项目，以推动产业持续发展为导向，积极开展影响产业发展的关键技术示范推广，取得了农业增效、农民增收的良好效果。

（一）开原市综合示范项目

根据项目区苗木产业发展需要，从沈阳农业大学、北京林科院等单位引进紫杉、紫叶矮樱、金娃娃萱草、德国鸢苇、金杉、金焰等高新树种30余种；观赏效果突出的非洲菊、四季玫瑰、丛生福禄考、景天、荷兰菊、金山绣线菊、金焰绣线菊等花卉新品种10余种，建立了高新苗木花卉、大规格苗木、立体栽植、苗木造型四个示范区。

与辽宁省农科院花卉所合作组成技术组，并邀请沈阳农业大学、辽宁省林业科学院、林业部森林病虫害防治总站的相关专家，在项目区开展科技培训和科技指导，每年举办大型培训班2～3次、现场会1～2次，培训农民2000余人次，发放技术资料1万余份。编写《园林树种育苗技术》和《园林苗木花卉主要病虫害防治手册》两份实用技术手册，印发2000份；编写生产关键技术明白纸5套，发放2万余份；提供各种肥料10余吨；推广了生物防治病虫害和灯光诱杀防治虫害等新技术。通过以上技术措施实施，使项目区生产技术水平明显提高，苗木花卉繁殖成活率达90%以上，病虫害危害率降低10%以上，优质率提高10%以上，增加经济效益4000万元。

（二）昌图县综合示范项目

近几年，昌图县花生种植面积迅速扩大，但生产水平却在较低水平徘徊，究其原因，一是品种老化，病虫害加重，品质下降；二是栽培技术落后，管理粗放；三是中低产田面积大，占80%以上；四是重茬种植使病虫草害加重，产量和品质下降。对此，昌图县在实施农业综合开发科技推广项目中，对花生产业高度重视，重点加强花生新品种的引进及综合配套技术示范推广工作。

2008—2009年，从山东花生研究所、河北唐山市农科所、辽宁省农科院风沙所等单位引进高油、高蛋白、黑花生等新品种14个，同时大力推广花生地膜覆盖、大垄双行栽培、测土配方施肥、病虫害综合防治等技术。聘请沈阳农业大学、辽宁省农科院的相关专家在古榆树镇、三江口镇、曲家店镇等项目区开展形式多样的科技培训，发放各种培训资料及明白纸3万余份。两年来，通过建立核心区、示范区、辐射区，推广各种技术10项，推广面积20余万亩，增加经济效益2000余万元。通过新品种引进和新技术的推广应用，壮大了昌图县花生特色产业，有力地促进了当地农业发展和农民增收。

（三）铁岭县综合示范项目

针对铁岭县农业生产实际，重点开展设施蔬菜和优质绿色水稻生产技术推广。主要包括设施蔬菜新品种引进与示范、无公害蔬菜高效栽培技术示范与推广、设施蔬菜高产栽培综合技术示范推广、高产优质水稻新品种引进与推广、水稻优质高产栽培技术推广和水稻测土配方施肥技术推广。引进布利塔、紫丽人等茄子新品种4个，津优5、绿园3号黄瓜新品种4个，玛瓦、保罗塔等番茄新品种4个；引进优良水稻新品种辽星1号、辽星20号、辽星21号及杂交稻等新品种；推广测土配方施肥技术1.1万亩。建立1000亩A级绿色稻米生产综合示范基地。项目实施累计增加经济效益730万元。

三、科技推广工作经验

（一）加强组织领导，统筹协调实施

在项目实施中，项目管理部门、实施单位和技术依托单位均建立了较为完整的组织保障体系，成立项目领导小组和技术协作小组，明确了任务分工。市、县开发办负责项目的具体落实与监督管理；技术依托单位省农科院负责项目技术方案的制定与实施，选派花卉、花生、水稻、蔬菜、植保、土壤、环境能源等多个专业的科技人员参与项目实施，并与铁岭市开发办一起对项目进行规划、论证和设计，与项目区政府部门、企业、专业户等相互配合，利用当地的产业优势及扶持资金加大新技术的推广应用，确保了各项推广任务的顺利落实。

（二）建立科技服务网络，提升项目实施水平

项目实施过程中，建立了由政府、科技管理部门、科技协会、专业合作社及技术能人组成的科技服务网络，通过田间课堂、技术培训班、印刷并发放技术资料、利用广播电视和网络媒体宣传等渠道，加强科技普及，形成了高效的科技推广模式，有效地提高了农民科技素质，加快了先进技术在生产中的推广应用，提升了农业综合开发技术推广的水平，为今后农业综合开发科技项目的开展提供了很好的借鉴。

四、取得的主要成效

五年来，铁岭市实施农业综合开发技术综合示范项目，共引进新品种119个，其中苗木花卉新品种80个，花生新品种14个，水稻新品种8个，玉米新品种5个，蔬菜新品种12个。推广新技术35项，累计推广面积3.02万亩，辐射面积26.8万亩，实现直接经济效益7370万元，其中花卉苗木4000万元，水

稻、玉米、花生、设施蔬菜生产等经济效益为 3370 万元。举办大型技术培训班 16 次，现场会 24 次，培训农民 1.08 万人次，印制明白纸 4.1 万份，印发宣传手册 2.7 万份。项目的实施发挥了农业科技在农业产业化发展中的支撑作用，促进了项目区农业产业结构的调整和优化，促进了优势产业和特色产业的巩固和发展，提升了产业化水平，增强了市场竞争力，取得了显著的经济效益和社会效益。

以科技为引领促进桓仁山区特色资源开发

果树科学研究所

为了充分发挥科技在社会主义新农村建设中的引领作用，辽宁省果树科学研究所从2006年始，与桓仁县签订了科技共建协议，共同实施省农业综合开发综合示范县建设项目。通过以农业综合开发项目为平台和纽带，开展新品种引进与新技术开发、推广，加速科研成果转化，研究探索山区农民致富之路，推进社会主义新农村建设。经过多年的实践，项目区农业基础设施得到明显改善，水果产业，尤其是酿酒葡萄等特色产业得到了长足发展，产业化经营水平显著提高，农民收入持续增加，经济、社会、生态建设得到全面发展，为实施农业综合开发科技项目积累了宝贵经验。

一、项目区概况

（一）区域优势及产业开发现状

桓仁满族自治县位于辽宁东部，总面积3547平方公里，其中山林面积424.9万亩，耕地面积40.1万亩，水域面积39.8万亩，为“八山一水一分田”的自然地貌。县域属中温带大陆性湿润气候，年平均气温6.8℃，日照一般为2360小时，无霜期140天左右。空气清新，自然环境优异，适于绿色食品的生产。酿酒葡萄、中药材、优质稻米、经济林等特色产业为全县的经济发展提供了重要支撑。

葡萄酒原料基地面积近2万亩，其中冰酒原料基地1万余亩，年产酿酒原料2万余吨。项目区的辽宁五女山米兰酒业有限公司与辽宁张裕冰酒酒庄有限公司，年生产冰葡萄酒2000吨，已成为世界上冰酒产量最大的产地。产品先后荣获金字塔奖、A级绿色食品证书、国家产品质量优秀奖，2003年荣获辽宁省著名商标。冰葡萄基地被国家标准委列为“冰葡萄生态种植标准化示范区”“国家星火计划”项目，冰酒生产技术于2005年通过国家成果鉴定，达到国际先进水平，其酚类物质研究达到国际领先水平。2007年，国家批准对“桓仁冰酒”实施地理标志产品保护。

中药材产业以辽宁好护士药业股份有限公司为龙头的 GMP 认证企业发展到 10 家，建设符合 GAP 标准的中药材种植示范基地 12 处。依靠科技进步，研制开发新药特药，开发出 5 个以上新产品，中药品种达到 100 个。全县发展以短梗五加、五味子、辽细辛、人参、黄芪为主的道地中药材 32 万亩，中药产业增加值实现 13 亿元，使桓仁建设成为中药材生产大县。

桓仁县得天独厚的生态环境为生产优质水稻提供了优越条件，素有“贡米之乡”的美誉，生产的绿色无污染“贡米”享誉国内外，1998 年，被中国绿色食品发展中心认定，允许使用 AA 级绿色食品标志。2000 年，桓仁县被确定为国家大型商品粮优质稻米生产基地县，是东部山区及相关适宜稻区中发展优质稻米产业起步早、有较强影响力和带动力的优质稻米基地县。

桓仁县野生榛子资源较为丰富，品种大部分为胡榛，具有较强的抗逆性。近几年桓仁大果榛子发展较快，目前已有 2000 多亩。以滑菇栽培为主的食用菌产业已成为县域经济发展的主导产业，年栽培面积 200 万亩，形成了香菇柱状栽培、木耳代用料栽培产业化基地，年累计栽培面积 1500 万亩，是当地农民增收致富的重要途径。

（二）产业发展中存在的主要问题

因地方财力所限，资金投入不足等原因，项目区特色产业的生产还比较落后，发展迟缓，生产经营分散，产品附加值低，缺乏市场竞争力。如水果生产起步较晚，农民的科学管理意识不强，果树苗木品种混乱，栽后放任生长，按野果形式管理，病虫害严重，生产的水果品质差、商品价值低。冰葡萄生产由于栽培管理技术水平较低，架式结构不合理，产量高、质量差，直接影响酿酒质量。其他的，如稻米、榛子、食用菌等生产也存在相似的问题。

桓仁县山地较多，地块分散，多采取一家一户式的经营模式，给产业的标准化和集约化生产造成较大障碍。

二、项目实施的主要内容

（一）果树优良新品种引进与示范

（1）葡萄、榛子新品种引种示范。引进左优红、黑品诺、梅鹿辄等葡萄新品种，建立示范样板园 500 亩。在大东沟参茸场、八里甸子、木盂子、北甸子镇等地发展左优红葡萄 3000 多亩，成为山葡萄酒的主要原料基地。引进平欧榛子新品种，在五里甸子镇建立示范样板园 500 亩，应用适度密植、加强栽后管理、整形修剪、病虫综合防治等项技术，通过辐射在适宜区域推广 760 亩。

（2）野生猕猴桃资源选优利用。以当地野生的软枣猕猴桃品种为主，开展野生猕猴桃资源普查与优选、优系归圃、性状观察与鉴定。选育出优良猕猴桃品种“桓优1号”，已通过辽宁省非主要农作物品种备案登记，并在生产上大面积推广。

（二）促进林下资源开发

针对当地林下资源和市场需求特点，重点推广中药材、红松苗繁育和食用菌高效生产技术。其中，推广刺五加苗木繁育技术，建立刺五加繁育基地100亩，繁育优质苗木60余万株。推广林下参高效栽培技术，在大东沟参茸场、北甸子、二棚甸子等地建立林下参高效栽培示范区500亩，采用适地适栽、科学规划与种植、光阴调节、综合防治病虫害等高效栽培技术，辐射面积3000亩，每亩年增加产值0.64万~1.07万元。推广五味子栽培技术，建立五味子示范园500亩，推广冬季整形修剪结合夏秋季修剪、调整架面通风透光等技术，提高果实产量和质量，辐射全县2000亩五味子产区。推广红松嫁接技术，红松嫁接技术育林500亩，成活率达95%以上。食用菌新品种引进示范，引进鸡腿菇、茶薪菇、滑菇、香菇等4个食用菌新品种，经品种筛选，选择香菇进行示范推广，建立示范样板园500亩，促进了标准化生产技术的推广。

（三）绿色食品开发

（1）绿色食品大豆基地标准化种植。建立绿色食品大豆标准化种植示范基地1000亩，辐射面积3000亩。基地全部采用种子包衣、机械化精量播种、科学施肥、化学除草、综合防治病虫害等标准化栽培管理技术。

（2）水稻新品种引进。引进辽星系列、通育系列、吉粳系列、龙稻系列、松粳系列和沈稻系列等20个中早熟水稻优良品种，筛选出辽星17、玉优1号、稻花香2号，在桓仁县适宜乡镇大面积推广种植，促进水稻品种更新换代，提高绿色稻米生产水平。

三、取得的主要成效

（一）延长产业链条，壮大农业主导产业

围绕桓仁区域优势，通过开发山区特色产业，延长产业链条，提升了农业产值，增加了农民收入。如扶持辽宁五女山米兰酒业有限公司、辽宁张裕冰酒酒庄有限公司建立生产基地，促进葡萄酒产业发展，预计在今后的十年内，酿酒葡萄产业将发展成为桓仁县第一大产业。扶持辽宁好护士药业股份有限公司、辽宁福源药业有限公司和桓仁中药二厂等10家龙头企业，在北甸子、拐磨子、

黑沟等乡镇建设中草药加工基地，在北甸子、黑沟、拐磨子、沙尖子、四平、五里甸、铧尖子等乡镇建立符合 GAP 标准的中药材种植示范基地，使桓仁县成为中药材生产大县。

（二）促进农村专业协会建设，服务产业能力得到提升

根据酿酒葡萄产业发展的需要，科技人员在北甸子乡英沟、友谊、大牛沟、长春沟等六个村分别组织成立了果树协会，吸收果农大户和优秀果农为会员。通过协会活动，提高了果农的果树生产技术水平，有力地促进了产业的健康发展。目前，北甸子乡 90% 以上的农户都加入到协会中，通过协会的民主管理和规范运作，优化了农业资源，提高了生产的组织化程度，使农民在激烈的市场竞争中增强了自身的发展能力。

（三）抓好技术培训，提高农民技术水平

农业综合开发项目实施几年间，共进行技术培训 100 余次，其中专项技术培训 40 余次，培训农民 3000 余人次。印发《林下参栽植技术》《左优红酿酒葡萄栽培作业历》《葡萄现代架式改造技术》《生物有机肥使用方法》《酿酒葡萄栽培技术》《冰葡萄生态种植标准》《冰葡萄生态栽培作业历》《双红双优酿酒葡萄栽培作业历》《桓仁县优质水稻生产技术指导手册》等多种技术资料 1 万余份，进行巡回技术指导 55 次，有效提高了农民的生产管理技术水平。

（四）取得显著经济效益

到 2009 年止，项目共推广无公害、有机水稻面积 3.5 万亩，平均亩产 500 公斤以上，实现经济效益 7350 万元。推广平欧大榛子丰产栽培技术，增加产值 148.2 万元。开发山核桃产品，增加产值 380 万元。开发林下参高效栽培技术 2800 亩，增加产值 1792 万 ~ 2996 万元。示范推广香菇标准化栽培面积 500 亩，实现总产值 1500 万元。推广左优红葡萄优质栽培技术 940 亩，增加产值 56.4 万元。项目区总计创经济效益 1.12 亿元以上。

四、主要做法与经验

（一）建立完善组织管理体系

项目实施中，由本溪市、桓仁县两级农业综合开发办和辽宁省农科院组成项目领导小组，加强对项目的管理；由辽宁省果树科学研究所、桓仁县农业技术推广部门的技术人员组成技术指导小组，具体负责项目各项任务的落实；通过分工协作，保证了项目的顺利实施。

（二）协助当地制定科学发展规划，促进特色产业健康发展

农业综合开发科技项目实施期间，辽宁省果树所积极组织相关专家与当地有关技术人员对桓仁县酿酒葡萄、中药材、稻米等特色产业发展现状进行深入调研，根据县委、县政府的工作目标与资源、产业优势，制定了农业产业近期与长期发展规划，促进了特色产业健康可持续发展。

（三）建立长期科技服务机制，不断提高农民科技素质

项目实施以来，先后有3名科技人员到桓仁县北甸子乡、铧尖子乡任科技副职，长期在乡下指导农业生产。通过深入实际，准确了解与掌握产业需求及生产中存在的技术问题，有的放矢地对农民进行技术培训与指导，确保技术实施到位，提高了农民的生产技术水平。

发挥农业综合开发科技项目带动作用 促进辽阳市农业增产增效

经济作物研究所

从2004年起，辽宁省农科院作为技术依托单位与辽阳市农业综合开发办共同实施辽阳市农业综合开发综合示范项目。几年来，省农科院以经作所为牵头单位，与辽阳市相关市、县（区）开发办密切配合，并与省农科院水稻所、果树所、作物所、植保所、植环所、草牧所等研究所组成项目组，完成了近30个农业综合开发科技项目。在辽阳市的灯塔市、辽阳县和太子河区，开展水稻、玉米、大豆、蔬菜、花卉、葡萄、草莓、梨、食用菌、中药材、牧草等作物的综合技术推广开发，累计引进示范各类作物品种110多个，推广综合栽培技术20余项，促进了辽阳地区农业增产增效和农村经济发展。

一、项目区概况

辽阳市位于辽宁省中部，自然资源丰富，区域位置优越，农业和农村经济发达。西部平原土质肥沃，盛产水稻、玉米和淡水鱼，享有“粮仓”之称；东部山区林果茂盛，盛产山楂、南果梨，是国家、省商品粮基地和瘦肉型猪、淡水鱼养殖基地。以高产优质粮田、蔬菜温室大棚、畜牧业（黄牛、生猪、肉鸡）、林果业、淡水养殖业等“五项开发”为重点的“高产、优质、高效”农业正向纵深发展。

改革开放后，辽阳的农业产业结构不断调整优化。水田已发展到80多万亩，水稻成为辽阳市的主要粮食作物；蔬菜、水果、食用菌、花卉等高效经济作物种植面积逐年增加，面积达到60多万亩；设施农业总面积达到15万亩。畜牧业由原来从属于种植业的副业地位逐步形成一个独立的产业，到2009年末，全市适度规模的养殖场（户）达到673个，畜牧业产值33.3亿元。水产养殖面积6.1万亩，水产品总产量达到8.57万吨，渔业总产值实现7.7亿元。

辽阳市的辽阳县和灯塔市，分别位于辽阳市的南部和北部，是辽阳市的两个产粮大县；太子河区属辽阳城区之一，地处城乡结合部，环绕城市四周，是辽东半岛中部城市群的副食品生产基地之一，农业格局富有城郊特色。

二、项目实施的主要技术内容及完成情况

几年来，共完成 7 项省农业综合开发技术推广项目、15 项市管技术推广项目和 1 项国家高标准农田建设科技示范项目，重点示范推广 12 项农业先进综合技术，促进了辽阳新、特、优农产品基地建设，确保了国家粮食安全，提高了农民收入。

在发展标准化基本农田建设，确保国家粮食安全方面，以加强高标准农田基本建设为基础，通过实施优质水稻、玉米、高油大豆高产高效综合技术示范与推广，引进、试验、示范优良新品种，提高土地利用率，实现了粮油作物的高产、优质、高效。

在发展无公害农产品生产方面，通过实施保护地蔬菜、裸地蔬菜、葡萄、南果梨和草莓无公害生产综合技术示范与推广，形成了以市场为导向、以效益为目标、以资源的合理配置为手段、以无公害生产规程为标准的资源效益型和生态友好型开发模式。

在发展新特优农产品基地建设中，通过实施花卉、食用菌、中药材和山野菜高效综合栽培技术示范与推广，为辽阳地区充分发挥地缘优势和自然资源优势、打造名牌产品、建设特色农产品基地、提高农业效益和农民收入提供了技术支持。

三、主要做法

（一）注重加强核心试验区和科技示范区建设

通过在基点建立试验区、示范区，开展新品种试种和综合配套技术示范，在试验示范的基础上辐射周边地区，促进了新品种新技术的快速推广。

水稻是辽阳的主要粮食作物，全市年种植 80 余万亩。推广优良品种是实现水稻增产的主要技术措施。几年来，省农科院水稻所、经作所在灯塔市的东荒农场、佟二堡、古城街道、五星，辽阳县的黄泥洼、小北河等乡镇，先后引进了辽优 1052、辽优 5218 杂交水稻新品种和辽粳 294、辽星 1 号、辽星 15 号、辽星 20 号等常规稻新品种进行示范推广，促进了水稻品种的更新换代。目前，辽星 1 号已成为辽阳地区水稻的主栽品种。在示范区开展新品种引进的同时，积极推广配套栽培技术，先后推广了水稻机械化育苗、插秧、收割，测土配方施肥、灯光诱蛾杀虫等技术，通过种植新品种，配套推广新技术，使项目区水稻

亩产平均增产15%，亩增收200元。

巨峰葡萄是辽阳地区的主栽品种，由于多年栽培，品种的产量、品质、抗性都严重退化。为解决品种换代问题，2004年，实施灯塔市的农业综合开发综合示范县项目时，省农科院果树所、经作所的有关专家多次到示范基地进行技术指导，帮助柳条镇葡萄生产专业户赵铁英引进葡萄品种20多个，经过试验，筛选出大粒巨峰葡萄品种"辽峰"，进行大面积推广。该品种抗性优于原"巨峰"品种，比"巨峰"提早成熟上市7~10天，亩产增加400~500斤，有效提高了产量、品质，大大增加了果农的收益。通过新品种示范推广，目前灯塔市的1.5万亩葡萄完成了品种的更新换代，并辐射全省的其他市县。

2007年，辽阳县实施综合示范县项目，省农科院在黄泥洼镇建立裸地蔬菜核心试验区，引进芸豆、豇豆、豌豆、白菜、萝卜等露地蔬菜新品种20余个。其中春季结球白菜"春大将"等，通过试验示范，在生产上得到大面积推广。

（二）强化项目的组织领导

为保证项目很好地落实，项目下达后，组建了由市、县开发办负责人和项目所在乡镇领导组成的项目领导小组，主要负责项目的检查督促工作。同时，由技术依托单位专家和项目区农技推广人员组建技术指导小组，深入基点进行技术指导，收到了良好的效果。几年来，项目的实施一直受到辽阳市政府和省农科院领导的高度重视和大力支持。辽阳市郝春荣副市长、农委鞠有利主任以及农科院的陶承光院长，赵奎华、袁兴福副院长，多次深入到项目区检查指导工作，保证了项目的顺利实施。

（三）加强对农民的技术培训

几年来，聘请水稻、蔬菜、果树、花卉、植保、食用菌等方面的专家，在项目区共举办各类培训班和专题讲座40余次，培训农民达万余人次，印发各类技术资料2万余份。此外，利用经作所辽阳再就业培训学校的条件，举办培训班20余期，近千名从事水稻、蔬菜、花卉、食用菌、中草药等生产的农民接受培训，并获得市劳动局颁发的职业资格证书。

四、取得的主要成效

辽阳市农业综合开发综合示范项目的实施，增强了辽阳市农业综合生产能力，提高了农业资源利用率和科研成果转化率，促进了农业增效、农民增收和农村经济的发展，产生了良好的经济效益、社会效益和生态效益。

（一）增加了经济效益

几年来，在辽阳市农业综合开发两县（市）综合示范项目区，共示范推广了5个系列12个方面的农业综合技术，累计示范推广面积65.32万亩，取得经济效益11.14亿元，起到了良好的示范推广效果。

（二）取得了显著的社会效益

辽阳市农业综合开发综合示范项目，以资源为依托，以市场为导向，以效益为中心，以科技为手段，采取多种措施，综合开发农业资源，提高农业资源利用率，有效促进了“三农”发展。

通过几年的建设，建立了适合辽阳市的粮油作物、花卉、食用菌、中草药、山野菜等良种繁育基地、绿色农产品生产基地；推广了水稻、玉米、大豆、蔬菜等农产品的优质高效无公害综合栽培技术，加快了农业科研成果的转化；通过开展科技培训，扶持农民专业合作组织，推广先进实用技术，使科技增效作用得以充分发挥，提高了项目区农业科技水平，促进了产业结构的调整和优化，加快了数量型农业向经济型农业的转变。

通过推广标准化生产技术，打造自身品牌，开拓了市场，显著提高了农产品的竞争力，提高了出口创汇的份额，增强了优势农产品开发动力，有力促进了农村经济发展。

通过扶持民营企业，使农业生产的种、养、加、产、供、销有机地结合起来，形成“公司+农户+科研”的经营模式，完善了农业生产的产前、产中和产后经营链条，大幅度提高了农业生产的整体效益。

（三）产生了良好的生态效益

在项目实施中，大力推广粮油、水果、蔬菜、花卉、食用菌等作物的无公害农产品生产标准技术，推行配方施肥，施用无害化处理的农家肥，采用节水灌溉技术，对减少农药、化肥对土地资源和农产品的污染、改善土壤结构、提高土壤有机质和肥力、节约水资源、促进农业的可持续发展具有重要意义。

五、取得的工作经验

（一）认真搞好项目选择工作

根据几年来的实践经验，我们认为确定科技推广项目，要注重与项目区的生产实际紧密结合，依据当地农业生产的特点，充分合理利用区域资源优势和区位优势，综合运用具有科学性、先进性、实用性的农业技术，通过技术组装配套、综合示范，实现大面积推广。要根据项目区农作物的结构布局、气候、土壤、流域、水源水质等情况，推广先进成熟、农民易接受的新品种、新技术，提高农产品单位面积的产量和品质，加快发展项目区特色产业和主导产业，促进农业资源的高效开发和农村经济快速发展，实现经济、社会、生态效益相统一。

（二）认真组织实施，确保项目落到实处

一是密切结合实际，编制好实施方案。要根据项目区的实际情况和主导产业发展的要求，在广泛调研的基础上，组织专家制定切实可行的项目实施方案，确保工作有序进行。二是建立组织，加强协作。要明确实施单位和技术依托单位的责任，通过合同加以确定。组建由双方主要领导参加的领导小组，加强对项目实施的领导。技术依托单位根据实施方案的要求，选派科技人员，组建技术指导小组，明确人员分工和责任，确保项目落到实处。三是建设好“三区”——核心区、示范区、辐射区，重点抓好核心示范区的建设。根据区域特点，以新品种推广应用为重点，在项目区选建核心示范区，突出1～2项核心技术，由技术人员把新品种、新技术通过集成进行推广应用。充分发挥示范户的桥梁和纽带作用，积极扶持农民专业合作组织和龙头企业，全力搞好产前、产中和产后服务，努力提高推广技术到位率和覆盖率。

（三）认真抓好技术培训，做好科技普及工作

为巩固示范项目的推广成果，加强对农民的培训，提高农民科技素质，让农民真正掌握推广的新技术，通过举办讲座、科普讨论、科技集市、科技宣传等活动，对项目区农民进行常规性的农业科技知识培训，采用召开田间演示会、苗情现场诊断会、现场观摩会等形式对农民进行实用技术培训，着力培养科技示范户，发挥其带动作用。为提高项目区农民应用先进技术的积极性，对有条件的区域，无偿向农民发放科普宣传品和必要的生产资料，通过建立技术咨询服务热线，为农民与专家构建沟通渠道，及时解决项目实施过程中出现的实际问题，让农民通过科技推广项目得到实惠。

开发推广先进技术　推进辽西肉羊产业快速健康发展

风沙地改良利用研究所

一、项目实施背景

阜新市位于辽宁省西北部，是一个农业大市，拥有耕地面积564万亩，人均占有耕地5.4亩，是全省人均耕地的2倍，全国人均耕地的4倍。拥有天然草场面积106万亩，人工草地40余万亩，其中羊的饲养量位居全省第一，人均出栏羊高居全省之首，是我省肉羊的主产区。丰富的牧业资源为阜新畜牧业的发展提供了得天独厚的发展空间。

然而，从适应国内外市场发展需求的角度来看，阜新市的肉羊产业还存在许多问题。首先是种羊繁育体系问题，由于品种方面的缺陷，导致出栏羊中肥羔的比例不高，肉羊个体质量差异较大，肉质质量不高，使具有市场竞争力的肥羔肉不能形成规模优势；其次是群众缺少高效饲养繁育技术，导致饲养周期长、成本大、效益低，影响了肉羊产业的快速发展。因此，加速推广良种羊、提高羊的高效饲养繁育技术十分重要。

2007年，辽宁省风沙地改良利用研究所组织实施了省财政厅下达的“辽西肉羊高效饲养繁育关键技术示范推广”项目，以阜新市为核心区域，辐射朝阳市、锦州市等地，共培育并推广道赛特、萨福克、德国肉用美利奴等优质种羊800余只，推广地区遍布辽西的50个乡镇300余个行政村。通过建立示范基地，推广优质肉用种羊，采取杂交改良技术，研究和应用羊发情调控、羔羊早期断奶与强度育肥技术，取得了显著的经济效益和社会效益，推动了辽西地区肉羊产业向纵深发展。

二、积极推进优质肉羊生产高新技术研发与应用

（一）加强优质肉用种羊品种培育与推广工作，推进肉羊良种化进程

在项目实施中，根据生产需求，加大了优质肉用种羊的培育和推广力度，通过应用胚胎移植等快繁技术，加速了种羊的培育进程。三年来，累计推广合格种羊800余只，品种包括德国肉用美利奴、道赛特、萨福克、夏洛莱等，为阜新市的肉羊产业发展作出了贡献。

（二）研究开发肉羊育养新技术，提升肉羊产业发展水平

1. 开展优质肉羊胚胎移植试验研究与开发

通过采用优质肉羊胚胎移植技术，使每只供体羊平均提供受精卵8.2枚，移植受胎率达65.5%，移植效果在国内处于领先水平。

2. 结合生产实际开展母羊发情调控技术研究与开发

（1）模拟开展在不同饲喂方式、不同体况条件下应用“海绵栓+PMSG”法对母羊进行同期发情处理试验研究。不同饲喂方式下母羊同期发情率的比较试验证明，给母羊长期补饲胡萝卜或鲜草可明显提高同期发情率（10个百分点以上）。不同体况母羊同期发情率比较试验证明：中等以上体况（体重>45公斤）母羊同期发情率显著高于中下等体况（体重<40公斤）母羊同期发情率。

（2）对初、经产母羊选择不同部位注射氯前列烯醇（PG），进行同期发情处理试验研究。结果表明，初产母羊臀部肌肉注射PG比右侧阴唇注射PG，72小时内的同期发情率高6.7个百分点；经产母羊臀部肌肉注射PG比右侧阴唇注射PG，注射72小时内的同期发情率高13.3个百分点。

3. 系统进行肉羊“二元”和“三元”杂交组合筛选工作，提出适宜辽西地区肉羊杂交生产的最佳父本选择方案

（1）在同一饲养水平下综合分析比较三个杂交组合（道×寒、萨×寒、特×寒）一代羔羊0~6月龄的生长发育状况。综合分析发现，在辽西地区改良小尾寒羊首选的父本品种应该为无角道赛特，用它做杂交改良父本利于肥羔生产。

（2）通过特×寒×萨、特×寒×道、道×寒×萨、道×寒×德四个“三元”杂交组合，对比各组羔羊生长发育情况。对6月龄综合性能分析发现，应用萨福克或德肉美作为终端杂交父本效果最佳。

4. 改变传统的养羊方式，探讨现代养羊的关键技术并进行开发

（1）羔羊早期断奶与强度育肥试验研究。

试验羔羊7~10日龄诱导开食，提早补饲，瘤胃机能得到锻炼，2月龄断奶未产生较大应激，说明羔羊2月龄断奶在生产上是可行的。试验羔羊2月龄

断奶后经过4个月的强度育肥，随着月龄的增加，增重速度减缓，料重比加大。因此，羔羊适时育肥，当年出栏在生产上是值得大力推广的。

(2) 肉羊饲料保障技术体系研究与开发。

研究内容包括：调整种植业结构，增加优质饲料作物的种植比例；实行退耕还草，建植人工草地；研究与示范饲料作物、紫花苜蓿及羊草高产栽培技术，青贮或半干青贮技术；建立与完善舍饲、半舍饲肉羊饲料均衡供应的保障体系。

（三）提出并推广适宜辽西地区的羊杂交改良技术

根据辽西地区基础母羊的特点，提出并推行了适宜辽西地区的羊杂交改良技术路线：纯细毛羊改良应用德国肉用美利奴，实现保毛增肉的目的；小尾寒羊等粗毛羊改良应用纯肉用种羊，实现提高羊肉品质和产量的目的。

1. 进一步完善繁殖改良服务体系

在统一规划的基础上，有组织有系统地建立肉羊良种繁育和杂交利用体系。初步建立了以鲜精低温保存为主、冷冻精液为辅的肉羊人工授精繁改体系。建立人工授精站102个，输精点343个；累计培训人工授精技术员近200人次。

2. 加强疫病综合防治体系建设

结合国家无规定疫区相关要求，并根据《绿色食品动物卫生准则》进行选址并充分考虑动物福利等，提出羊场综合性防疫措施，健全规模化羊场兽医卫生组织，加强饲养管理，增强羊只抵抗力；加强人员防护，保证集约化养羊生产的正常进行。

3. 建立优质肉羊产业化生产基地

课题组重点在阜蒙县、彰武县建立了肉羊产业化基地，通过加强“规模化、标准化、良种化、生态化、品牌化”建设，极大地推动了肉羊产业的发展。

三、开发推广工作采取的主要做法

（一）成立项目协作组，落实任务，明确分工

本项目由辽宁省风沙地改良利用研究所主持，阜新、朝阳、锦州等地区的畜牧技术推广站为技术推广协作单位。项目的研究工作主要由主持单位完成，研究与示范基地设在阜新市阜瑶牧业有限责任公司；推广工作主要由协作单位完成。项目主持单位和协作单位做到共同制定实施方案，既有明确分工，又有相互合作，保证了项目的有序开展。

（二）实行横向联合，开展联合攻关

在开展技术研究时，采取联合攻关的方式，加快科研工作进程。如在胚胎

移植的研究中，课题组与赤峰胚胎移植中心密切合作，共同解决技术方面的难点，使德国肉用美利奴羊的胚胎移植工作进展顺利。在饲养技术和繁殖技术的研究中，课题组与锦州畜牧兽医学院密切合作，研究探讨示范推广工作具体措施，及时总结推广经验，提高了研究及示范推广工作的效率。

（三）设立示范点，以点带面，促进技术的全面实施

通过设立示范点，采取以点带面的方法推广肉羊高效饲养繁育技术。由协作单位在相应的养殖区选择饲养条件好、小尾寒羊母羊数量充足、责任心强的养殖户，建立改良中心，由协作单位的技术人员负责指导引进的肉用种公羊的饲养管理和整个养殖区的人工授精配种工作，通过中心户带动整个养殖区开展羊杂交改良，使道×寒、特×寒、萨×寒杂交羔羊得到快速推广，取得了较好效果。

（四）加强技术培训，提高农民的科技素质

为使项目区的广大农民及时掌握各项技术，提高养羊科学管理水平，技术小组人员通过加强技术指导、开展技术培训，促进了肉羊新品种及饲养繁育新技术的推广。在实际工作中，做到了两个结合，即现场指导与技术咨询相结合，印发资料和技术培训相结合，收到了良好效果。几年来，共开展技术培训 10 余次，培训农民 1500 余人次，发放科技资料 2000 多份，有效地提高了农民的科技素质和养殖技术水平。

四、取得的推广成果

项目实施中，共培育出德国肉用美利奴、道赛特、萨福克优质种羊 800 只，通过杂交改良，共生产杂交羔羊 120 余万只，增加经济效益 1 亿元以上。通过开展高效饲养技术研究与示范推广，改变了养羊业粗放经营管理方式，使养羊业逐步向高效规范化饲养模式发展，加快了产业化发展的步伐。完成的“辽西肉羊高效饲养繁育关键技术研究与推广”成果于 2009 年获阜新市政府科技进步一等奖。

强化科技支撑 引领抚顺山区特色产业发展

蔬菜研究所

新宾地处辽宁东部山区，食用菌、中药材、经济林榛子、绿色稻米、保护地无公害蔬菜、山野菜等山区特色产业是农民致富的重要途径。近年来，随着特色产业的快速发展，一些制约产业发展的生产技术问题也日趋突出，如香菇生产品种老化退化，蔬菜、水稻、榛子和山野菜优良品种少；香菇、辽五味、大果榛子、绿色水稻和无公害蔬菜标准化栽培水平低，技术配套差，限制了产量和经济效益的提高。为加快推进辽东山区特色产业发展，将资源优势转化为经济优势，2008 年，辽宁省农科院在新宾县实施了省农业综合开发科技综合示范项目，通过新品种、新技术示范推广，为产业发展提供强有力的技术支撑，促进了农民增收和地方经济发展。

一、项目实施的总体情况

新宾县农业综合开发技术推广综合示范项目，重点在新宾县红庙子、红升、榆树、木奇、永陵等乡镇实施，核心示范区面积 137 亩，辐射面积 2.4 万亩。针对当地特色产业发展存在的问题，开展了食用菌高效标准化栽培技术集成与推广、辽五味标准化高效栽培技术示范与推广、大果榛子高效栽培技术示范与推广、绿色水稻高效栽培技术示范与推广、无公害蔬菜高效栽培技术示范与推广、山野菜品种种苗繁育技术示范与推广 6 项综合技术示范。

针对品种老化问题，在生产上示范推广了一批优新品种，如：香菇 1363、433 和 C28；辽五味新品种；大果榛子平欧 84-226、82-11、81-21；水稻新品种辽农 06-6、辽农 06-7、旱 403、沈稻 7、新育 6 号、吉粳 806、吉粳 88（CK）、抚 218 号和稻花香 2 号；蔬菜新品种黄瓜绿园 30、绿园 31、唐山秋瓜、茄子辽茄 3 号、辽茄 4 号、辽茄 7 号；山野菜品种轮叶党参、大叶芹、刺嫩芽等。

在项目区推广香菇三柱连体栽培 6500 万袋，熟料栽培技术 100 万袋，增加效益 2 亿元；推广辽五味优质高产综合配套栽培技术 1.5 万亩，累计增加经济效益

300 万元；推广绿色水稻高效栽培技术面积 3 万亩，增加经济效益 450 万元；推广无公害蔬菜生产技术 1 万亩，增加经济效益 1500 万元；推广山野菜复垦驯化栽培示范与推广面积 3000 亩，累计增加经济效益 300 万元；推广大果榛子高效栽培技术 800 亩，增加经济效益 127.5 万元。项目实施总计创造经济效益 2.27 亿元。

二、项目实施的主要技术内容

（一）食用菌高效标准化栽培技术集成与推广

1. 品种筛选与示范

引进抗杂性强、品质好、产量高的香菇优良品种 4 个：香菇 A6、香菇 937、香菇 433、香菇 C28。采用常规配方，在相同环境条件下生产等量各级菌种，观察菌丝生长状态，通过适应性、形态特点、生物学、产量性状和转化率调查，进行综合评判，初步选定出香菇 433 和 C28 等优良品种，其特点是：转化率 90% ~120%，抗杂性强，品质好，均比常规品种增产 20%。

2. 推广国家发明专利技术“香菇筷子菌种原料配方及制作工艺”

该技术与常规香菇固体菌种制作工艺相比，采用开放式接种，成活率达 95% 以上，高于传统菌种 10% 左右。筷子菌种比常规菌种培养菌丝时间缩短 10 ~15 天，菌种的菌龄均匀一致，克服了传统菌种上老下嫩的弱势。简化了接种程序，缩短了接种时间，节省劳力，比传统菌种亩节省 625 元。在全县推广应用面积 90% 以上，成功率达到 95% 以上，总体节支 400 万元。

3. 推广国家发明专利技术“北方半熟料开放式香菇生产方法”

技术特点：香菇半熟料三柱连体栽培生产工艺与常规全熟料袋式栽培生产工艺相比，缩短蒸料时间 20 小时以上，节省燃料；栽培场地要求简单，能遮阴的简易冷棚即可，建造成本比传统模式降低 20 倍；采用全开放式接种，比传统全无菌接种方式提高接种效率 40%；采用 5 ~15℃低温发菌，比传统 18 ~24℃发菌降低污染率 10% 以上，培养菌丝时间缩短 10 ~15 天，转化率 20% 以上；菇体硬度大，菇形圆整，出口鲜菇率提高 10% 以上。该项技术在全县建立 10 个百棚小区，累计推广 4000 万棒，示范推广面积 5000 亩，辐射全县地栽香菇主产区红升乡、新宾镇、永陵镇和红庙子乡等地，平均亩纯增收 1.3 万元，总增加经济效益 6500 万元。

4. 推广香菇熟料袋式栽培技术

引进南方香菇熟料栽培技术进行本地化应用，建立 20 万袋小区 5 个，辐射面积 100 亩，平均每棒纯增收 5.0 元，总增收 500 万元。

5. 推广“冷棚半熟料菌筒式香菇栽培”新技术

该项技术主要内容如下。一是结合当地生产条件特点，经过试验，确定菌筒的规格为内筒直径30厘米，外筒直径50厘米，高60厘米。二是确定培养料的配方为：木屑80%，麦麸8%，米糠8%，玉米面3%，石膏1%。三是将培养料的含水量增大到60%～62%，使制作的菌筒牢固不易散，防止春旱发菌期间菌筒水分不足。与三柱连体栽培相比，该项技术减少倒袋、重新摆袋、覆膜等过程，大大节省了劳动力，亩成本降低1000元，减少用工费用4000元；同时，避免三柱组合缝隙出菇现象，菇体硬度大，菇型圆整，出口鲜菇率提高10%以上；播种快、发菌迅速、时间短，减少杂菌感染指数，提前20天出菇。通过在100个棚进行示范，共取得经济效益275万元。

6. 利用香菇菌糠生产平菇技术示范

推广利用香菇菌糠，添加新鲜原料，采用菌筒式栽培平菇。生产工艺为：配料——拌料——建堆发酵——翻料——晾料——装袋接种——发菌管理——出菇管理——采收。成品率达到80%，生物转化率达100%以上。

（二）辽五味标准化高效栽培技术示范与推广

1. 遮阳防冻技术

根据山区五味子栽培的主要生产障碍，采用遮阳网覆盖技术，推迟五味子开花5～7天，避过霜冻，避免五味子收获时受霜害。

2. 推广配套施肥技术

五味子是一种喜肥植物，合理有效的施肥技术可以提高植株的营养水平，促进雌花分化发育，保持连年丰产。主要实行按需配方施肥：生长前期施用速效肥，促进花芽向有利于形成雌花的方向分化，保证新梢和果实有充足的养分供给；八月下旬施用有机肥，促进植株后期养分积累，增强抗逆性，改善土壤理化性能。

3. 宽行距双主蔓稀植技术

五味子是多年生植物，常规栽培采取多蔓模式，生产中表现出结果数量逐年降低等特性。宽行距双主蔓稀植技术，采用定植苗行距2米，株距0.5米，修剪后留2条主蔓，优化了光照条件、营养条件和通风条件，促进了植株生长，发挥了单株的生产潜能，使结果株率提高23%。

（三）大果榛子高效栽培技术示范与推广

1. 抗寒优良品种推广

通过对引进的10余个品种(品系)开展适应性试验，总结筛选出最适宜当地发展的品种(品系)3个，分别是平欧82-11、81-21、84-226，在新宾县进行了大面积推广。

2. 建立杂交榛子繁育基地

为了提高苗木质量及品种纯度，重点推广集约育苗技术。2009 年，在新宾县的木奇镇、永陵镇、下夹河乡 3 个乡镇建立杂交榛子苗木繁育基地，苗木的繁殖率由原来的52.1% 提高到 92.1%。

3. 示范推广高效栽培技术

通过对榛子定干高度、一年生枝条的短截数量、枝组间距、疏枝比例等方面的试验研究，总结出一套数字化杂交榛子整形修剪模式，通过在生产上示范推广，有效提高了榛子栽培技术水平。

项目实施以来，共推广杂交榛子高效栽培技术 800 亩，增加经济效益 87.5 万元；推广榛子苗木高效繁育技术，繁育优质榛子苗木 4 万株，增加经济效益 25 万元，累计创经济效益 127.5 万元。

（四）绿色水稻高效栽培技术示范与推广

在红庙子乡建立百亩高产示范田，通过辐射带动，推动辽东山区绿色水稻高效栽培技术推广，采取的推广技术措施主要包括如下几项。

1. 完善栽培技术规程

针对新宾特殊的农业生产环境，通过对品种选择、种子处理、旱育苗稀播育壮秧、本田整地、插秧技术、本田管理、收获等技术进行规范，进一步完善新宾县 A 级绿色水稻栽培技术操作规程，促进水稻的标准化生产。

2. 加强新品种引进，促进品种更新换代

通过引进米质好（一级优质米）、抗逆性强、丰产性与稳产性强的中早熟新品种进行生产示范，筛选出适合当地生产的主栽品种，包括辽宁省农业科学院育成的06-6、06-7、旱403 和吉林省稻作所育成的吉粳 88，促进了水稻生产品种的更新换代。

3. 开展配方施肥试验

通过开展配方施肥试验，减少了化肥的施入量，增加了有机氮的施入，既促进了绿色稻谷生产，又有利于土壤的改良，产生了良好的经济、社会和生态效益。

（五）无公害蔬菜高效栽培技术示范与推广

1. 引进适宜的优良蔬菜新品种

重点引进抗逆性强、商品性好、早熟丰产的蔬菜新品种 6 个，包括：黄瓜绿园 30、绿园 31、唐山秋瓜、茄子辽茄 3 号、辽茄 4 号、辽茄 7 号。

2. 推广高效栽培技术

采取讲课、发放技术资料、田间指导等形式，推广蔬菜高效栽培技术，促进项目区无公害蔬菜生产技术水平的提高。

（六）山野菜种苗繁育技术示范与推广

在榆树乡哈山村建立核心试验区，重点开展刺嫩芽种苗高效繁育技术和轮叶党参、大叶芹、刺嫩芽山野菜复垦驯化栽培技术示范，带动山野菜生产新技术的推广应用，为项目区山野菜产业发展提供了技术支撑，有效提高了山野菜的产业技术水平和经济效益。

三、项目实施采取的工作措施

（一）加强组织领导和管理工作

项目下达后，根据新宾农业综合开发办对山区特色产业发展的要求，省农科院科技推广处与抚顺市、新宾县农业开发办组成协调组，组织省农科院果树所、水稻研究所、植保所及辽宁省中药材研究所等相关研究所，与地方现代农业技术服务中心、林业站组成项目组。形成以开发部门为中心、科研单位为支撑、业务推广部门进行实际操作、基层乡镇落实、示范农户和全县联动的新的开发推广机制。

（二）加强与龙头企业和农民合作组织合作

通过示范基地建设，扶持龙头企业和农民合作组织，形成“企业＋科研单位＋基地＋农户”的产业化链条，促进了企业和农民合作组织实行规范化、规模化生产。

（三）强化科技服务工作

项目组科技人员根据生产需要，在生产关键期通过开展巡回技术指导、举办培训班等多种形式培训农民，指导农民落实好各项推广技术，保证了项目的顺利实施。共举办专题培训班6次，录制电视讲座2个，培训农民1200多人次，编写发放科技宣传资料3000多份，促进了科学技术的推广普及，有效提高了农民的种植技术水平。

四、取得的科技成果

“香菇高效栽培关键技术研究与标准化模式推广”2009年获省科技进步三等奖；“杂交榛子抗寒品种筛选及栽培技术研究”2008年获抚顺市科技进步二等奖；“辽五味优质高产综合配套栽培技术研究”2009年获抚顺市科技进步二等奖。取得国家发明专利2项，分别为“香菇筷子菌种原料配方及制作工艺”和“北方半熟料开放式香菇生产方法”。“冷棚半熟料菌筒式香菇栽培技术”2008年通过抚顺市科技成果鉴定。

探索科技成果转化新路　大力推广“易丰收”

中央财政易丰收项目组

一、项目的基本情况

辽宁省农业科学院科技人员经过多年的科技攻关，在植物有益内生菌提取物中发现了超高活性的促植物生长类物质，并自主研发出调节植物生长的微生物制剂，定名为“易丰收”。“易丰收”具有增强作物耐低温、耐旱、耐涝、抗病虫性，促进根系生长发育和根际微生物生长，提高肥效，降低农产品中亚硝酸盐含量和重金属含量等作用，应用范围广泛，使用安全，效果明显。

为加快科技成果转化，促进“易丰收”在生产上的应用，发挥节能增效作用，2009 年，“易丰收”液体复合肥在农作物上应用推广被列为中央财政农业科技推广示范项目，在沈阳苏家屯区、康平县、阜蒙县、岫岩县和抚顺县等 5 个县（市、区）的水稻、玉米、花生、蔬菜等作物上进行推广应用，共落实展示田 0.09 万亩，示范田 0.8 万亩，辐射推广面积 9.3 万亩。在项目实施中，根据现代农业科技推广特点，探索高效推广模式，为科技成果转化积累了有益的经验。

二、取得的主要成效

经过试验，确定“易丰收”在农作物上的应用主要采取种子处理和叶面喷施两种方式。种子处理结合种子包衣进行，将“易丰收”按要求包裹在种子上，待种子萌发时通过幼芽吸收发挥作用，具有增强种子活力、提高发芽率、增加不定根发育、提高耐寒、耐旱能力等作用。叶面喷施结合农药、有机肥和叶面肥等一起喷施，可以提高作物光合能力，增强植株耐寒、耐旱、抗病虫能力，促进开花坐果，改善品质，提高产量。

（一）“易丰收”在水稻上的应用效果

通过推广应用“易丰收”，水稻亩增产 5% 以上，平均亩增产稻谷 25 公斤，按每公斤稻谷2.1元计算，亩增收52.5元，扣除“易丰收”投入成本4元（由于“易丰收”可减少肥料使用量，实际成本更低），亩纯增收48.5元，在项目区推广2.2万亩，共增加经济效益106.7万元。

（二）“易丰收”在玉米上的应用效果

采用“易丰收”拌种和叶面喷施，玉米亩增产5%以上，平均亩增产25公斤，按每公斤玉米1.7元计算，亩增收42.5元，扣除“易丰收”投入成本4元，亩纯增收38.5元，在项目区推广3.5万亩，共增加经济效益132.8万元。

（三）“易丰收”在花生上的应用效果

通过应用“易丰收”，花生亩增产8%～10%，亩增产25公斤，按每公斤6.50元计算，亩增收162.5元，扣除“易丰收”投入成本16元，亩纯增收146.5元，推广面积4.1万亩，共增加经济效益143万元。

（四）“易丰收”在蔬菜上的应用效果

通过应用推广“易丰收”，使项目区蔬菜亩增产7%～10%，平均亩增收150元，扣除“易丰收”投入成本40元，亩纯增收110元，推广1.3万亩，共增加经济效益211.2万元。

综上，项目实施共推广“易丰收”11.1万亩，新增经济效益1058.6万元，同时，大大减少了化肥和农药使用量，促进了农产品无公害生产发展，取得了显著的经济和社会效益。

三、主要做法和经验

（一）建立和完善组织机构，强化对项目的管理

项目实施中，成立了以省财政厅农业处、省农科院科技推广处及有关市县财政、农业技术推广部门参加的项目领导小组，加强对项目的组织管理。同时，集中农业科研、推广、生产等多方力量，成立项目技术小组与实施小组，分别负责项目的技术培训、技术指导、方案设计、任务落实、定期汇报项目进展情况、编写项目总结等。同时，各项目实施单位所在县（市、区）农业部门也建立相应的项目实施小组，负责本地区项目的实施，确保了各项推广任务落实到位。

（二）科学制订方案，统一部署实施

项目实施前，“易丰收”项目领导小组按项目要求，组织有关人员，统一制订“易丰收”在辽宁水稻、玉米、花生和蔬菜等作物上应用的示范推广实施方案；实施县（市、区）根据方案统一安排和部署，分别制定各地技术实施方案与工作计划。在项目实施过程中，辽宁省农业科学院负责制定实施方案、编写配套技术规程，各市县农业技术推广中心负责方案实施，落实面积，安排重点示范户，发放产品以及配套栽培技术资料，组织技术培训等，保证各项工作有序开展。

（三）加强组织、协调和管理

在开展新技术示范推广过程中，进行统一组织、协调和管理。一是对项目区实行统一供种；二是结合各地实际分别制定了不同的技术规程，统一开展技术指导和技术培训，结合科技培训，印发相应的技术宣传资料，指导农民合理应用新技术；三是统一进行病害防治和配方施肥，对生产中的一些主要病害，采取统一防治的措施，防止病害蔓延；四是在各项目区聘请有经验的技术人员作为该地区的技术负责人，具体负责生产过程中的技术指导，做好信息反馈，增强技术推广力度。

（四）开展多层次培训，搞好技术服务

在项目实施中，一方面，对项目县（市、区）技术负责人进行培训，培养技术骨干，组成技术指导小组，分乡包片，下乡入村，深入田间地头进行技术指导，确保农民正确使用“易丰收”，发挥应有的作用。项目实施以来，共举办技术骨干培训班10余次，培训县、乡两级技术骨干100多人次；举办农民技术培训班20余次，在作物生长关键时期，派科技人员到基层进行田间技术指导40余次，指导农民1万余人次。另一方面，通过组织召开现场观摩会，加大宣传力度，加快新技术推广应用。共召开现场观摩会10余次，参观人数达2000多人次，起到了良好的示范带动效果。此外，利用省、市电视台、广播电台以及相关报纸、杂志开展广泛的宣传，先后录制电视专题片和技术讲座20余个，制作发放DVD光盘，印发各种宣传单、宣传画、技术手册和品种说明书等宣传资料5万余份，使推广覆盖面不断扩展。

（五）建立目标管理、责任管理及奖惩机制

为调动科技人员的积极性，确保示范推广项目顺利开展，建立了目标责任制，明确项目区负责人责任，推行目标管理制度，使参与示范推广的技术人员的奖惩与其责任区的目标完成情况挂钩。同时，项目县（市、区）农业局定期召开现场会，学习推广先进经验，促进了项目实施水平的不断提高。

（六）强化监督检查，狠抓技术落实

为确保项目各项任务顺利落实，建立了巡回检查制度，由“易丰收”项目领导小组组织有关人员，定期对项目县（市、区）进行巡回指导、检查；同时，各项目县（市、区）也组织检查小组，定期对项目区各项推广工作进行检查，保证了示范推广工作层层得到落实。

（七）加强资金管理，为项目实施提供保障

在项目实施中，建立了严格的项目资金管理制度，要求承担项目各单位设立专用账户，实行专款专用，避免项目资金挪作他用。同时，组织有关人员对参加项目各单位资金使用情况进行检查，发现问题及时纠正，充分发挥资金的使用效率，为项目实施提供有效的经费保障。

以农民增收为导向推广马铃薯高效复种技术

中央财政马铃薯项目组

“辽西北地区马铃薯高效复种技术集成与推广”是中央财政农业科技推广示范项目，由辽宁省农业科学院科技成果转化中心组织实施。该项目针对目前马铃薯生产存在的产量和效益较低的状况，通过示范推广马铃薯高效复种技术，加快新技术的推广应用，充分发挥马铃薯增产潜力，提高了土地利用率和经济效益，促进了农民增收，成为推动马铃薯产业发展的支撑点和“助推器”。2009—2011年，该项目在辽西北5市15个县（市、区）实施，结合不同区域自然和生产条件特点，示范推广优质高产新品种和一年两茬高效复种模式，取得了显著的经济效益，对探索土地高效利用产业发展新途径，促进区域高效农业发展发挥出重要作用。

一、推广马铃薯高效复种技术的重要意义

马铃薯兼具粮食作物和经济作物的特点，是辽宁省主要农作物之一，目前全省播种面积稳定在200万亩以上，其中，辽西北作为辽宁省马铃薯的主产区，播种面积约占全省的50%。辽宁省的光热资源特点是种植一季作物有余，两季又不足。而马铃薯是我省目前为数不多的前茬作物，近5年来，全省马铃薯平均单产为1200公斤/亩，具有很大增产潜力。实施马铃薯高效复种技术集成与推广，针对辽西北地区的自然、气候条件和区域特点，促进一批适应产业化发展的优质专用型马铃薯品种和先进适用高效复种技术示范推广，可实现马铃薯一年两茬或一年三茬生产，全面提升辽宁省马铃薯综合生产能力，大幅度提高我省马铃薯生产水平，对优化农业产业结构、提高复种指数、增加单位面积产量和效益、促进农民增收、保障国家粮食安全、实现农业生产可持续发展等具有重要的意义。

二、项目实施取得的成效

项目实施以来，共示范推广马铃薯双膜覆盖复种粮食作物、油料作物、马铃薯单膜覆盖复种蔬菜作物、马铃薯三膜覆盖极早熟栽培技术、马铃薯间套复种立体栽培技术、马铃薯科学施肥技术、马铃薯优良脱毒种薯引进与示范、马铃薯全程机械化生产技术、马铃薯高效灌溉技术等9项综合技术。引进脱毒马铃薯、玉米、蔬菜等新品种20余个，建立核心试验区10个，技术示范区20个，推广辐射区面积达100余万亩。此外，针对项目区马铃薯种植密度过大、复合肥用量过多等问题开展了36项次的试验，研究提出马铃薯科学施肥、合理密植、高产高效等技术措施，促进了我省马铃薯栽培技术水平的提高。

（一）引进脱毒种薯，推进种薯良种化

针对项目区使用未脱毒的马铃薯作种薯较多，使得种薯严重退化、产量低的问题，积极推广脱毒马铃薯种薯，在核心试验区示范种植早大白、费乌瑞它等品种的优质脱毒种薯2万公斤，取得了良好效果。在绥中小庄子镇大李村开展的冷棚种植早大白脱毒种薯，和未脱毒种薯的对比试验结果为，脱毒早大白马铃薯于6月1日收获，亩产3035公斤，大薯率达89%，而未脱毒早大白亩产为2255公斤，大薯率为73%。采用脱毒种薯比采用未脱毒种薯增产34.6%，而且早上市一周左右，仅此一项就实现亩增加收入2000余元。通过项目的试验示范，项目区的种植农户思想上有了很大改观，种植脱毒马铃薯的积极性明显提高。实践表明，应用脱毒马铃薯可以提高出苗率，植株生长旺盛，长势增强，有效提高了大薯率，使产量大幅度提升。因此，加快脱毒马铃薯的推广，对提高马铃薯生产水平和经济效益，保障马铃薯产业健康、持续发展具有重要意义。

（二）引进新品种，优化品种布局

针对项目区马铃薯种植品种单一、落后的状况，项目组引进早大白、辽03-6、中薯5号、诺兰、费乌瑞它、尤金、富金、东农303、213、兴佳2号、黑薯等11个马铃薯新品种，在项目区进行品种比较试验和大区示范，初步筛选出早大白、辽03-6、兴佳2号、中薯5号等适于项目区生产的高产、早熟、优质马铃薯品种，计划今后在项目区大面积推广，促进项目区马铃薯生产用种的更新换代，见表1。此外，为提高下茬作物生产效益，引进了适合马铃薯下茬种植的辽单565、郑单958、先育696等高产耐密型玉米新品种，辽杂19等高粱新品种，辽豆14、辽豆15等高产优质型大豆新品种，阜花12等花生新品种，F51、F60等向日葵新品种，以及绿菜花、甘蓝、大葱、茄子、胡萝卜等蔬菜新品种20余个。

表 1　　马铃薯新品种引进试验结果

品种名称	株　高 /cm	大中薯率 /%	重　复	小区产量 /公斤	折合亩产 /公斤	平均产量 /公斤	名　次
辽薯6号	60	59.9	Ⅰ	40.46	2698	2630	4
			Ⅱ	38.76	2585		
			Ⅲ	39.10	2608		
中薯5号	65	57.1	Ⅰ	40.44	2697	2701	2
			Ⅱ	39.50	2635		
			Ⅲ	41.55	2771		
东农303	60	65.9	Ⅰ	32.74	2183	2275	9
			Ⅱ	35.01	2335		
			Ⅲ	34.61	2308		
诺　兰	60	66.4	Ⅰ	30.89	2060	2013	10
			Ⅱ	32.13	2143		
			Ⅲ	27.52	1836		
兴佳2号	75	69.1	Ⅰ	43.34	2890	2786	1
			Ⅱ	39.80	2655		
			Ⅲ	42.20	2814		
费乌瑞它	70	60.8	Ⅰ	38.98	2600	2684	3
			Ⅱ	40.53	2703		
			Ⅲ	41.22	2749		
213	45	46.9	Ⅰ	38.39	2561	2491	5
			Ⅱ	36.24	2417		
			Ⅲ	37.42	2496		
尤　金	60	57.7	Ⅰ	35.16	2345	2340	8
			Ⅱ	33.65	2244		
			Ⅲ	36.43	2430		
富　金	65	58.4	Ⅰ	37.54	2504	2362	7
			Ⅱ	33.87	2259		
			Ⅲ	34.82	2322		
早大白	60	66.5	Ⅰ	35.35	2358	2459	6
			Ⅱ	38.89	2594		
			Ⅲ	36.34	2424		
紫　薯	55	32.8	Ⅰ	28.44	1897	1766	11
			Ⅱ	24.54	1636		
			Ⅲ	26.46	1765		

（三）推广马铃薯先进栽培模式，效益显著

1. 马铃薯双膜覆盖复种粮食作物技术集成与示范

示范推广的马铃薯双膜覆膜复种粮食作物（玉米、高粱、甘薯）栽培模式，实现了马铃薯的提早收获，同时，下茬作物生育时间充裕，综合效益明显。据调查，马铃薯双膜覆盖种植模式比单膜种植模式一般可早收获10～20天，使马铃薯提早上市，效益显著。在绥中县、兴城市、凌海市、金州区、辽中县、昌图县示范推广20万亩，累计新增经济效益2.1亿元。

2. 马铃薯双膜覆盖复种油料作物技术集成与示范

上茬马铃薯采用大垄双行形式，采取催大芽、适时早播、病虫草害防治、高效平衡施肥技术，促进马铃薯高产稳产。下茬种植向日葵、花生、大豆等油料作物，引进辽豆14、辽豆15等高产优质型大豆新品种，阜花12等花生新品种，F51、F60等向日葵新品种，并配套高产高效栽培技术。在绥中县、金州区示范推广15万亩，累计增加经济效益1.05亿元。

3. 马铃薯三膜覆盖技术集成与示范

主要推广马铃薯三膜覆盖复种小西瓜等栽培模式。上茬马铃薯采用早大白、费乌瑞它等优良脱毒品种，实行三膜覆盖，下茬种植小西瓜等高效作物。据调查，采用该种植模式，上茬马铃薯在5月中下旬即收获，比单膜种植模式早收获30天；经实测，亩产平均达到2930公斤。由于收获早、市场价格高，亩产值达到6446元，扣除亩成本，三膜复种模式上茬亩纯收入达3446元。

下茬小西瓜选用早熟、生长稳健、耐低温弱光的早春红玉、新秀、无籽密童等品种，运用二茬结瓜整枝法，可加收一茬。9月初收获，小西瓜亩产2960公斤，亩收益为8288元，到10月中旬再收一茬，每亩产出小西瓜2390公斤，亩收益为7170元。上下茬合计亩纯收入达10100元。

4. 马铃薯单膜覆盖复种黏玉米、蔬菜技术集成与示范

上茬马铃薯采用早大白、中薯1号、费乌瑞它等优质早熟品种，采用地膜覆盖栽培方式，在6月下旬至7月上旬收获。

（1）马铃薯单膜覆盖复种黏玉米种植模式。

上茬马铃薯收获后，及时整地，种植垦黏1号、垦黏2号、垦黏3号、银杏糯等黏（甜）玉米品种。10月上旬进入黏玉米鲜食成熟期，亩效益达3000多元。

（2）马铃薯单膜覆盖复种蔬菜种植模式。

上茬马铃薯收获后，及时整地，种植西兰花、茄子、大葱、甘蓝、胡萝卜、白菜等蔬菜作物，亩效益达1500~4000元。

5. 马铃薯间、套、复种立体栽培模式

示范推广马铃薯套种玉米，马铃薯小拱棚双膜覆盖复种大白菜套种黏玉米，马铃薯、甜玉米、蔬菜等立体栽培模式。

（1）“一地两收”栽培模式。

“一地两收”栽培模式主要有地膜马铃薯复种秋白菜栽培模式和地膜马铃薯套作普通春玉米栽培模式。其中地膜马铃薯复种秋白菜模式，马铃薯平均亩产2597.5公斤，亩产值4156元；大白菜平均亩产6000公斤，平均亩产值3000

元；合计套作亩产值7156元，扣除生产成本1600元，亩纯效益5556元。其中富山镇高产大户段长国的马铃薯亩产达3385公斤，亩产值5416元；大白菜以平均亩产6000公斤预算，亩产值3000元，合计套作亩产值8416元；扣除生产总成本1400元，亩纯效益7016元。

（2）“一地三收”栽培模式。

“一地三收”栽培模式为双膜马铃薯套作黏甜玉米复种大白菜栽培模式，马铃薯平均亩产2393.8公斤，亩产值3830.1元，扣除生产成本950元，亩纯效益2880.1元；黏玉米平均收获1500穗，产值为1800元，扣除成本640元，亩纯效益1160元；大白菜平均亩产4500公斤，平均价格为0.50元/公斤，亩产值2250元，扣除成本450元，亩纯效益1800元；三茬合计亩产值7880.1元，亩纯效益5840.1元。

（3）“一地四收”栽培模式。

“一地四收”栽培模式为地膜马铃薯套作黏甜玉米复种大白菜、玉米株间种植秋豆角栽培模式。前茬马铃薯平均亩产2216.5公斤，亩产值3546.4元，扣除生产成本950元，亩纯效益2596.4元；黏玉米平均收获1500穗，纯收入1800元，扣除生产成本640元，亩纯收入1160元；豆角平均亩产200公斤，平均收入600元左右，扣除生产成本90元，亩纯收入510元；大白菜亩产4500公斤，亩产值为2250元，扣除生产成本450元，亩纯效益1800元；四茬合计亩总产值8196.4元，亩纯效益6066.4元。

（4）马铃薯、甜玉米、蔬菜立体栽培模式。

配置方式：4行马铃薯间种4行水果型甜玉米，马铃薯下茬种植水果型甜玉米，甜玉米下茬种豆角。马铃薯在2月下旬开始种薯催芽，4月初整地播种，4月下旬播种甜玉米，6月中下旬马铃薯收获上市，整地后种植甜玉米，7月中旬上茬甜玉米收获，下茬种植豆角。据测产，马铃薯亩产达2140公斤，亩纯效益1530元；甜玉米亩产1350公斤，亩纯效益1350元，加上下茬甜玉米收益，总计甜玉米亩收益达到2550元；豆角亩产1540公斤，亩纯效益为1220元；合计亩纯效益5300元。

6. 马铃薯全程机械化生产技术示范与推广

根据全省马铃薯种植多采用手工作业，成本高、生产效率低、资源浪费等问题，首次在辽宁马铃薯产区推广马铃薯全程机械化生产技术，推广应用马铃薯播种机、杀秧机和收获机，促进了马铃薯生产机械化，提升了马铃薯生产水平。

马铃薯播种机可一次性完成开沟、施肥、播种、起垄、喷除草剂、覆膜。

马铃薯杀秧机可一次性完成马铃薯秧苗的清理工作，并将秧苗粉碎；每小时完成4~5亩的杀秧工作，既节省了过去人工割秧的劳力，同时实现了马铃薯秧及时还田，避免了过去马铃薯秧割后堆积在田间地头影响下茬作物播种、污染环境的问题，大大提高了生产效率。马铃薯收获机收获效率高、不伤皮，可以直接提取土壤中残存的农膜，对下一季度作物的生长无影响。每小时可收获3~4亩马铃薯，是人工收获的3~4倍。马铃薯全程机械化技术每亩可节省成本400元以上。特别是在目前农村劳力紧张的情况下，将大大缓解马铃薯种植户的压力，是一项深受农民欢迎的技术。

7. 科学施肥技术示范与推广

辽西北地区马铃薯生产种植规模较大，随着近几年的发展，生产中出现了很多施肥方面的问题，如施肥量过大、养分配比不合理、有机肥施用不当等。项目组针对不同项目区的具体情况和存在的问题，推广了高产高效施肥技术。

（1）马铃薯磷肥高效利用研究示范。

目前马铃薯施肥量普遍过量，氮磷钾比例基本是1:1:1，不符合马铃薯的养分需要规律。根据研究结果，马铃薯磷素用量最少，并且土壤中磷素积累量大，如何提高土壤中的磷素利用和高效使用磷素，对节省能源、减少污染、保护环境具有重要意义。对此进行6个示范处理，分别为：

处理1，常规施肥（200斤复合肥加20斤硫酸钾，氮—磷—钾纯养分15—15—20公斤/亩）；

处理2，常规施肥氮钾用量不变，磷减少25%；

处理3，与常规施肥等量氮磷钾，加磷活化剂，为磷含量的8%；

处理4，与处理2等量氮磷钾，加磷酸活化剂；

处理5，与常规施肥等量氮磷钾，加复合微肥；

处理6，空白对照。

结果为：减少常规磷用量的25%，对产量没影响，磷素活化剂和微肥的应用效果不明显。从对养分吸收和肥料利用率来看，在常规施肥的基础上应用磷肥活化剂可提高作物对氮、磷和钾养分的吸收，提高肥料的利用率，氮肥利用率较常规施肥提高15.2%，磷肥提高24.5%，钾肥提高35%。减少磷肥用量后使用磷素活化剂没有提高作物对磷的吸收利用。

（2）缓控释肥料在马铃薯上的应用研究示范。

氮肥用量过大，加之马铃薯大水浇灌，养分流失严重，利用率低下，对环境造成一定危害，为探讨缓控释肥料在马铃薯上应用的可能性和效果，从简单的缓控释氮肥再到缓控释复合肥进行研究。示范设5个处理，分别为：

处理 1，常规施肥；

处理 2，与处理 1 等量氮磷钾，其中氮量的 1/2 用缓释尿素；

处理 3，与处理 1 等量氮磷钾，其中氮量的 1/2 用硫衣包膜尿素；

处理 4，与处理 1 等量氮磷钾，其中氮量的 1/2 用树脂包膜尿素；

处理 5，空白对照。

结果为：氮量的 1/2 用树脂包膜尿素处理，产量明显增加，同时可提高作物对养分的吸收，与常规施肥相比，氮肥利用率提高了 27.1%，磷肥利用率提高了 72.5%，钾肥利用率提高了 16.5%。

（3）中微量元素与生物菌肥在马铃薯上的应用示范。

目前，马铃薯肥料用量逐年增加，有机肥的使用尽管也受到重视，但受有机肥肥源、运输工具和成本问题的影响，投入相对不足，造成中微量元素与大量元素的失衡。本项试验的目的是探讨中微量元素的使用效果，为指导生产提供依据。示范设 8 个处理：

处理 1，硫酸钾镁（25 公斤/亩，K_2O 22%，MgO 8%），其余氮磷钾用复合肥和单质肥料来补充；

处理 2，硫酸镁（12.5 公斤/亩，MgO 16%），镁用量与处理 2 镁量相同，氮磷钾量与常规相同；

处理 3，硝酸铵钙（硝态氮 14.5%，全氮 15.5%，水溶性氧化钙 25%），每亩 25 公斤，其余氮磷钾用复合肥和单质肥料来补充；

处理 4，常规施肥加 0.5 公斤硼酸做底肥；

处理 5，常规施肥加 1.5 公斤硫酸锌做底肥；

处理 6，常规施肥加生物菌肥 25 公斤；

处理 7，空白对照；

处理 8，常规施肥。

结果为：处理 2 施用镁肥、处理 3 施用钙肥和处理 6 施用菌肥，产量较高，比常规对照增产 9.2%、10.2% 和 6.7%。施用硼肥和锌肥产量与常规施肥差异不大。养分吸收量以施用镁肥和钙肥的处理较高，说明该种肥料的施用有利于作物对氮、磷和钾养分的吸收。氮肥料利用率以施用硫酸镁肥和钙肥较高，达到 51%；磷肥利用率以施用硫酸镁肥较高，为 7.49%；钾肥利用率以施用硫酸钾镁肥处理最高，为 31.09%。这些说明硫酸钾镁肥中的钾有利于作物的吸收。

（4）马铃薯优化施肥示范。

示范设 7 个处理：

处理 1，空白对照区；

处理2，习惯施肥区，N2P2K2（每亩氮15公斤，五氧化二磷15公斤，氧化钾20公斤）；

处理3，推荐施肥区，N1P1K1（10公斤，10公斤，15公斤）；

处理4，习惯施肥与推荐施肥搭配区，N1P2K2；

处理5，习惯施肥与推荐施肥搭配区，N2P1K2；

处理6，习惯施肥与推荐施肥搭配区，N2P2K1；

处理7，习惯施肥与推荐施肥搭配区，N2P1K1。

结果为：从产量看，推荐施肥和搭配区施肥处理的马铃薯产量均显著提高，其中以处理3推荐施肥处理产量最高，较常规施肥提高27.7%。处理4和处理7产量较低。由此看出，常规施肥适当减少肥料的使用不但没降低产量，反而有利于产量的提高，即不仅降低投入还有利于产出，增加了经济效益。

养分吸收量以常规施肥和推荐施肥处理较高。氮肥利用率以常规施肥和推荐施肥较高，为43.98%~42.91%。磷肥利用率以推荐施肥较高为7.02%。钾肥利用率以处理4搭配区（氮：10%、磷：15%、钾：20%）较高为29.36%。综合来看以推荐施肥效果较好，既节省了肥料用量（比常规施肥节省肥料33.3公斤/亩），提高了产量，又能提高肥料利用率。

（5）马铃薯复种甜玉米合理追肥示范。

针对生产上马铃薯施氮肥过多现象，对合理施用氮肥进行研究，设6个处理：

处理1，尿素70斤/亩，硫酸钾10斤/亩；

处理2，尿素70斤/亩，硫酸钾20斤/亩；

处理3，尿素35斤/亩，硫酸钾10斤/亩；

处理4，尿素35斤/亩，硫酸钾20斤/亩；

处理5，CK，每亩追尿素80斤；

处理6，常规追肥尿素80斤/亩。

结果为：常规追80斤尿素产量不高，比不追肥每亩仅增加64公斤。追大量肥料的处理1和处理2产量也不高，追肥量比较少的处理3和处理4产量较高。每亩减少35斤尿素，增加10~20斤钾肥，每亩产量提高200多公斤。每亩减少肥料费用15~30元，反而增加产值360元，合计每亩节本增效375~390元。取得显著的经济效益与生态效益。

8. 马铃薯栽培应用秸秆生物反应堆技术示范

在绥中县网户乡河东村建立核心区，开展马铃薯应用秸秆生物反应堆技术示范，采取内置式。经调查，运用此技术，马铃薯提前15~20天收获，增产

60% ~150%，减少化肥用量60%以上，减少农药用量85%以上。生长表现：地温高，出苗快，叶片大，茎秆粗壮，薯块膨大时间早，单株薯块数增多，平均单株薯块数增加0.63个，且薯块整齐，表皮光滑，色泽鲜亮，商品性好。开花早，大、中薯率高，病害少，增产23%。

表2　生物秸秆反应堆栽培对马铃薯生长环境的影响

	播种期	出苗期	出苗率/%	地温/℃	现蕾期	成熟期	收获期
反应堆	03-08	03-22	94	16	04-21	05-26	06-04
对照	03-08	03-25	86	13	04-26	06-12	06-20

表3　生物秸秆反应堆栽培对马铃薯产量的影响

	主茎数	单株块数	薯块大小	整齐度	商品薯率/%	产量/(公斤/亩)
反应堆	1.75	6.54	大	整齐	56.4	2130
对照	1.72	6.12	中	较整齐	43.8	1960

经测定，采用生物秸秆反应堆20厘米地温均比对照高3~5℃，由于地温高，出苗比对照早2~3天，且出苗后叶片大，幼苗健壮，现蕾开花早，病害轻，从外部长相看，生长发育较对照明显健壮。秸秆生物反应堆技术除为马铃薯的生长提供充足的气、热条件外，还为马铃薯的生长提供了丰富的氮、磷、钾和各种微量矿质元素以及有益的微生物群系，增加了土壤的有机质和团粒结构，改善了土壤的理化性状，为马铃薯的生长提供了充足的营养条件和适宜的土壤环境。与对照相比，马铃薯茎秆粗壮，薯块膨大时间早，且单株薯块数增多，平均单株薯块数增加，薯块整齐，薯皮鲜艳，大、中薯率高，增产显著，值得在马铃薯产区大面积推广。

三、主要经验与做法

（一）建立健全组织，构建示范推广网络

项目确定伊始，即成立了以省农科院主管院长为组长的项目领导小组和由科技成果转化中心、作物研究所、环境资源与农村能源利用研究所等10名有关专业科技人员组成的技术指导小组，并吸纳建平县、凌海市、绥中县、辽中县等项目区农业技术推广中心和农民合作社作为技术协作单位，工作面涉及5个市、15个县（市、区）、300多个乡镇，构建了良好的科技推广网络。

（二）广泛调研，科学制定实施方案

项目组派出科技人员，先后深入项目实施县（市、区）的20个典型乡镇，通过召开座谈会等形式，与乡镇干部、农技人员、农民合作社和农民代表进行

探讨、交流，征求对实施项目的意见，总结典型经验，使制定的方案更加符合实际，并具有可操作性。

（三）签订合作协议，落实计划任务

在项目实施中，辽宁省农科院组织参加项目的5个县（市）的农技推广部门和合作社的20多名技术人员召开了项目实施方案落实会，讨论项目实施方案，落实了各项目区承担的具体任务。项目主持单位还分别与各参加单位签订了科技合作协议书，将任务落实到地，责任落实到人。

（四）印发科技资料，开展技术培训

在项目区采取集中办班、现场指导、发放技术资料等方式对农民开展技术培训，提高项目区广大农民的科技意识和技能。项目开展以来，共印发《马铃薯高效栽培技术》《马铃薯高效栽培作业历》等技术资料2000余份，组织培训10期，培训农民1000余人次。

（五）加强协作，统筹实施

在绥中县，该项目结合农业综合开发高标准农田建设项目统筹实施，将高标准农田建设项目区作为核心试验区，通过高标准农田建设实施土壤深松、培肥地力、秸秆还田等农业措施，加强了项目区水、电、路等基础设施建设，显著提高了项目区农业生产条件，为该项目各项技术实施创造了良好条件，取得了显著的增产增收效果，起到了有效的示范带动作用。同时，该项目实施也为高标准农田建设提供了有力的技术支撑，为科技推广与农业综合开发的有机结合树立了样板。

农业综合开发引导支农资金统筹支持新农村建设

新农村建设项目组

为充分发挥农业综合开发在社会主义新农村建设中的平台和纽带作用，引导支农资金统筹支持新农村建设，研究探索不同地区农业综合开发推进社会主义新农村建设的新思路、新举措、新模式，把农业综合开发项目区着力打造成为粮食生产的优势示范区、特色产业的核心示范区、公共财政支持新农村建设的样板示范区、农业综合开发的创新示范区，2006 年，按照国家农业综合开发办的要求，从辽宁省的实际出发，经基层单位申报、专家推荐、国家审核批复，确定盘锦高升镇、铁岭庆云堡镇为国家农业综合开发引导支农资金统筹支持新农村建设试点。经过两年的实践初见成效。项目区农业基础设施得到明显加强，产业化经营水平显著提高，农业种养加产业结构得到有效调整，农民收入持续增加，经济、社会、生态建设得到全面发展，开创了新农村建设的崭新局面。

一、项目实施情况

（一）项目区概况

1. 国家试点项目区之一——铁岭市庆云堡镇

铁岭市素有辽宁“北大仓”之称，项目试点铁岭市开原庆云堡镇位于开原西部平原，区域面积 25.4 万亩，其中耕地 16 万亩，人口 5 万人。到 2007 年末，实现农村社会总产值 50 亿元，财政收入 5000 万元，农民人均收入 6642 元，是开原市重点产粮区和国家商品粮基地，也是开原市唯一的省级中心镇。现已初步形成畜牧、蔬菜、绿色大米三大主导产业；形成嬴德肉禽、凯祥鸭业、东羽乳业、绿色米业等龙头企业；2005 年被命名为全国创建文明村镇工作先进镇，2006 年被列为铁岭市社会主义新农村建设试点镇。几年来，连续被铁岭市评为发展农村经济先进镇。2007 年在铁岭市 89 个乡（镇）、街道综合排名中名列前茅，人均收入排名第一。庆云镇党委再一次被评为辽宁省“五个好”先进党委。新农村建设步伐不断加快，新农村建设水平不断提高。

铁岭市开原庆云堡镇“新农村试点项目”区域范围为河东、河西、双楼台、高家窝棚、老虎头、兴隆台、朝光、西孤家子、马架窝棚、三家子10个村。前6个村为中心建设区，后4个村为辐射区。

2. 国家试点项目区之二——盘锦市高升镇

盘锦地处辽河下游、渤海之滨，位于辽河三角洲中心地带。地势平坦、土质肥沃，素有“塞外江南”“鱼米之乡”的美誉，是重要的优质大米和中华绒螯蟹生产基地，也是中国北方新兴的石油化工城市。高升镇位于盘锦市东北端，是全国首批百家小城镇建设试点镇。耕地面积10.9万亩，总人口2.8万人。2006年，全镇实现社会总产值19.22亿元。全镇人均收入5850元。有机稻蟹、设施果菜、畜禽养殖构成该地区三大农业主导产业。吉远种鹅、展鹏公司和兴隆生态养殖场等龙头企业拉动了当地农村经济的发展，石油炼制、精细化工、机械制造带动了该地区第三产业的发展。高升镇率先被列为辽宁省社会主义新农村建设试点镇，具备了提高新农村建设水平的有利条件。

盘锦市高升镇“新农村试点项目”区域范围为高升、雷家、于家、张荒、七棵、南关、边东、边北8个村。

（二）支农资金统筹及使用情况

自2006年国家农业综合开发支持新农村建设试点项目实施以来，辽宁省农发办按照国家农发办关于统筹公共财政支农资金的工作部署和要求，从提高认识、理清思路、改革完善支农资金管理方式等方面入手，全力推进支农资金统筹工作。经过两年来的工作实践，支农资金统筹已初见成效。

1. 资金筹措及到位情况

两个项目试点区完成投资1.28亿元，其中农发财政资金2123万元，占16.6%；统筹资金1705万元，占13.3%；自筹资金7668万元，占53.3%；农业开发项目资金320万元，占2.5%；吸引外域资金1000万元，占7.8%。超额完成计划520万元。

2. 建设内容及完成情况

（1）农田基本建设。共改造中低产田3万亩；发展稻田河蟹养殖0.2万亩；整平土地0.4万亩；增施农家肥改良土壤0.1万亩；新修农田作业路35公里；营造农田防护造林0.09万亩；新建提水排灌站2座；建桥涵闸44座；疏浚干支渠、斗农渠513公里；稻田节水衬砌0.2万亩；渠道边沟衬砌20.55公里；打机电井13眼；购置农用设备383套；扶持农民专业合作社10个。

（2）设施农业建设。新建标准棚菜小区4个；新打小水井212眼；架设高低压线路2公里；修作业路14.3公里；修桥及进户涵170座；修复及新建日光温室380栋；建春棚350栋。

（3）畜牧养殖示范区。新建畜禽养殖小区5个，小区内建禽舍277栋，面积321.5亩，打机电井1眼，上供水设施1套，架设高低压线路2公里，修园区道路9.1公里，建桥1座。

（4）村屯生态环境建设。完成治理村12个；建成秸秆气化集中供气站3座；改厕1400户；村屯绿化植树栽花21万株；修柏油路25公里；修U形槽排水衬砌6公里；新建垃圾无害化处理场2座。

（5）科技及其他建设。为项目区引进新品种82个，建立新品种、新技术示范田18处、1.8万亩；举办培训班58次，培训技术人员5800人次，现场指导715人次，培训农民3300人次，技术培训材料4200册，远程诊断、咨询服务1200人次。

二、试点项目的主要成效

新农村试点项目得到了辽宁省、铁岭市、盘锦市及县区政府和试点乡镇的高度重视，得到了社会各界的广泛关注和农民群众的拥护与支持，达到了预期目的，取得了阶段性成果。

（一）统筹支农资金初见成效，支持新农村建设作用明显

试点区吸引了社会资金，促进了农业投资主体多元化。2007年，试点项目实际运用资金1.28亿元，其中试点项目本身资金1600万元，仅占项目总资金的12.48%，其他方面统筹资金1.12亿元。各方面资金和项目向项目区集中的原因是看好了农业综合开发的资金潜力和发展前景。铁岭庆云堡镇被确定为试点项目镇后，又被有关部门确定为农村信息化试点镇、科技示范镇、农机补贴试点镇、新一轮省级中心镇、环保示范镇。盘锦高升镇自开展新农村建设项目两年来，先后被授予“辽宁省环境优美乡镇”，生态兴隆养殖场被评为“省级标准化养殖小区”，农机合作社被评为“省级优秀合作社”，边东村被评为“辽宁省引智示范村”，张荒村被评为“盘锦市科技示范村”。各个项目均有一定投入，丰富了项目区内涵。铁岭市和开原市又提出以庆云为中心和核心区向外扩展，打造开原西部“五乡两带”现代农业示范区，一些工作已经展开。农业综合开发资金在引导支农资金统筹支持新农村建设方面的“四两拨千斤”作用凸显。

（二）农业基础建设扎实推进，农业综合生产能力增强

在项目实施过程中，认真执行项目规划，把强化农业基础设施列为试点项目的重点，通过两年的工作，核心区基本完成了渠道衬砌化、桥涵闸井配套化、道路标准化、环境生态化，标准化水田建设取得了明显效果。高升镇通过“抓一带、兴三业、建十区、治八村”的新举措，项目区全年实现新增效益1146万

元，人均增收909元。庆云镇的水田设施化程度达到了省内领先水平，节水在30%以上，同时加快了水田灌溉时间，插秧期缩短到原来的一半，与普通水田相比，亩产提高50~100公斤，综合效益提高150~210元。2007年7月2日，国务院副总理回良玉在视察庆云堡镇农业综合开发项目区节水灌溉项目时，高兴地称赞道："这才是真正的现代农业。"

（三）培养壮大农业主导产业，农民组织化程度明显提高

高升镇的"稻蟹种养、四位一体"开发模式，集经济、生态、社会效益于一体，成为辽宁充满生机与活力的产业。稻蟹种养辐射全市60万亩，走出了一条具有盘锦特色的生态建设之路。如今，盘锦市作为中国北方生态市的格局已初步形成，取得了良好的经济效益、社会效益和生态效益。

开原赢德肉禽公司肉鸡产业完成了年度倍增计划，产量由2006年1200万只达到了2007年的2500万只，实现销售收入6.3亿元，安置农民就业近2000人，年工资2000万元，仅此一项产业带动全镇农民人均增收2600元；肉鸭产业全面达产，年饲养量500万只，销售收入1.2亿元，成为省级农业产业化重点龙头企业。

庆云项目区围绕主导产业，培育合作经济组织，组建了水稻全程机械化、蔬菜、养猪、养鸡等6个专业合作社，对合作组织的创办在资金等方面予以扶持。项目核心村兴隆台村支部书记谭英领头创办水田全程机械化作业合作社，吸纳100多农户、农机户参加，优化了农机结构，充分发挥了农机潜力，农机作业已在向专业化方向发展；老虎头村支部书记孟宪明出资与四平红嘴子集团合作创办种猪场，并组建养殖合作社；高家村支部书记高晓范帮助菜农组建蔬菜生产合作社。通过合作社和协会，实现了分散农户与大市场的有机衔接，在肉鸡生产上，"公司+农户"的模式臻于成熟，"养赢德契约鸡，走科技致富路"已成为共识。随着新农村建设的逐步深入，新的合作组织和经营机制将会发挥越来越重要的作用。

（四）农业科技服务体系逐步完善，信息化市场化发展加快

2008年，新品种覆盖率达到100%，推广肉用种鸡人工授精、奶牛胚胎移植、生猪三元杂交、工厂化育苗、绿色水稻规范化栽培、畜禽规范化防疫等先进技术，促进了科技成果转化，推动了主导产业发展。科技民营企业、科技示范户不断涌现：庆云镇孙金山首创的工厂化肉鸡养殖模式、高勇等首创的温室蔬菜生产模式已经在镇内外推广；青年农民张贵海改进玉米联合收割机，解决了天津专业生产厂家多年没有解决的技术难题，得到厂家奖励的两台价值总额16万元的样机，成为保护性耕作的带头人。科技依托单位辽宁省农科院与铁岭庆云镇建立了科技合作关系，根据行业和农时特点举办各类专业培训班，为项目的顺利推进提供了科技保证。

推广绿色稻米生产技术集成与示范等 10 项综合新技术，测土配方施肥覆盖项目区，推广应用新机具 1056 台套，全程农业机械化作业面积达到 20 万亩。高产、优质、高效的经济作物面积由 30 万亩增加到 36 万亩。建立了远程专家诊断系统，农民足不出户就可与远在百里之外的专家进行咨询。

项目区基本形成了由省级科研单位和市县乡科技推广部门组成的科技推广协作网络，推动了项目区的科技进步。“村村都有新产业、新技术、新队伍”成为农业科技进步的新景观。

（五）农村生态环境得到改善，农民生活水平进一步提高

通过项目实施，试点区实现了田间渠道衬砌与村屯边沟衬砌相结合、田间作业路与村屯道路相结合、田间水源井与人畜安全饮水井相结合、农田防护林与村屯绿化相结合、秸秆还田与秸秆气化相结合、科技兴农措施与农民文化生活相结合。项目区的 18 个村实现了村村通柏油路。

开原项目区规划中的兴隆台秸秆气化站已完工并交付使用，3 个村增添了卫生厕所，80% 的村通了自来水，中心镇面貌发生了显著改观，河东广场让人耳目一新，眼前一亮，兴隆台村除供暖外基本上达到了城市水平，一个既有田园景观，又有现代生活设施的新农村的人居环境正在形成。

高升镇完成了 8 个村的治理任务，建秸秆气化站 1 座，改厕 600 户，村屯绿化植树栽花 18 万株，修柏油路 5 公里，U 形排水衬砌 6 公里，改善了农村的人居环境，促进了项目区农民思想观念的更新，出现了一批有文化、懂技术、会经营的新型农民。

三、试点项目的主要做法

（一）确定建设目标，科学编制规划

2007 年，国家农业综合开发办试点项目一经确定，辽宁省农业综合开发办组织辽宁省农业科学院、沈阳农业大学等科研单位和大专院校的专家，与铁岭市、盘锦市及所属县区、乡镇有关技术人员组成项目规划组，通过到试点乡镇调研，与县乡农发办干部和农民群众座谈，依据项目区资源优势和产业优势，编制了《辽宁省农业综合开发支持新农村建设试点项目 2007—2009 年建设规划》和《辽宁省农业综合开发支持新农村建设试点项目 2007 年实施方案》。规划的制定，对于科学、有序地实施项目发挥了重要作用。

（二）加强组织领导，统筹协调实施

辽宁省委、省政府，试点区的铁岭和盘锦市委、市政府主要领导及农业综

合开发部门多次到“新农村试点项目”区指导工作，协调相关部门研究“新农村试点项目”的建设大计，针对如何发展地方主导产业，推进产业化经营，如何发展养殖业、加工业作出了重要指示。项目管理部门、项目实施单位和技术依托单位都建立了较为完整的组织保障体系。省、市、县农业综合开发办成立了项目领导小组，由一名主任亲自抓新农村建设项目，并设专人管理项目。技术依托单位辽宁省农业科学院成立以院长为组长的新农村建设项目领导小组和以主管副院长为组长的技术指导小组，选派水稻、果树、蔬菜、植保、畜牧、土壤、环境能源7个专业的20名科技人员参与项目实施。

（三）强化农民主体，巩固项目基础

在项目规划设计过程中，设计人员深入田间，与农民代表一道研究基础设施建设的内容、地点、规模，以便项目实施更切合实际，符合农民意愿。在落实农机措施中的机械化问题时，农民自愿成立农机合作社，组织农民参与绿色稻米生产的全程机械化。对养殖小区的规划与建设、蔬菜产业的棚区建设、村外牧业小区的规划等农民无不表现出极大的热情。

（四）从发展生产入手，增加农民收入

通过建设旱涝保收、高产稳产、节水高效的高标准农田，积极发展现代农业，既保障了国家粮食安全，又提高了农业机械化作业水平。在庆云堡镇“新农村试点”项目中，我们坚持以建设和完善农业基础设施为主要投资方向，改造中低产田1.1万亩，建成了高标准农田。不仅改善了农业生产条件，而且农民收入有了大幅度提高，增加粮食生产能力150万公斤，增加农业产值300万元，增加农民收入200万元。

（五）统筹支农资金，提高建设标准

国家农业综合开发资金对新农村建设的投入，在一定意义上，不仅仅在于直接增加农业投入，更主要是为集体、农民及社会资金的注入搭建了平台，创造了良好的外部条件。

在项目实施过程中，我们充分发挥“引导”作用，积极推行支农资金的统筹。一方面，按照“统筹规划，突出重点、集中财力办大事”的原则，积极做好上级财政和非财政部门安排的支农资金（包括土地整理、农业开发、农村水利、农村交通、农村教育卫生、农村能源建设等）和县本级财政安排的支农资金的统筹工作。另一方面，按照“统筹安排、渠道不乱、用途不变、财尽其用、各记其功”的原则，明确各部门资金使用管理中的责权效关系，建立工作协调机制，确保整合工作顺利进行。

（六）依靠科技进步，提升项目水平

项目实施过程中，按照国家要求，将项目建设的 8% 的资金列为科技专项资金。项目建设过程中，各级农发部门紧紧依靠和发挥辽宁省农业科学院的科技和人才优势。辽宁省农科院从全院各专业所抽调多年从事农业综合开发工作骨干 20 人，配置水稻、果树、蔬菜、植保、畜牧、土壤、环境能源 7 个专业的高级科研人员，组建了辽宁省农业科学院支持新农村建设项目技术指导组，通过在项目区设立示范点和巡回指导等方式开展科技成果的推广工作。在培训方面，一是请进来，聘请农业部农村经济研究中心主任柯炳生同志对新农村建设项目人员进行现代农业知识培训；与辽宁省外国专家局合作，邀请国外专家到项目区指导。二是走出去，组织新农村建设试点项目管理人员先后到山东等农业发达地区学习。根据项目建设要求，与地方农业综合开发主管部门及项目试点镇共同协商制订了开原市庆云堡镇国家示范区科技实施方案。内容包括：绿色稻米生产技术集成与示范、水稻新品种示范与推广、水稻病虫害综合防治技术示范推广、设施蔬菜高产栽培综合技术示范推广、设施蔬菜病虫害综合防治技术推广、肉鸡标准化饲养技术示范推广、农村新能源技术示范与推广、测土配方施肥技术示范与推广、新农村农业产业化合作组织建立与示范、远程专家诊断系统与科技培训体系建立等 10 项技术，并共同签订了项目实施协议。

建立以政府为主导，社会力量参与的多元化农业科研投入体系，形成稳定的投入增长机制。两年来，项目试点镇与技术依托单位的科技人员共 100 多人，密切合作、精心实施，在新品种培育、病虫害防治、生态环境建设、资源高效利用等方面取得了突破，加快了农业科技成果的转化和推广。在庆云堡镇，利用冬闲或生产关键环节对农民进行科技培训。在项目区举办“设施蔬菜无公害栽培技术”“设施蔬菜病虫害综合防治技术”“蛋鸡标准化饲养生产技术”等培训班，培训农民 1200 人。

（七）完善组织管理，全程检查指导

项目运行伊始，辽宁省农业综合开发办成立了项目领导小组，召开会议传达国家农业综合开发办开展新农村建设试点的文件精神。一是申报项目严把关。项目申报过程中，采取基层部门申报，专家实地考察，竞争立项，择优支持的办法，确定试点项目。二是项目实施严管理。项目下达后，成立了省市县乡四级领导小组、规划小组和技术指导小组。在项目试点乡镇成立了工作办公室，负责项目协调工作。建立了领导小组和专家指导小组联席会议制度，定期沟通项目进展情况。在资金管理方面，实行县级报账制管理，做到专款专用，安全运行。这些管理制度的建立促进了新农村建设试点项目的顺利运行。

四、对农业综合开发引导支农资金统筹支持新农村建设试点实施的几点建议

（一）加大支农资金投入的力度，扩大新农村建设成果的覆盖范围

在经济社会发展新阶段，农业的多种功能日益凸现，农业的基础作用日益彰显。必须更加自觉地加强农业基础地位，不断加大强农惠农政策支持力度。按照统筹城乡发展要求切实加大“三农”的投入力度。强化农业基础，必须引导要素资源合理配置，推动国民收入分配切实向“三农”倾斜，大幅度增加对农业和农村的投入。要坚持并落实工业反哺农业、城市支持农村和多予少取放活的方针，坚持做到县级以上各级财政每年对农业总投入增长幅度高于其财政经常性收入增长幅度，坚持把国家基础设施建设和社会事业发展的重点转向农村。

建议国家财政：按照中央的有关规定，财政支农投入的增量要明显高于上年，国家固定资产投资用于农村的增量要明显高于上年，政府土地出让收入用于农村建设的增量要明显高于上年。耕地占用税新增收入主要用于“三农”，重点加强农田水利、农业综合开发和农村基础设施建设。加强农业投入管理，提高资金使用效益。同时，要加快农业投入立法。

（二）从全局出发，研究出台支农资金统筹支持新农村建设的相关政策

作为财政部门，最突出的就是要从经济层面准确把握“多予少取放活”这六字方针，以财政体制机制的变革调整公共资源配置政策，既为新农村建设筹集必不可少的外部资源，又激活广大农村固有的内在活力，动员全社会的力量，推动新农村建设整体目标的实现。

建议财政部门：一要在财政资金安排上努力调整支出结构，通过预算安排、存量调整、增量投入等措施，建立财政支农资金稳定增长机制，特别是新增财政支出主要用于解决“三农”问题，从而实现“多予”。二要最大限度地减轻农民负担，巩固农村税费改革的成果，让广大农民休养生息，从而实现“少取”。三要通过财政政策的综合运用，积极引导促进农村生产要素优化配置，努力激活农村自我发展的内在动力。与此同时，积极运用税收、贴息、补助等多种财税杠杆，鼓励和引导各种社会资本投向农村和农业，大力支持农村经济合作组织和农业产业的发展，充分发挥财政政策的乘积效应，解放和发展农村生产力，从而实现“放活”，从更高的层次和更宽的领域建设现代农业、现代农村和培养现代农民。四要高度重视市场竞争条件下形成的不同地区之间的发展差距，不同社会成员之间的收入差距。国民收入分配应在坚持效率优先的前提下，充分运用预算、税收、转移支付、补贴等财政手段，实现财政资源的优化

配置与均衡分配，向农村倾斜，真正使农民享受到新农村建设的成果。

同时，建议国家农业综合开发办进一步扩大试点范围。选择一批基础较好的县作为农业综合开发统筹支农资金的试点县，并为试点县补助统筹使用一部分公用经费，体现国家农业综合开发统筹支农资金支持地方农业经济发展的决心和力度。从我省两个试点的实践中，已经看到扩大产业规模、增加农民收入的实际效果。

（三）加强农民组织化建设，发挥农民在新农村建设中的主力军作用

从世界农业发达国家和我国情况看，政府要对专业合作组织发展给予多种多样的特殊扶持。农业综合开发应该把促进农民合作组织发展作为推进现代农业建设的重要举措，纳入发展计划。加强组织领导，营造宽松环境。同时，要搞好部门协调，积极稳妥，循序渐进，推动合作经济组织发展。还要加强工作指导，总结推广典型经验，开展知识和技能培训，提供相关服务，大力支持专业合作经济组织发展，确保相关优惠扶持政策落实到位。

目前对专业合作经济组织的扶持资金太少，建议国家农业综合开发加大专项资金扶持力度，扩大试点范围，重点扶持专业合作组织购置相关设备、提高经营管理水平和市场营销水平。

（四）强化农民技术培训，提高农民素质

新农村建设需要新型农民。据测算，美国农民教育程度指数每提高1%，农业劳动生产率则提高0.77%。我国新农村建设要通过科技示范引导，推进农村科技服务体系建设，加速农村科技普及等手段，培养新型农民。

建议：新农村示范乡镇都应具备开展远程互动培训能力，推动农村网络化进程，使农民也能融入高速信息时代。

（五）提高农业科技投入的比例，增强科技在新农村建设中的引领作用

加强农业和农村的科技、信息服务，提高农民生产技术水平。继续加强农村科普教育，鼓励科技人员下乡、进村，推进“农业科技入户工程”。加快优质高产新品种的研发与推广，保护利用地方特色种质资源，积极引进繁育优良品种，加快农业先进适用技术的应用推广，提高农产品的科技含量和经济效益。对具有重大实用价值的农业科技成果应用、农业标准化体系建设、农产品保鲜加工技术开发，农业综合开发应给予一定的支持。加大统筹城乡信息化建设的力度，探索网络到镇，信息进村入户，为农业生产、农产品市场建设和农民素质提高提供服务。

科技创新、科技人员下乡、科技推广网络、科技服务体系、技术引进示范、扶持企业、市场建设、新产业项目等建设需要大笔资金。建议农业综合开发引导支农资金统筹支持新农村建设的科技资金比例由目前的8%提高到10%。

探索科技推广新模式　助推农民合作社健康发展

科技成果转化中心

目前，辽宁省农民专业合作社已达一万多家，成为引领农民致富和推动现代农业产业发展的重要新生力量，同时也成为农业科技推广的重要载体。但就目前全省农民专业合作社发展水平而言，普遍缺乏先进科技成果和技术人才的支撑，影响了其产业发展的质量和水平，制约了合作社的健康发展。充分发挥全省科研和推广部门科技资源和人才优势，组织专家对口支持农民合作社发展，将成为破解“三农”问题、促进农业农村经济发展的重要手段和有效途径。

一、项目实施情况及成效

2011 年，辽宁省农科院积极配合省、市财政部门实施了“百名专家支持百家农民专业合作社技术服务示范”项目。针对全省农民专业合作社发展对科技的需求，由省农科院牵头，联合其他省、市级农业科研院所和科技推广部门，组建科技团队，采取一对一形式，为合作社发展提供技术支持，形成科技支撑合作社发展的长效机制。项目实施以来，组织科技专家与省内农业主产区的玉米、水稻、果树、设施蔬菜、食用菌、花卉等重点产区财政支持的 100 家具有代表性的农民专业合作社建立了合作关系，发展为省级示范社。在示范社共建立科技示范基地 13 个，建立科技示范区 7200 余亩，为合作社引进新品种 102 个，示范推广新技术 125 项次，开展各种形式培训 400 多次，培训合作社社员 15000 余人次，取得经济效益 1 亿多元，为全省农民专业合作社发展起到了示范、带动作用。

二、采取的主要做法

（一）深入调研，协调有关部门切实做好科技对接工作

为确保项目实施质量，切实开展科技帮扶合作社工作，组织科技人员深入

沈阳、本溪、铁岭、抚顺、鞍山、葫芦岛等地的30余家合作社进行典型调研，全面了解我省农民专业合作社发展存在的问题和对科技的需求，并根据我省合作社的发展特点制定了科技与合作社合作的实施方案，为项目实施提供依据。调研对象选取了发展各市、县农业主导产业的典型合作社，涵盖“龙头企业+合作社+农户”、“村级基层政府+合作社+农户”及纯农民自发组织等目前我省合作社发展运作的几种主要模式，具有代表性。通过深入合作社访谈、发放调查问卷等形式调研，发现目前合作社普遍存在社员文化程度偏低，专业人才缺乏，新技术、新品种供应不足，生产效益偏低，缺乏科技部门技术扶持等问题，合作社对科技需求强烈。针对以上问题，组织专家研究制定了百名专家支持百家农民专业合作社技术服务示范项目实施方案，通过与农民专业合作社对接，深入合作社开展技术服务。

项目实施中，组织召开由省财政厅，省农科院、省动监局、省妇联、省文化厅文化共享工程中心、省农业技术推广总站、省农业经济学校等部门与典型农民专业合作社法人代表参加的座谈会，建立了部门间以科技为支撑共同支持合作社发展的有效渠道，取得了良好成效。

（二）以农业技术推广项目为纽带，加大对农民专业合作社的科技扶持

省农科院结合承担的农业技术推广、农业综合开发等科技示范项目，将合作社列为项目实施的重点区域，整合科技资源，优先安排35个省级重点项目到农民专业合作社实施，对合作社给予集中重点支持，通过科技成果转化和科技推广，为合作社产业发展和技术水平提升提供了支撑。

实施的中央财政项目“辽西北地区马铃薯高效复种技术集成与推广”，联合绥中联农蔬菜合作社、辽中县老观坨蔬菜专业合作社、盖州万棚蔬菜合作社共同实施，引进马铃薯、玉米、蔬菜新品种20个，推广马铃薯高效复种等新技术8项，开展产前、产中、产后技术服务。在全省率先实现了马铃薯生产全程机械化，亩增加效益800元。

“食用菌标准化高效栽培关键技术示范推广”项目扶持桓仁振兴食用菌专业合作社，开展食用菌标准化高效栽培关键技术示范基地建设，帮助拓宽销售渠道。在合作社的带动下，当地发展食用菌种植户200户，面积达到800亩，总产值达到3200万元。

“苹果优新品种及产业化生产技术推广”项目帮助灯塔县罗大台镇尖山子村寒富生产合作社和东港祥瑞果品生产合作社建立寒富苹果生产样板园、生物有机肥基地和产后果品商品化处理贮藏基地，指导合作社实施“8化”集成技术，开展技术培训和技术指导，通过合作社的示范带动作用，扩大了技术辐射面积。

在铁岭县蔡牛乡张庄农业生产合作社实施“耐密玉米新品种及超高产栽培技术示范推广”高标准农田项目，推广辽单565、辽单1211新品种和“三比空密疏密交错”高产栽培技术，使玉米增产12.7%，亩增效益达到240元。

在抚顺春雨果品种植合作社实施的“抚顺县农业综合开发技术推广综合示范”项目，建立标准化生产示范样板园800亩，通过树立典型，以点带面，带动了全镇寒富苹果基地建设。

（三）开展多种形式的技术培训与指导，培养合作社技术骨干

根据合作社发展技术需求，组织开展多种形式的技术培训和技术指导，为合作社培养技术骨干、科技带头人和农民示范户，带动合作社生产技术水平提高。一年来，科技专家共为合作社开展各种形式培训400余次，累计培训合作社社员15000余人次，组织合作社社员参观学习20余次，为百家合作社订阅《农民日报》等报刊100余份，发放技术手册、光盘等各类技术资料1万余份。

其中，省果树所专家先后组织沈阳苏家屯区永乐、林盛、王刚等主要乡镇合作社到瓦房店天福龙果业发展有限公司等地学习辽南果树栽培管理技术和果树管理先进经验、经营模式，为苏家屯区设施葡萄合作社提升服务产业能力，转变经营理念，促进产品优质化、品牌化提供了借鉴，收到了良好效果。

省水保所扶持北票市升军蔬菜专业合作社，通过开展集中培训和田间指导，培训菜农1500余人次，使合作社棚菜科学栽培管理技术水平快速提高，生产效益明显提升，亩增效益1000元，促进了朝阳市保护地蔬菜产业发展。

辽宁曙光农民专业合作联社订单种植的3000余亩糯玉米受暴风雨袭击造成了严重的倒伏灾害。为解决合作社技术上的燃眉之急，省农科院组织成果转化中心、玉米所、栽培所、植环所专家深入生产一线指导灾后生产自救工作，对玉米灾后自救提出下茬品种选择、高效栽培模式、及时进行田间管理等方面建议，使合作社的损失降到最低。

三、项目工作体会与建议

（一）科技帮扶合作社项目是提升合作社发展水平的重要措施

实践表明，将扶持合作社发展纳入科技推广项目，有效整合了农业科研单位的科技资源，通过采取示范基地建设、新品种、新技术示范等措施提升了合作社的产业发展能力。通过项目支持，使专家一对一为合作社开展技术指导与培训，为合作社解决了技术上的实际问题，为农民专业合作社的发展提供了智力支持和技术支撑，促进了科技与合作社发展的有效衔接，建立了促进农民专

业合作社发展的长效扶持机制。

（二）合作社是农业科技推广体系创新的重要环节

随着市场经济体制的逐步完善，面对农业科技推广中的诸多新需求，长期以来我国以政府为主导的农业科技推广体系逐渐暴露出很多深层次的矛盾和弊端，其中，农业科技推广的主体——农民——的参与度偏低，致使农业科技需求与研发、推广脱节，是目前农业科技推广中存在的主要问题之一。科技扶持合作社的实践表明，作为现代农业发展中一种重要的经营组织形式，将合作社纳入农业科技推广体系，作为科技成果转化的重要载体，能够有效弥补这一不足，进一步明确农民在农业科技推广中的主体地位，提高农民在农业科技推广中的参与度，是解决农业科技研发、推广与需求脱节非常有效的途径。

（三）加强部门合作是科技帮扶合作社发展的重要保障

为形成科技扶持合作社发展的长效机制，必须建立多部门共促农民专业合作社发展的有效平台，加强科研部门与财政部门、科研项目管理部门、科技推广部门的合作，充分整合各部门资源，形成合力，加强项目支持，使更多的科技人员与合作社建立合作关系，为合作社发展提供长期的技术服务，提高全省农民专业合作社的质量和发展水平。

科技共建篇

院地携手推进沈阳都市现代农业发展

省农科院与沈阳市科技共建办

为了不断推进沈阳市农业科技进步和农村经济发展，加快都市现代农业建设，2008 年 11 月 28 日，辽宁省农业科学院与沈阳市人民政府签订了“市院科技共建协议”，计划利用 5 年时间，由辽宁省农业科学院、沈阳市农业科学院与沈阳市有关涉农部门携手，在沈阳市的 8 个涉农县市区联合实施以五大提升行动为核心的科技强农工程。即以科技创新为手段，提高粮食单产水平，开展高产创建行动；开展优势特色产业集约化、设施化创新行动；农产品名牌创建与标准化生产推进行动；发展能人经济，推进全民创业行动；农业生物灾害防控与农产品安全保障行动。预期到 2012 年，在沈阳市推广 100 个主要农作物新品种及综合配套生产技术，大力推进中低产田改造，使项目区粮食作物平均亩增产 7% ~ 10%，设施农业和高效特色农业面积达到 550 万亩，亩效益提高 20% ~30%；农产品加工率提高 10%，农业科技贡献率提高 3 ~5 个百分点。

市院科技共建工作旨在提升中心城市的农业产业化水平，具有参加人员多、资金投入量大、实施范围广、项目区基础条件好、工作预期值高、社会影响力大等特点，对推进我省现代农业发展至关重要。共建工作启动以来，在沈阳市、辽宁省农科院市院领导的关心和支持下，在沈阳市政府有关农业管理部门、项目区农经（林）局的积极协助和密切配合下，在沈阳市的 8 个涉农县市区全面展开，为我省科技强农探索出新的建设模式。

一、围绕市院共建产业示范基地建设任务，选派科技人员组建专家服务团队

2009 年，市院科技共建启动后，辽宁省农科院、沈阳市农科院与沈阳市有关涉农部门密切合作，通过整合科技资源，选派近 100 名科技人员组建了 10 个专家服务团（省农科院 8 个，市农科院 2 个），并与项目区农经（林）局联合成立项目组，在沈阳市建立了苏家屯水稻、设施葡萄，康平玉米、花生，东陵

树莓，沈北花卉，新民设施蔬菜，辽中果蔬，于洪食用菌，法库干辣椒等10个市院共建产业示范基地。每个专家服务团至少由3位专业的科技人员组成，做到专业合理搭配、多学科联合攻关，为科技共建项目的实施提供了技术保障。

2010年，为了加快沈阳设施农业新区和畜牧业的发展，又增建了康平设施蔬菜、法库设施蔬菜和法库燕麦3个产业示范基地，并新组建了2个专家服务团，使专家服务团增加到12个，科技共建规模进一步扩大。

二、实施“团队包乡、专家包村”的科技推广新模式，加强对市院共建项目区农民的科技服务

为了加强对市院共建项目区农民的科技培训，共建工作开展以来，实施了“团队包乡，专家包村”科技推广新模式。每个专家服务团负责项目区2~4个乡镇，专家服务团每个成员负责1~2个村，共覆盖27个街道乡镇47个行政村。科技人员积极深入乡村，通过举办培训班、进行田间技术指导、召开现场观摩会、举办电视讲座、发放技术资料等多种形式，把科学知识和科技成果传递给农民。

两年来，专家服务团共开展科技培训400余次，培训指导农民10万多人次；编写生产技术规程20余项，向农民发放各种生产技术资料16万多份，促进了项目区农民整体科技素质的提高。

在工作中，专家服务团积极探索服务农民新渠道。沈北新区花卉专家服务团与区农业技术推广中心在五五村花卉协会共同成立“服务团植物医院”；辽中果蔬专家服务团在省农科院植保所和县农业技术推广中心之间建立了“植物病虫害专家远程诊断平台”，通过专家“坐诊”，为农民“寻医问药”提供方便；新民设施蔬菜专家服务团在温室小区建立“市院科技共建专家服务站”3处，提供了《中国现代蔬菜病虫害原色图鉴》《蔬菜施肥手册》《新编植物医生指南》等科技书籍，方便农民查阅，同时针对农民生产中遇到的技术问题，开展技术服务；康平花生专家服务团在生产季节开通24小时专家咨询热线，及时解答农民的生产难题，为农民排忧解难，受到了当地群众的好评。

三、广泛开展学术交流，提升市院共建科技创新水平

在市院科技共建工作中，专家服务团积极邀请国内外有影响的组织、知名专家到市院共建产业示范基地考察和学术交流，为产业基地向更高层次发展出谋划策，促进了沈阳农业科技的对外交流与合作。

2009年2月，中国园艺学会小浆果分会名誉理事长张清华教授应邀到东陵

树莓产业示范基地考察，对东陵区建设国家新兴树莓之乡提出了很好的建议。

2009年4月，沈北新区花卉专家服务团组织区花卉协会参加“中国·上海国际花卉博览会”，考察全球花卉产业最新的发展动态，学习先进技术，引进了最新培育的花卉品种和最新研发的产品。

2009年8月，国家葡萄产业技术体系首席科学家段长青教授、岗位科学家郭修武教授应邀到苏家屯葡萄产业示范基地考察。段长青教授充分肯定了苏家屯区设施葡萄生产所取得的成果，并建议通过采用品种熟期调整、生产设施改进、温度控制的调节，不断扩大鲜食葡萄的上市时间，提升市场竞争优势。

2009年9月，中国科学院院士张启发教授、中国农科院黎志康博士到苏家屯水稻产业示范基地考察，对我省水稻育种和生产提出了宝贵意见，并在省农科院分别作了题为“作物转基因的研究进展”和“水稻分子育种的理论与实践”的学术报告，为促进水稻科技创新提供了很好的借鉴。

2010年7月，国家葡萄产业技术体系“北方设施葡萄优质栽培技术交流与观摩会”在苏家屯区召开。与会专家参观了苏家屯设施葡萄产业示范基地，著名葡萄专家晁无疾教授作了“目前我国葡萄产业发展中值得注意的问题”的报告；刘凤之、徐海英、董雅凤、郭修武等4名岗位科学家分别作了“我国北方设施葡萄产业现状、存在问题及发展对策”“葡萄设施栽培品种选择”“葡萄病毒病防控”“提质增效，促进辽宁葡萄产业健康可持续发展”的报告；熊岳葡萄综合试验站站长赵文东研究员作了“设施葡萄优质栽培技术”的报告。会议对我国北方设施葡萄的产业现状、科技动态、存在问题进行了深入分析和探讨，并提出了科学的发展对策，对推动苏家屯区设施葡萄产业升级产生了巨大的促进作用。

四、为共建项目区龙头企业、农民协会和合作组织提供技术支持，提升产业科技实力

龙头企业、农民协会和合作组织是与农民联系最直接的现代农业产业化经营机构，是先进技术推广应用的新渠道。对此，科技共建专家服务团先后为苏家屯林盛稻米合作社、彪哥米业公司、永乐设施葡萄合作社，康平恒裕丰泰科技公司、辽花粮油食品公司，东陵树莓种苗繁育中心、隆迪集团、今日集团，沈北新区五五村花卉协会、鑫蕙种苗公司、富民花卉基地、尹家花卉合作社，新民维康绿色食品公司、万家康农产品科技开发公司，于洪鑫鑫农民合作社、千代高科技生物制品公司等16个龙头企业、农民协会和合作组织提供技术支持，引进了一批新技术、新工艺、新品种，引导产业扩规模、上水平、创名牌，

增强了市场开拓能力和辐射带动作用。

五、做好科技宣传工作，为市院科技共建工作营造良好氛围

市院科技共建工作开展以来，得到了国内诸多媒体的关注，《农民日报》、《辽宁日报》、《沈阳日报》、辽宁广播电视台都对共建工作进行了报道，使市院科技共建产生了广泛的社会影响。为了加强对科技共建工作的宣传，沈阳市政府和省农科院科技共建办公室编辑出版了《市院科技共建工作简报》，发至省、市政府有关领导，沈阳市政府有关部门、涉农县市区政府及有关部门，省农科院、沈阳市农科院有关机关处室、研究所（中心），有效地宣传了科技共建工作取得的成效，增强了工作交流。

2008 年 12 月 1 日，《辽宁日报》和《沈阳日报》分别以“沈阳市政府与省农科院携手打造现代农业”“市政府与省农科院签约发展现代农业——实施‘五大提升行动’引进培养百个新品种”为题，在头版对市院科技共建工作的启动给予报道。

2009 年 1 月 7 日和 21 日，《农民日报》分别以“沈阳每年投入 1500 万构建现代农业产业体系”和“辽宁省农科院为现代农业提供有力支撑”为题，对市院科技共建工作的实施进行报道。

苏家屯设施葡萄产业示范基地，通过实施无核白鸡心葡萄“控产、提质、增效技术”，生产效益得到大幅度提高，2009 年，中央电视台《科技苑》栏目录制了介绍苏家屯设施葡萄产业的专题片，扩大了苏家屯区设施葡萄在全国的影响。

2009 年 11 月，在“第十届记者节”期间，沈阳市委宣传部和沈阳市新闻工作者协会共同组织了“体验民生，讴歌振兴”大型采访活动，沈北新区花卉产业示范基地被选为唯一的农业体验采访基地。沈阳电视台、沈阳广播电台、《沈阳日报》、《沈阳晚报》、沈阳网五大媒体对五五村花卉基地科技共建工作进行了宣传报道，在社会上产生了较大反响。

六、完善管理机制，为市院科技共建工作的开展提供保障

（一）组建科技共建领导小组

为保障科技共建工作的开展，沈阳市政府与省农科院共同组建了科技共建领导小组，由沈阳市政府副市长王翔坤和省农科院院长陶承光担任组长，成员单位包括沈阳市农委、财政局、水利局、林业局及市农科院，省农科院科技推广处、综合办公室、科研管理处、人事教育处、计划财务处、科技产业处及院

属各研究所（中心）。领导小组主要负责对科技共建进行指导、监督、检查，做好各项协调工作。沈阳市政府和省农科院还分别设立了市院科技共建办公室，负责组织有关部门、单位全面落实科技共建各项工作。

（二）建立健全管理制度

市院科技共建参加单位和人员较多、持续时间长、涉及面广，为切实加强对共建工作的组织管理，市院科技共建办公室研究制定了科学的管理制度。一是制定了《辽宁省农业科学院与沈阳市人民政府科技共建管理办法》《辽宁省农业科学院科技共建专家考核办法》等管理制度，使管理工作有章可循、有据可依，强化项目管理的规范化、制度化。二是建立了绩效考核监督机制。制定了切实可行的目标管理责任制，实行目标管理、量化考核。在项目实施中，省农科院由科技推广处、人事教育处和审计监察处共同监督项目的实施，做到每周汇报、半年检查、年终总结。对专家服务团成员按工作业绩进行考核，并将考核指标纳入科技人员的年终考核内容，做到奖惩分明，保证项目实施的高水平和高效率。在资金使用上，建立了严格的财务管理制度，做到专款专用。三是开发了“市院科技共建项目网络动态管理平台”，对专家服务团成员的工作情况进行实时跟踪，实行多方联动的动态管理，使共建项目的管理更加信息化、透明化。

（三）科学制定共建项目实施方案

为了保证科技共建项目取得应有的成效，市院科技共建办公室在年初组织召开“市院科技共建项目实施方案专家论证会”，邀请省内知名科技推广专家和有关研究所负责人，对各项目实施方案进行讨论、修改和完善，并充分征求项目区农经（林）局、龙头企业、农民协会、农民合作组织和科技示范户的意见，为项目顺利实施奠定了坚实的基础。

（四）加强对共建项目实施的监督检查

在项目实施过程中，市、院有关领导和管理部门通过深入项目区检查指导工作，与专家服务团、项目区政府有关部门做好协调工作，研究解决工作中存在的问题，促进了工作的有序开展。

七、市院科技共建产业示范基地建设初具规模，有力拉动了沈阳区域特色产业发展

按照沈阳市王翔坤副市长提出的“院地合作要把力量向具体的产业聚焦，每个专家服务团最终都要培育出一个产业”指导方针，市院共建通过产业示范

基地建设项目实施，建立了一批技术水平高、带动性强、经济效益显著的农业高新技术科技示范基地；引进示范推广了一批国内外作物优新品种，优质高效栽培新技术、新产品、新设备；培训了一批科技示范户和新型农民；扶持、培育了一批农民专业协会和龙头企业；促进了科技成果的进村入户，推动了区域产业的快速发展；对推进沈阳都市现代农业建设发挥了积极作用。两年来，科技共建项目的实施效果表明，实行地方政府与农业科研单位相结合，联合开展科技推广，充分发挥行政部门杠杆和枢纽作用及农业科研单位的技术优势，有效地促进了科技成果转化，对全面推进我省现代农业发展起到了很好的借鉴作用。

2009 年，10 个专家服务团在 8 个涉农县市区建设 10 个科技共建产业示范基地，共建立科技示范区 38 个，总面积 2 万多亩，辐射面积 40 多万亩；引进水稻、花生、玉米、蔬菜、果树、食用菌、花卉等作物优新品种 205 个；示范推广农业新技术、新产品、新设备 153 项；开展科技培训 225 次，培训指导农民 4.19 万人次；编写生产技术规程 20 余项，向农民发放各种生产技术资料 8.2 万份。项目核心区单位面积增收 15% ~40%，产生了显著的经济效益和社会效益。

苏家屯水稻产业示范基地，引进 30 个中晚熟水稻新品种；建立百亩攻关田，平均亩产 814.71 公斤，最高地块亩产 898.76 公斤；千亩展示田平均亩产 760.92 公斤；万亩示范区平均亩产 745.54 公斤。1000 亩有机水稻栽培示范田平均亩产 475 公斤；1 万亩食味米生产示范基地平均亩产 620 公斤；3 万亩种子繁育基地生产辽粳、辽星系列水稻种子 1500 万公斤。

苏家屯设施葡萄产业示范基地，引进葡萄新品种 24 个；推广无核白鸡心葡萄促成栽培控产提质增效技术，使果实固形物含量提高 1% ~2%，成熟期提前 7 ~10 天；晚红葡萄温室延迟综合配套技术，亩产提高 500 公斤。

沈北新区花卉产业示范基地，引进切花、草花、盆花新品种 56 个；采用土壤消毒技术，基本解决了百合连作障碍；指导当地富民花卉基地生产切花菊，成功出口到日本市场。

辽中果蔬产业示范基地，引进蔬菜新品种 16 个；开展了 PCR 诊断、酶联免疫等病虫害早期诊断技术研究与示范，提高了项目区设施果蔬病虫害无公害防治水平；使寒富苹果 5 年生树亩产达到 1500 公斤，优质果率达 60%。

东陵树莓产业示范基地，引进推广树莓新品种 11 个，示范推广标准化栽培技术 8 项，使项目区树莓产量提高 20%，优质果率提高 25%，夏果型树莓平均亩产 1030 公斤，秋果型树莓平均亩产 785 公斤。

康平花生产业示范基地，引进花生新品种30余个，筛选出适合康平地区生产的品种9个；总结出3套花生优质高产栽培技术模式；通过技术推广使项目区花生平均亩增产30%。

新民设施蔬菜产业示范基地，引进蔬菜新品种19个，示范推广水分精准控制仪、蓄热式重力膜下滴灌系统、太阳能土壤消毒、有益微生物拮抗、嫁接防病、秸秆反应堆栽培等新技术，提高了设施蔬菜整体技术水平。

康平玉米中低产田改造示范基地，围绕风沙地、坡耕地、盐碱地改良和玉米高产创建，引进玉米新品种12个，筛选出适宜不同类型土壤的新品种6个，总结出中低产田地力提升及玉米高产栽培技术模式，项目区玉米平均亩增产22%。

法库干辣椒产业示范基地，引进9个干椒新品种，筛选出适宜新品种6个；通过新品种及配套技术推广，平均亩产2070.3公斤，比对照平均增产18.9%~30.0%。

于洪食用菌产业示范基地，引进5种食用菌的40个菌株，示范推广优良食用菌新菌株11个；在红旗台村示范区建成我国最大的北虫草生产基地，成为当地农民致富产业。

加强高产示范基地建设　促进苏家屯水稻增产增效

驻苏家屯水稻专家服务团

2009 年，沈阳市人民政府和辽宁省农业科学院携手开展科技共建，为推动苏家屯水稻产业快速发展，结合苏家屯区水稻产业发展实际，省农科院水稻专家服务团在苏家屯区的红菱、八一、林盛、陈相、沙河等 9 个乡镇建立水稻产业示范基地，组织开展水稻超高产栽培、优质食味米栽培、有机稻栽培、水稻全程机械化等增产、优质、节本、增效栽培技术示范推广，把苏家屯区打造成优质水稻高产示范基地、特色稻米产业的核心示范区，带动了沈阳市水稻产业的健康快速发展。项目经过两年的实施，对苏家屯区水稻产业发展起到了明显的促进作用，取得了显著成效。

一、项目实施情况

（一）项目区基础条件和发展优势

苏家屯区位于沈阳南部，全年温度不低于 10℃，有效积温 3470℃左右，3—9 月降雨量 570 毫米左右，生长季 4—9 月，光照 1400 小时左右，积温偏高，降水量适中，光照充足，对水稻生产极为有利。目前全区水稻播种面积 20 万亩，主要分布在八一、红菱、临湖、林盛、沙河、陈相等乡镇，水田灌溉以河水为主、井水为辅。

多年来，通过实施农业部下达的丰收计划、跨越计划、超级稻示范推广、科技入户及辽宁省万千百户高产示范等项目，苏家屯区稻农的科技意识不断增强，综合配套技术不断完善，水稻生产水平不断提高。近几年，全区水稻的单产水平都在 650 公斤左右，并创造了许多亩产 800 公斤以上的高产典型。

2003 年，全区对 60 万亩耕地、林地进行了整体环境评价，其中 59. 1 万亩达到绿色食品生产环境标准，为水稻标准化生产奠定了坚实基础。近年来，辽丰、水光、甜水等品牌先后获得绿色食品认证，2008 年，“娇王牌”大米又获得了有机食品认证。目前，全区 20 万亩水稻有 18. 75 万亩获得了绿色食品认证，年产优质稻谷1.2亿公斤，年加工优质稻米8400万公斤，具有广阔的生产前景和发展空间，为提高全区的水稻经济效益提供了有力保障。

（二）建设内容及完成情况

1. 水稻超高产创建

在全区选择水稻种植基础条件好、农民热情高、规模优势强、辐射带动面广、交通便利的红菱、八一、林盛、陈相、沙河、临湖6个街道乡镇率先开展水稻高产创建活动。建立苏家屯区优质水稻高产高效示范基地，推广辽星1、辽星15、辽星20等水稻新品种。2009年，在核心示范区建立百亩块3处，平均亩产821公斤；千亩片2处，平均亩产768公斤；万亩方1处，平均亩产726公斤。针对辽星1号等水稻新品种，推广适用的栽培技术，实现良种良法配套集成，使水稻生产向高产、优质、节本、增效的方向发展，产业示范基地内平均每亩增产50公斤，增加粮食500万公斤，增加经济效益1000万元。

2. 优质稻米开发

以林盛镇苏盛稻米专业合作社为龙头，在林盛镇建立1000亩有机水稻栽培示范田。以辽粳371、辽星1、辽星17、苏粳香等系列优质水稻为主要品种，以农家肥培肥地力，采用稻田养鸭等生物防控技术，营造有机水稻生产的良好环境。2009年，平均亩产450公斤，平均亩增效400元，在农民增收的同时，实现经济效益、社会效益和生态效益协调发展。

3. 高标准农田建设

加强产业示范基地内农田水利设施建设，建设高标准农田，改善生产环境。在八一、王纲等10万亩水稻主产区域内实施浑河灌渠节水改造工程，对集中连片的稻田进行整体规划，对渠道进行清淤，铺设作业路，实行节水衬砌或槽灌，建设完整的节水渠系，形成条田林网化、田林路渠布局合理、灌排渠系畅通的现代水稻产业示范基地。同时，把节水和农业区域优势有机结合起来，促进农民增收，使本区水稻生产向着高产、优质、高效的方向发展，实现水稻增产、优质、节本、增效总体目标。

4. 水稻良种产业基地建设

以水稻所为技术依托，每年在八一、民主两个乡镇建立规模化的种子繁育基地2万亩，建立原原种繁育基地150亩，原种繁育基地1500亩，扩繁原原种2万公斤、繁育原种6万公斤。采用先进的种子繁育技术，严格按ISO国际质量管理体系标准进行管理，制定《水稻新品种种子繁育技术规程》和《水稻种子加工技术规程》。由服务团专家进行技术指导，每年生产辽粳、辽星系列水稻种子1000万公斤左右，满足了省内外400万亩稻田的用种需要。

在种子产业发展上，充分利用水稻所的科研优势及地域优势，以中国名牌——辽星牌为载体，采用集团化方式进行生产销售，确立辽星、仙禾、舒畅三大品牌，进一步规范了苏家屯区水稻种子的生产、加工和销售，水稻种子销往辽宁省以及江苏北部、山东、河南的麦茬稻区及宁夏、新疆等地。苏家屯区已经成为我省重要的水稻种子生产基地，水稻种子生产成为稻农增收的新途径。

5. 水稻标准化安全生产建设

结合省农委下达的环境监测任务，侧重对产业示范基地进行加密布点，对产地环境进行监测评估，确保土壤、灌溉水质、大气等各项指标达到绿色食品标准要求，保证满足绿色食品标准化生产。依托水稻所及区农林局的技术力量，制定绿色水稻标准化生产实施方案，统一绿色水稻操作规程，加强标准化技术培训，把服务空间延伸到田间地头，指导农户科学合理使用化肥、农药，加强田间管理。农业行政执法部门定期对市场上销售的农药、化肥、种子等农资进行检查，严禁销售伪劣农资和高毒剧毒农药，保证水稻安全生产。

6. 水稻全程机械化生产建设

结合苏家屯区水稻全程机械化"123 发展规划"，以创建新型农机服务组织和服务发展模式为核心，以水稻机械育苗、插秧为突破口，以机械收获为重点，在红菱镇、林盛、八一、民主等街道乡镇全面实施水稻生产全程机械化。从红星村机械化育苗现场会开始，抓住农时季节，对农民及农机手进行技术培训，培训插秧机手 400 人。2009 年，完成水稻机械收割面积 10 万亩，建立农业机械化专业合作社 10 个，并建立代育秧、代机耕、代机插、代控害、代机收等全程机械化代理服务站，逐步实现水稻生产全程机械化。水稻全程机械化的推广，实现亩成本降低 100 元左右，10 万亩水稻节支 1000 万元。

7. 水稻精深加工及品牌创建

在水稻精加工方面，引进和利用本区现有优质稻米加工生产线，采用日本佐竹加工工艺，提高加工分级水平，生产精品大米。另外，改变传统的包装观念，加强大米产品的包装技术研究，从整体性、多样性、绿色环保、品牌文化、特色等方面进行定位和定向，以适应不同消费群体的多方面需要。

在稻米品牌创建上，利用苏家屯区娇王、彪哥、辽星等品牌的优势，在红菱、八一、林盛大米主产区，建立专业的营销队伍，以专业协会、专业合作社等形式组织农户进行订单生产，宣传、推销苏家屯区的优势产品，从品质和食味上做文章，统一包装、统一品牌，打造具有本区特色的专有品牌，形成生产、加工、销售一条龙服务。

同时，逐步建立出口创汇型稻米生产基地，满足国际市场对稻米多样化需求。计划建设综合性大米加工企业，通过对碎米、米糠、米胚、稻壳等进行深加工技术研究，改进现有深加工技术，开发功能米淀粉、大米蛋白、米糠油、米酒、炭化稻壳、生物降解材料等产品，提高稻谷产品的附加值，从而提高大米产业的经济效益。

二、项目实施的主要成效

（一）经济效益、社会效益显著

通过市院科技共建项目的实施，使苏家屯区水稻产业上了个新台阶。2009年，共建立优质水稻产业示范基地10万亩，形成了水稻超高产技术集成与示范、特色优质米栽培技术集成与示范、有机水稻栽培技术集成与示范、水稻全程机械化栽培技术集成与示范、水稻病虫害防治技术集成与示范等多种模式，建立了万亩水稻良种繁育基地。全年通过水稻高产创建，新增稻谷500万公斤，增加经济效益1000万元；通过水稻优质米开发、全程机械化、良种繁育、水稻精深加工等工程建设，增收节支2000万元，累计使农民增加经济效益达3000万元。

（二）有效地宣传推广了新品种和新技术

通过共建项目的实施，加快了水稻所水稻品种选育进程和新技术的推广速度，取得良好效果。水稻新品种新技术的展示与示范，促进了科研成果转化为生产力，也为企业和农民搭建了了解品种和技术信息的平台，促进了农民生产与企业需求的有机结合。通过新品种展示与示范，引导农民选择新品种，进一步扩大了新品种的知名度，加快了水稻品种结构的调整。这些新品种、新技术在生产上的快速应用，解决了项目区水稻品种陈旧、品质不好的实际问题，显著提高了水稻生产水平，有效促进了粮食增产和农民增收。

（三）树立样板，促进优质水稻的快速发展

通过建立水稻新品种、新技术展示和示范区，为农民树立了样板，促进了优质水稻的快速发展，使苏家屯的优质水稻种植比例大幅度攀升。在新技术展示区建设中，注重在交通便利、展示条件优越、农民观看方便的水稻主产区设立展示田，组织召开现场观摩会，引导农民应用新技术、推广种植优良新品种，起到了良好的示范效果。

（四）促进了水稻增产，农民增收

2009年，水稻生长期间气候较好，水稻的生长发育健康，产业示范基地水稻长势喜人，实现了丰产丰收。辽星1号是当前辽宁省重点推广的高产优质品

种，通过良种良法有机结合，展示区内平均亩产都在685公斤以上，每亩较一般种植品种增产50公斤左右，亩增收100多元，使农民实实在在得到了实惠。

三、项目实施的主要做法

（一）精心组织，加强领导，健全机构

为加强对项目工作的领导，建立了以苏家屯区政府为牵头单位，以现实市场效应和潜在市场为导向，以农民需要为出发点，以增加农民收入为落脚点，有目的、有前瞻性地开展工作。由区农林局、农机局、水利局、农业技术推广中心和水稻所有关领导组成项目领导小组、技术小组和实施小组，各小组及其成员责任明确，任务具体，分工协作，为项目的顺利实施提供了组织保证。

（二）多方筹措，保证资金投入

为保证项目顺利实施，实现资金投入效益最大化，苏家屯区在积极争取各级财政专项资金支持的同时，通过整合项目资源，将水稻产业示范基地建设与相关项目实施有机结合，加大投入力度，促进各项措施落实。如基地建设、农业综合开发、土地整理、科技入户等项目，在目标一致、渠道不变的前提下，向水稻产业示范基地倾斜，充分发挥项目区的综合优势。另外，广开渠道，吸收民营资本的投入，在大米精深加工方面，鼓励私营企业资金投入，政府给予相应的政策倾斜，加快了产业链的延伸。

（三）加强水稻产业服务体系建设

通过加强水稻产业服务体系建设，以发展农民经济合作组织为途径，提高了生产的组织化程度。在产业示范基地建设中，坚持以农村能人、种植业大户、龙头企业为中心，以联合为措施，以致富为目标，在平等自愿的基础上组织农户，积极发展功能完善、机制健全的农民合作经济组织、专业协会和产业协会，交流专业技术，组织水稻生产、加工和销售；坚持以龙头企业为引导，建立农民合作经济组织，采取“龙头企业+合作经济组织+农户+基地”的模式，形成龙头企业上联市场、下联合作经济组织，合作经济组织上联龙头企业、下联农户的利益共享机制，有效地解决了分散农户小生产与大市场的矛盾。

（四）加强科技培训和技术指导

服务团与区农林局、农业技术推广中心紧密合作，围绕全区水稻产业发展目标，重点组织开展区、乡、村三级技术培训，在开展骨干技术人员培训的基础上，加快培育有文化、懂技术的新型农民。在产业示范基地的管理上，做到统一布局、统一供种、统一育秧、统一施肥、统一防病虫，确保各项技术措施

的贯彻落实，确保产业示范基地发挥示范样板功能。

（五）加强产地环境监测，确保水稻生产安全

随着化肥、农药用量的不断增加及空气、浇灌水的不断变化，苏家屯区在2003年整体环境监测与评价基础上，对全区的基本农田环境质量现状进行调查监测与评价，及时了解水、土中农药、化肥、重金属离子的变化情况，全面掌握基本农田环境质量状况，为绿色食品、有机食品安全生产奠定基础。在共建项目实施中，采取切实有效的农业生态环境净化措施，保证水稻的产地环境符合要求，从源头上把好水稻质量安全关，确保水稻在无污染的良好生态环境下生长。

积极开展科技服务　推动法库设施蔬菜产业快速发展

驻法库蔬菜专家服务团

根据沈阳市人民政府与辽宁省农业科学院开展科技共建工作的总体部署，为提高法库地区设施蔬菜生产水平，促进设施蔬菜产业又好又快发展，实现农业增效和农民增收，2010 年，辽宁省农业科学院组织蔬菜、植保、土肥等多专业中高级科技人员组建了驻法库设施蔬菜专家服务团，以法库县四家子乡和秀水河子镇为项目核心区，以解决法库设施蔬菜发展中存在的突出问题为重点，着力推广设施蔬菜高新技术，促进了设施蔬菜产业在法库地区的快速发展。

一、法库县设施蔬菜产业概况

（一）产业现状

法库县位于沈阳市北部，是辽北主要蔬菜产业基地之一，全县区域面积 2320 平方公里，年平均气温 6.7℃，降水量约 600 毫米，无霜期约 155 天，属北温带大陆性季风气候。101 国道和 203 国道穿境而过，交通便利，独有的地理位置和自然环境非常适合发展设施蔬菜生产。

法库县设施蔬菜从 1994 年开始起步，到 2006 年形成以小区形式为主的规模化生产，实现了大跨度发展，到 2009 年底，法库全县共有设施农业总面积 6.13 万亩，仅 2009 年一年全县就发展设施农业 2.27 万亩，初步形成了以“一环四线”为重点的孟家、法库、双台子、四家子、卧牛石、秀水河子设施蔬菜产业带，建成四家子乡温室辣椒生产基地、双台子乡拱棚甜瓜生产基地、卧牛石乡温室番茄生产基地、孟家乡新奇特绿色食品生产基地和慈恩寺乡拱棚西瓜生产基地。

（二）存在的问题

随着法库县设施农业的不断发展，设施蔬菜生产中也出现了一些不可忽视的问题，这些问题集中表现在：一是棚室结构不合理，保温性能差，加上法库地处辽宁北部，冬季温度低，致使茄果类蔬菜越冬栽培困难；二是由于受传统蔬菜栽培茬口安排的影响，以及对设施栽培茬口安排缺乏系统深入的研究，目前存在茬口安排单调、棚室利用率低的问题；三是老棚区重茬、连作问题突出，导致病虫危害严重，蔬菜生长环境恶化；四是农民技术水平落后于设施农业的发展，制约了设施农业生产水平的提高；五是设施蔬菜栽培品种老化，种类单调，经济效益低，很大程度上制约了法库地区设施蔬菜产业的健康发展。

二、项目开展取得的成效

项目实施以来，法库县设施蔬菜专家服务团通过深入蔬菜生产区进行调研，认真了解法库地区设施蔬菜生产状况及限制发展的瓶颈问题，有针对性地制定切实可行的项目实施方案和合理的工作计划，通过开展现场咨询、技术指导、编印技术资料、举办技术讲座、解决技术难题，为菜农提供技术服务，有效地推进了新品种、新技术的推广，取得了显著成效。

一年来，在项目区的 7 个乡镇，共举办培训班 3 场，现场咨询 18 次，编印发放 1000 份技术资料，服务菜农 2000 人次。通过开展科技服务，增强了农民的科技意识和技术水平，带动菜农增收 100 余万元，取得了良好的社会效益和经济效益，为进一步深入开展科技共建工作打下了良好的基础。

三、蔬菜专家服务团开展工作的经验和做法

（一）加强领导，认真组织

为集聚力量开展好科技共建工作，在辽宁省农业科学院有关领导支持下，法库设施蔬菜专家服务团分别与新民、康平两个设施蔬菜专家服务团建立协作关系，使 3 个服务团互相借鉴、联合攻关，强化了技术保障。在项目实施中，专家服务团与法库农业技术推广中心和项目区乡镇政府建立了密切合作关系，由专家团组织制定详细的工作方案，农业技术推广中心和项目区乡镇政府积极组织菜农参加示范试验，并协助专家开展科技服务。为保证推广技术落实到位，服务团成员还配备了专家工作手册，详细记录实施内容，并由当地有关部门监督执行，形成多方联合的推广机制，为科技共建工作的开展提供了有力的组织保障。

（二）注重示范户带动作用，加快新品种新技术的推广应用

法库县是设施蔬菜发展较早的地区，如四家子乡，由于多年来都是采用传统的种植方法，品种单一，种植模式落后，经济效益不高，应用推广新技术十分迫切。对此，服务团采取树立典型、以点带面的方式开展推广工作，在四家

子乡大房子村积极培植科技示范典型户，对其进行重点扶持，提高了农民对新技术的认识，应用新技术的积极性不断增强。在科技示范户带动下，大房子村设施蔬菜通过采用先进技术，提高管理水平，每亩产值实现3万元以上，取得了明显的经济效益。

（三）因地制宜，分区服务

根据法库县蔬菜产业规划，法库蔬菜专家服务团按照不同区域产业发展特点配备技术人员，针对项目区栽培的不同作物分类进行指导。如秀水河子镇是法库县甜瓜产区，日光温室和塑料大棚甜瓜生产已形成主导产业，随着新建温室和塑料大棚的不断增加，菜农迫切需要甜瓜反季节栽培技术。对此，服务团选派3名甜瓜专家到秀水河子镇开展技术服务，着重推广日光温室和塑料大棚建造、保护地甜瓜吊蔓栽培管理等新技术。同时，还组织种植大户及经纪人到阜蒙县甜瓜种植区参观，引进新品种，学习新技术，并取得了良好效果。四家子乡大房子村是法库茄果类蔬菜种植区，为亲身体验新技术，服务团带领8名村民代表到铁岭依农公司工厂化育苗基地参观新品种，通过指导当地菜农引进新品种、合理安排茬口和采用科学施肥技术，根据当地气候和设施条件制定了“番茄——叶菜——黄瓜”一年三作的栽培模式，大大提高了茄果类蔬菜的生产效益。

（四）加强技术指导，为菜农排忧解难

对于设施栽培常出现生产关键时期菜农技术落实不到位而造成损失的问题，服务团建立了经常性技术指导制度，要求科技人员在生产关键时期积极深入温室大棚，进行现场指导和技术咨询，及时解决技术难题。如在四家子乡大房子村，科技人员发现秋冬茬番茄定植后，因遇连续多雨天气，日光温室不能放风，造成植株徒长、花蕾变小甚至落花，影响后期产量的情况，及时指导农民应用“助壮素”，因管理及时，避免了因天气造成的经济损失。

（五）多学科联合，充分发挥技术优势

蔬菜专家服务团由多个学科组成，在项目实施中，充分发挥多专业优势，为菜农开展各种技术服务，为当地农业发展提供了有力支持。如专家服务团的土肥专家，在四家子乡大房子村帮助5户菜农开展科学堆肥，采用有益菌鸡粪发酵技术，不但解决了菜农使用未腐熟鸡粪作基肥，造成污染环境、降低肥力等问题，而且使棚区生态环境得到改善，肥料利用率得到极大提高，为生态农业的发展探出了路子。服务团植保专家针对新棚区菜农栽培水平低、病害防治知识缺乏的问题，提出日光温室病害综合防治技术，并制成技术展板，悬挂在示范户温室内，实现了温室病害科学系统预防，为无公害生产奠定了基础。

引进推广新品种新技术 增强康平设施蔬菜产业发展动力

驻康平蔬菜专家服务团

一、项目区实施背景

康平县是设施蔬菜发展新区，“十一五”以来，在县委、县政府领导下，有关部门充分利用区位优势，将发展设施农业作为产业调整的重大战略举措，鼓励和引导广大农民大力发展设施农业。目前全县设施蔬菜面积已发展到5万亩，覆盖16个乡镇50多个村，成为康平县农村经济发展的支柱产业之一。为进一步提升康平蔬菜生产的科技含量，促进设施蔬菜产业可持续发展，2010年，辽宁省农业科学院选派蔬菜、土肥、植保等专业的科技人员，组建了康平蔬菜专家服务团，实施“康平设施蔬菜产业示范基地建设”项目。项目实施以来，专家服务团与康平县农村经济局密切配合，针对生产中存在的问题，以引进示范推广新品种和新技术为突破口，以实现设施蔬菜优质高效为目标，大力推进专业化、标准化和产业化生产，为康平县设施蔬菜产业发展壮大提供了强有力的技术支撑。

二、项目实施的主要内容及成效

（一）新品种引进与示范

根据当地蔬菜生产缺乏优良品种的现状，引进国内外黄瓜、辣椒、豆角、茄子、番茄等设施蔬菜优良品种5类29个，促进了设施蔬菜品种的更新换代。包括黄瓜品种7个：新泰密刺、长春密刺、康利-16、津优30号、津优32号、津优11号、津优12号。辣椒品种6个：珊瑚1号、珊瑚2号、火炬1号、火炬2号、福瑞达、彩椒。豆角品种3个：芸丰架豆、天马架豆、泰国架豆王。茄子品种 5 个：33-16、33-18、33-19、33-20、紫丽人。番茄品种 8 个：超越者、159、奥特优、米拉诺、166、甜蜜果、格瑞斯、金珠。

（二）建设“三区”，示范推广关键技术

在项目区建立了设施蔬菜新品种和新技术核心试验区、示范区、辐射区三个功能区。其中在西关乡、两家子乡、郝官屯镇建立核心试验区面积 200 亩，示范展示区面积 2000 亩，辐射面积 2 万亩。主要推广设施蔬菜定植、水肥管理、温度调控、病虫害综合防治等关键技术，有效提高了项目区设施蔬菜生产的技术水平。

（三）引导农民加强生产设施建设

在项目实施过程中，把强化农业硬件设施作为工作的重点，针对日光温室建设中存在的结构不合理、标准低、生产条件差等问题，积极向项目区农民推介辽沈Ⅰ型和辽沈Ⅱ型等新型高效节能日光温室，使新建棚区采取高标准建设，有效改善了设施生产条件，为促进设施蔬菜产业提档升级奠定了基础。

三、项目实施采取的主要措施

（一）扶持科技示范户，促进先进技术的推广应用

农民接受新技术往往要经过“一听、二看、三模仿”的阶段。为了使广大农户对先进技术能够看得见、摸得着、学得到，服务团根据康平县设施蔬菜特点，选择有规模和有代表性的乡镇作为示范区，分别在西关乡、两家子乡、郝官屯、四家子乡、小城子等乡镇建立核心试验区 300 亩、示范区 2000 亩，建立科技示范户 40 户。对科技示范户实行整个生产季节跟踪服务，分阶段进行技术培训和指导，使他们成为设施蔬菜产业的技术骨干；同时，在示范区开展新品种引进、无公害蔬菜栽培、嫁接栽培、黄板诱杀害虫、测土配方施肥、高温闷棚杀菌消毒、病虫害综合防治、日光温室周年栽培等新技术的科技示范，做到“说给农民听，做给农民看，带领农民干”，使农民群众学有技术、看有样板、做有模式，收到了良好的示范推广效果。

（二）加强设施蔬菜技术培训，提高农民生产技能

农民是先进技术的使用者和承载者，提高农民的科技素质是科技推广工作的重要环节。对此，服务团在设施蔬菜生产的各个生产环节，通过举办培训班、现场会、田间技术指导等形式开展技术培训，有效解决了农民生产中存在的问题，使农民的科技素质得到快速提高。

为使农民对各项新技术能够看得懂、学得快、用得上，服务团还编写了大

果番茄栽培管理、樱桃番茄栽培管理、椒类栽培管理、茄子栽培管理、黄瓜栽培管理和芸豆栽培管理等技术资料，制作了介绍栽培管理技术的光盘，结合科技培训班发放给农民，激发了农民学科技的热情。此外，还利用新闻媒体进行宣传，在康平县电视台播放技术讲座，为广大农民学习新技术创造了良好条件。

项目实施以来，在项目区共举办设施蔬菜技术培训班27次，培训农民2000余人次；开展棚区现场技术指导30多次，指导农民3000余人次；发放技术资料5000余份，技术光盘1000余份。通过对菜农面对面开展农村实用技术培训，及时解决生产实际问题，切实提高了农民的生产技术水平。

（三）打造信息平台，拓宽科技服务渠道

为使项目区农民及时获得设施蔬菜新品种、新技术和市场信息，争得市场主动权，专家服务团与康平县农经局积极为项目区农民打造信息平台，为9个重点乡镇的设施蔬菜种植户发放手机电话卡2500张，构建大客户群，充分发挥电话农事通信息平台的作用，向农户发布新品种、新技术、先进生产经验、全县蔬菜工作动态、天气预报等信息，有效拓宽了科技服务渠道。

（四）扶持农民专业合作社发展，提高产业化水平

在项目实施中，积极扶持和推进农民蔬菜专业合作社建设，在全县发展农民蔬菜专业合作社10多个。农民蔬菜专业合作组织主要由蔬菜营销专业大户和种植专业大户组成，一头连着市场，一头连着农户，通过为农户提供产前、产中、产后技术服务，引导农民统一作物、统一品种、统一技术、统一销售，加快了优质高产高效蔬菜新品种、新技术的示范与推广，增强了市场竞争力，推动了康平设施蔬菜产业的良性发展。

强化技术集成
为新民设施蔬菜产业发展提供技术支撑

驻新民蔬菜专家服务团

为了加速沈阳新民地区设施蔬菜产业发展，2010 年，沈阳市政府和辽宁省农业科学院为开展市院科技共建组建了新民蔬菜专家服务团，以周坨子乡为核心示范区，开展设施蔬菜栽培技术示范推广工作。通过示范推广设施蔬菜先进实用栽培技术，有效解决了制约当地设施蔬菜产业发展的一些瓶颈问题，提高了当地设施蔬菜栽培水平。在项目实施中，注重总结设施蔬菜生产先进经验，通过先进技术的引进、组装集成，良种与配套技术相结合，形成完整技术体系，进行配套推广，为当地蔬菜产业发展提供了有力的技术支撑。

一、项目区概况

新民市周坨子乡地处辽宁省中西部，东依柳河，南靠梁山镇，西与姚堡乡为邻，北与彰武县两家子乡接壤。南北为新彰公路，东西贯穿 102 国道、304 国道，交通较为便利。全乡面积约 130 平方公里，耕地面积近 7 万亩，总人口 1.5 万人。年平均气温 7.6℃，活动积温 3348℃，无霜期 160 天。年平均降雨量 600 ~ 700 毫米，雨量充沛，地下水丰富。土质以黑土、沙壤土为主。气候、交通、土壤、人力等方面均适合发展设施蔬菜产业。近几年已经建成了 2 万亩日光温室，为当地农民的脱贫致富开辟了很好的途径。

二、项目实施的主要技术内容

（一）根据市场需求引进设施蔬菜新品种

黄瓜、番茄、辣椒和茄子等果菜类蔬菜市场需求量大，销售比较稳定，对此，服务团将其作为重点，根据市场需求特点，加强优质、高产、耐储运优良新品种的引进，促进生产上主栽品种的更新换代。先后引进专用新品种10个，其中黄瓜有夏多星、绿园32号、绿园101、绿园1号；番茄有达尔文、金冠10号、保罗塔、金冠5号；茄子有东方长茄、布利塔、辽茄10号；辣椒有黄太极、龙鼎1号、辽椒19号等。这些品种通过进行生产示范，在项目区得到大面积推广，取得了良好的增产增收效益，受到了当地农户的欢迎。

（二）推广日光温室周年生产高效栽培模式

结合当地的气候条件，示范推广了科学、高效的日光温室周年生产模式：冬春茬黄瓜接夏秋茬番茄、冬春茬番茄接夏秋茬黄瓜或番茄、冬春茬辣椒接夏秋茬黄瓜，使棚室利用率和生产效率大大提高。

为促进生产规范化，编制了番茄、黄瓜、茄子、辣椒等主要蔬菜作物的生产技术规程，编辑出版了《黄瓜无公害标准化栽培技术》《黄瓜病虫害防治彩色图说》等科普宣传书籍，发送给项目区农户，对指导菜农进行周年生产起到了重要作用。

（三）推广先进的蔬菜施肥技术

肥料过量投入，不仅不能增加产量，还会使土壤板结，造成次生盐渍化，同时给环境带来污染。针对项目区设施蔬菜施肥过量的问题，服务团应用蔬菜测土配方施肥技术，对项目区土壤养分进行调查分析，引导农民科学合理施肥。在生产中，引进了新型肥料，包括硅钙肥、复合微肥、生物菌剂等；在甜瓜、西瓜、番茄及辣椒上推广应用“易丰收液体复合肥”，有效地提高了预防病害和低温危害的能力，提高产量12%～20%。

（四）推广多维防治病虫害技术

以农业防治为主，重点推广生物防治和物理防治蔬菜病虫害技术，在化学防治中提倡使用低毒、低残留的化学农药。进行了高效、低毒农药应用示范，推广应用生物农药，包括用农抗120、农抗BO-10水剂防治白粉病、灰霉病、霜霉病等病害，应用新植霉素或农用链霉素防治细菌性病害，应用阿维菌素防治虫害。进行了应用物理方法防治病虫害的示范，如应用防虫网、黄板防治蚜虫和白粉虱等虫害，应用高温闷棚防治霜霉病。特别是针对秋季病虫害多发的情况，服务团采用了农业防治、物理防治、生物防治和化学防治相结合的多维防治方法，有效地控制了病虫害的发生，取得了显著效果。

三、主要做法与经验

（一）集聚多专业技术力量参与项目，加强专家服务团队伍建设

项目实施中，省农科院整合了蔬菜、植保、土肥、农经等多学科技术力量，

成立了设施蔬菜专家服务团，针对设施蔬菜生产中出现的问题进行联合攻关，引进、研究、优化和集成设施蔬菜生产的各项先进技术，并在示范区进行示范推广。经过多方面的积极努力，科技共建工作在新民市高效、有序地开展，并取得了良好成效。

（二）加强与地方政府的合作，共同推动产业示范基地建设

与新民市农村经济局、周坨子区推广站、周坨子乡政府紧密配合，分工合作，共同开展科技共建工作。专家服务团重点负责新品种、新技术示范和技术指导，新民市各推广部门负责新品种、新技术的大面积推广。为做好科技示范工作，专家服务团采取蹲点服务方式进行技术指导，及时解决生产中存在的问题，树立好示范样板，并与地方技术推广人员密切配合，开展技术培训和技术指导，合力推进产业示范区建设。

（三）为当地政府当好参谋，科学制定设施蔬菜产业发展规划

为了最大限度地发挥科技带动作用，专家服务团通过进行生产情况调研，撰写了《加强科学种菜技术推广是设施蔬菜新区发展的当务之急》等调研报告，并根据调研结果制定了科技攻关与科技示范工作计划，为当地蔬菜产业进行科学规划、加大科技投入提供了重要依据。

（四）扶持农民专业合作社组织，发挥其带动辐射作用

农民合作经济组织作为联结市场与生产的桥梁，在组织农民生产、促进农业技术推广等方面有着较强的优越性。通过合作组织，不仅可以了解农民技术需求，促进农业技术引进、试验示范和推广应用，而且对于推广体系建设、产业结构调整都具有重要的意义。在项目执行过程中，服务团积极扶持农民专业合作社，与周坨子村益民合作社确定了合作关系，建立了示范基地，从品种选择、栽培茬口安排、栽培模式、肥料农药使用及病虫害综合防治等各方面对示范户进行系统、全面的指导，通过合作社的示范和带动作用，引导农民学习和应用新技术，促进了新品种、新技术的示范推广。

（五）组织农民开展观摩学习，提高农民科技种菜意识

在项目实施中，专家服务团组织项目区的技术骨干，先后到铁岭瑞克斯旺公司等先进的设施蔬菜栽培基地参观学习和观摩，开阔了眼界，认识了差距，转变了思想，提高了农民群众对优良品种和先进栽培技术的认识，使农民接受新技术、应用新技术的能力和积极性得到了不断增强，推动了项目实施。

（六）建设示范区，扶植示范户，以点带面增强推广力度

周坨子乡有2万多亩的设施蔬菜，要使推广工作有效展开，必须要有重点，有突破点，集中精力把“点”做好，在“点”的示范作用下，带动整个“面”的发展。因此，在项目实施中，围绕当地主栽作物，重点抓好5个示范区的推广工作。在周坨子乡周坨子村建设日光温室番茄示范区和黄瓜示范区各50亩；在韩坨子村落实日光温室辣椒示范区50亩；在孟屯村落实冷棚茄子示范区50亩、冷棚西甜瓜示范区50亩。在各示范区内选择重点示范户进行扶植，打造高产、高效的样板，带动周边农民学习应用新技术，为新技术大面积推广起到了示范带动作用。

（七）采用多种方式开展技术指导和技术培训

一是派专家进行田间技术指导。结合春季蔬菜生产实际情况，先后派黄瓜、番茄、茄子、西甜瓜专家共40人次，到周坨子地区的苏坨子村、周坨子村、韩坨子村、孟屯村、安坨子村及赵坨子村指导农民加强冬春茬蔬菜后期生产管理，确保实现高产高效。二是开展生产技术培训。先后进行日光温室番茄、黄瓜、茄子栽培管理技术培训8次，培训农民300人次。三是建立电话热线，开展咨询服务。通过服务团与项目区农户建立专家热线，有效解决生产实际问题，提高了推广工作效率。

2010年春、夏两季由于温度比往年低，阴雨天气多，降雨量大，给设施蔬菜生产造成很多危害，如番茄、茄子灰霉病，黄瓜霜霉病，西瓜、甜瓜疫病大面积发生，各种蔬菜不同程度发生低温危害。通过服务团专家及时指导，最大限度地减少了损失，提高了效益。

四、技术推广取得的成效

由于周坨子地区是刚刚发展起来的设施蔬菜产区，大多数农民仅凭种大田的经验栽培蔬菜，现有的技术水平难以满足生产需要，盲目种植、胡乱管理等现象较为严重。通过开展技术指导和培训，使项目区大部分农民认识到只有科学管理才能出效益，增强了学习积极性，提高了生产管理水平，并在生产中尝到了甜头，提高了收入。项目实施以来，累计开展技术培训8次，派专家40人次进行田间指导，发放技术资料、科普书籍等共计5000余份，对提高当地农民设施蔬菜栽培技术水平起到了有效的推动作用，共完成新品种、新技术推广面积达1万亩。

通过推广应用农业、物理、化学和生物措施综合防治病虫害，应用科学施肥、节水灌溉及秸秆生物反应堆等先进技术，提高肥料利用率10%，降低用水量35%，降低农药成本50%。有效提高了蔬菜产量和品质，项目区内果菜类蔬菜产量提高10%左右，每亩增加收入2000元左右，总计增加效益2000多万元。

五、对设施蔬菜产业发展的建议

（一）设施蔬菜产业规模与栽培技术水平要同步提高

政府的支持和引导能促进设施规模快速扩大，但同时一定要注意同步提高产区的栽培技术。由于设施蔬菜生产和传统的大田作物生产有很多不同，如果技术得不到保障，很容易出现各种问题，导致收入降低，甚至亏损，严重挫伤农民的生产积极性。

（二）要适当统一栽培作物，促进形成规模优势

要注意选择与当地气候、土壤等条件相适宜的蔬菜作为主栽品种，制定相应的政策，大力发展农民专业合作组织，引导农民统一种植，进行规模化生产，在市场销售方面形成规模优势，打造品牌产品，增强区域优势和市场竞争力。

配套推广新品种及高效栽培技术 提升康平花生生产水平

驻康平花生专家服务团

康平地理位置处于我国学术界划定的花生产业带上，花生种植历史悠久，2008年种植面积已达40万亩。但近年来存在品种退化严重、栽培技术落后、机械化程度较低、产量效益不高等问题，影响了农民的种植积极性，阻碍了花生产业的进一步发展。为了将康平花生产业做强做大，在沈阳市人民政府和辽宁省农业科学院开展的科技共建中，省农科院选派作物育种、作物栽培、植保、土肥等专业技术人员组成康平花生专家服务团，与康平县农村经济局共同实施“康平花生产业示范基地建设”项目，通过开展花生优新品种引进，示范推广高效栽培技术，推动了康平花生产业健康快速发展。

一、采取的主要技术措施

（一）筛选适宜康平的花生优良品种

通过开展品种适应性试验，筛选出适合康平地区露地栽培花生品种4个——辽花1号、阜花12号、唐油4号及花育20号，每亩较老品种白沙1016平均增产16.3%；筛选出适合康平地区地膜覆盖栽培花生品种3个——花育17号、花育22号、鲁花11号；特种花生品种2个——辽黑花1号和美国匍匐型高蛋白品种，每亩较老品种“大白沙”平均增产15.8%。

（二）示范推广高效栽培模式

1. 机械化地膜覆盖大垄双行栽培模式

主要技术要点：畦底宽90厘米，畦间距30厘米，畦高10~12厘米；畦间大行距60厘米，穴距15厘米，每穴播种2粒；采用一次性施口肥、播种、覆土、喷除草剂、覆膜，亩保苗2万株。每亩较采用60厘米大垄单行种植模式平均增产28.2%。

2. 露地小垄单行栽培模式

主要技术要点：行距 50 厘米，穴距 13 厘米，每穴播种 2 粒；施肥方式采用起垄同时施入 1/2 底肥，播种时再破垄施入 1/2 种肥；亩保苗 1.8 万株。每亩较 60 厘米大垄单行种植模式平均增产 12.5%。

3. 露地大垄三行机械化栽培模式

主要技术要点：畦底宽 110 厘米，畦间距 30 厘米，畦高 10～12 厘米；畦间大行距 50 厘米，穴距 15 厘米，每穴播种 2 粒；采用一次性播种、覆土、喷除草剂，亩保苗 2.2 万株。每亩较 60 厘米大垄单行种植模式平均增产 22.5%。

（三）推广绿色有机花生栽培技术

筛选出适宜绿色有机花生生产使用的有机硅肥、磁能生物肥和生物制剂“易丰收”及病虫害物理防治方法，在生产上进行推广应用；通过规范化肥及农药的使用，解决了花生绿色有机高产栽培的配套关键技术问题，促进了绿色花生生产。其中采用“花生专用有机硅肥 + 花生专用磁能生物肥”的施肥方法，平均亩增产 8.1%；应用生物制剂“易丰收”2000 倍液拌种，平均亩增产 5.8%；应用生物制剂“易丰收”60000 倍液于初花期、饱果期喷施，平均亩增产 8.3%。

二、项目实施的成效

（一）推动了花生高产栽培和产业化开发技术研究

在项目实施中，先后完成了“康平花生种植、深加工工程技术开发与应用”“花生优质高产栽培技术推广”“康平县六万亩有机农产品基地建设”等研发项目，开展了花生品种筛选、种子处理、专用基肥、追施肥、叶面喷施肥、病虫害防治以及栽培模式等单项研究试验。在技术研究的基础上，进一步优化集成各项技术，配套组装完成了“花生标准化高产栽培技术”与“花生绿色有机高产栽培”等关键技术。

2008 年，“一种保健品花生红衣生物制剂制备方法”和“一种花生壳生物质能源燃料及制备方法”2 项产业链延伸产品获国家专利；2009 年，“康平花生种植、深加工工程技术开发与应用”项目获沈阳市农村科技推广二等奖。

（二）经济效益显著

2008—2010 年，研究成果在康平县以及周边地区得到大面积推广应用。新品种、新技术累计应用面积 100 多万亩，总计增产花生 3000 万公斤，增加效益 8000 万元；扶持龙头企业年加工生产花生产业链延伸产品 710 吨，新增经济效益近1080万元。

（三）社会效益突出

通过项目实施，在康平县的海州、小城子、北四家子等乡镇建立了3万亩无公害花生基地，同时开发出花生油粕、花生秸秆粉有机专用肥等产品，有力地推动了花生规模化生产和产业化开发，使花生产业成为当地农民脱贫致富的主导产业和地方经济新的增长点，为康平县花生产业可持续发展打下了良好基础。

三、取得的工作经验

（一）实行团长负责制，加强项目的组织管理

服务团实行团长负责制，由专家服务团团长和项目区政府有关部门负责人组建项目领导小组，负责项目的监督管理，在此基础上，与项目区政府有关部门和乡镇密切协作，充分发挥科研单位和技术推广部门技术力量的作用，组建实施小组和技术小组，开展各项试验、示范和技术指导工作。另外，服务团成员还在项目区兼任省科技特派员、县农业技术顾问等职务，通过加强与地方行政和推广部门的协作，保证了项目各项任务的顺利落实。

（二）加强核心试验区建设，探索技术研究和开发推广相结合的推广模式

项目实施中，在海州乡等地建立花生产业核心试验区，其中包括500亩地膜覆盖栽培高产试验田和500亩露地栽培高产试验田。针对花生生产存在的问题，在核心试验区开展了花生新品种引进、高效栽培模式、新型肥料应用等试验研究，总结提出了适宜项目区推广的花生优质高效栽培技术，通过技术集成，在生产上推广应用，取得了显著效益，探索出技术研究与开发推广相结合的推广新模式。

（三）充分发挥示范带动作用，促进新技术推广

推广过程中，在小城子镇、山东屯乡、二牛镇及两家子乡建立了1万亩新品种、新技术推广高产示范田，通过树立高产高效生产示范典型，以点带面，促进了新技术的快速推广。通过示范带动，共推广花生新品种10余个，推广面积达100万亩以上，其中推广辽花系列20余万亩，花育系列20余万亩，鲁花系列20余万亩，阜花系列30余万亩，其他高产新品种10余万亩，促进了科技成果的快速转化。

（四）拓宽技术服务渠道，为技术推广提供保障

为使先进技术得到快速推广应用，服务团与地方行政和推广部门组成项目

推广协作组，开展了形式多样的技术服务，为项目顺利实施提供了技术保障。

一是加大宣传力度。在县科技局以及县电视台的协助下，录制完成了《康平县花生优质高产栽培技术》专题片，宣传采用地膜覆盖、喷施营养液、增施底肥、选用高产新品种等新技术的增产增收作用，提高了农民对科学种田的认识。二是开展技术培训、技术指导和技术咨询。结合田间管理和病虫害防治，在核心区、示范区以及辐射区开展技术培训 12 次，发放《花生高产栽培技术指导手册》等科技资料 5 万份；建立专家咨询热线，保证了生产期间及时进行技术指导。三是加大配套物资投入，对核心示范户，免费提供花生良种、花生专用肥、易丰收叶面喷施肥等生产资料，保证了示范田取得良好效果。

（五）加强与企业合作，推动绿色花生食品基地建设

在项目实施过程中，探索出“科研单位＋龙头企业＋基地”和“科研单位＋龙头企业＋农户”两种开发推广模式。其中第一种模式以龙头企业为主体，以科研单位为技术依托，建立企业的产品生产基地，带动农民进行产业化开发；第二种模式以企业和农户为主体，科研单位为技术依托，通过企业订单和科研单位技术服务的形式，引导农户建立生产基地，形成以生产基地为核心的产业开发模式。如省农科院栽培所与省科技龙头企业辽宁绿色芳山有机食品公司联合成立了花生产业研发中心，与县域的花生蛋白生产企业恒裕丰泰公司以及憨馥、乡韵等规模以上花生龙头企业建立了技术合作伙伴关系，建立绿色花生生产基地 3 万亩，有力推动了花生产业的发展。

（六）实行目标管理，保证项目实施质量

由于项目涉及面广、参加的单位和人员较多，管理的好坏直接影响到项目的实施效果。对此，制定了切实可行的目标管理责任制，实行滚动管理，做到奖惩分明。根据项目需要，制定专家团成员相应的目标责任，年中进行检查，年末根据验收情况进行奖惩，增强了服务团成员的工作责任感，保证了项目实施的水平和效率。

加强中低产田改造　提升康平玉米综合生产能力

驻康平玉米专家服务团

2009年，辽宁省农业科学院植环所与康平县农村经济局共同承担“康平玉米中低产田改造示范基地建设”科技共建项目，组建了多学科专家参与的服务团，在康平县二牛所口镇大莫力克村建立核心试验区，开展玉米中低产田改造关键技术研究，同时建立玉米高产栽培示范区，示范推广玉米高产栽培集成技术。经过两年的项目实施，总结提出了适宜康平地区不同类型土壤的中低产田改造模式，通过玉米高产集成技术示范推广，使项目区中低产田改造技术及玉米种植技术水平显著提升，促进了康平玉米产量的提高，取得了显著的社会、经济及生态效益。

一、项目实施情况

（一）项目区概况

康平县位于辽宁省北部，处于北纬42°31′～43°02′、东经122°45′～123°37′之间。北与内蒙古自治区科左后旗接壤，西与阜新市彰武县毗邻，东隔辽河与铁岭市昌图县相望，南靠法库县，区域面积2175平方公里。2008年，全县总人口35.8万人，其中农业人口28.3万人。年平均日照时数2867小时，不低于10℃的有效积温3283.3℃，属北温带大陆气候，无霜期在150天左右，年降水量540毫米左右，地下水开发量为8000万立方米。全县耕地总面积约147万亩，宜农宜林荒地和滩涂30万亩，其中中低产田60万亩，占耕地总面积的40.8%。地势特点为西高东洼，南丘北沙。全县主要土壤类型为棕壤土、草甸土、风沙土、水稻土，土壤有机质含量低，缺磷少氮。康平县中低产田是制约粮食单产提高，尤其是玉米产量提高的主要瓶颈问题，因此大力开展中低产田改造是增加粮食产量的首要任务。

（二）项目完成情况

2009年，服务团建立玉米中低产田改造关键技术核心试验区90亩，其中风沙地30亩，坡耕地30亩，盐碱地30亩。通过玉米品比试验，筛选出适宜在康平推广种植的玉米品种4个，分别为郑单985、辽单565、先玉335、中科11；初步形成3套中低产田地力提升综合配套技术以及玉米高产栽培技术模式。建立生产示范区3000亩，其中风沙地1000亩，坡耕地1000亩，盐碱地1000亩；技术辐射区面积接近1万亩。2010年，在上一年工作的基础上，建立核心试验区200亩，其中试验区10亩，技术示范区150亩，品种示范区30亩（中科11号玉米），创高产示范区10亩。

引进12个玉米新品种，包括郑单958、辽单565、益丰29、沈玉21等4个密植型品种，东单90、万孚7号、新铁单12、丹玉39、中科11、东单60、富友9、郁青1等8个大穗型品种，分别在风沙地、坡耕地、盐碱地进行了品比试验，筛选出郑单985、辽单565、先玉335、中科11等4个优良品种。

针对中低产田问题，提出不同改造模式。通过土壤培肥和农业耕作措施等配套技术集成，提出沙化土壤、坡耕地土壤和盐碱地土壤改良技术模式，大幅度提高了地力水平和玉米单产。

二、项目取得的主要成效

（一）坡耕地改造效果明显

服务团通过与农机合作社联合，在坡耕地推广了秸秆还田、土壤耕层深松等系列措施。试验结果表明，坡耕地采取“秸秆全量还田＋深松＋有机肥”措施对提高玉米产量效果最好。其中采用秸秆还田能提高土壤有机质10%以上（500公斤/亩）、提高田间持水量5%，施用有机肥能提高土壤有机质15%以上（鸡粪1000公斤/亩），深松可提高田间持水量6%（秋季深松25厘米）。见表1和表2。

表1　　改造后坡耕地各处理土壤性状变化

坡耕地处理	水解氮/(mg/kg)	速效磷/(mg/kg)	速效钾/(mg/kg)	全氮/%	全磷/%	全钾/%	有机质/%
常规	99.0	14.47	136.96	0.11	0.10	2.68	1.31
秸秆全量还田	132.0	22.33	173.46	0.12	0.13	2.78	1.89
秸秆半量还田	94.0	17.47	166.24	0.11	0.11	2.76	1.82
深松	155.0	14.01	164.67	0.16	0.12	2.75	1.60
有机肥	174.0	29.99	221.88	0.17	0.16	2.87	2.05
平衡施肥	148.0	14.75	150.33	0.16	0.11	2.74	1.34

表 2　　坡耕地各处理玉米产量

坡耕地处理	折合亩产/(kg/亩)	比对照增产/%	位次
常规	446.92	—	6
秸秆全量还田	663.01	48.35	1
秸秆半量还田	606.94	35.81	3
深松	547.61	22.53	4
有机肥	645.05	44.33	2
平衡施肥	503.07	12.56	5
示范区（有机肥 + 深松）	518.26	15.96	—

（二）盐碱地改造初见成效

盐碱地肥力试验结果表明，“秸秆全量还田 + 生物肥 + 有机肥 + 硫磺粉”处理对提高玉米产量效果最好。其中秸秆还田能提高土壤有机质 8% 以上（500 公斤/亩），施用有机肥能提高土壤有机质 12% 以上（鸡粪 1000 公斤/亩）、提高田间持水量 5%，施用生物肥（30 公斤/亩）可降低土壤紧实度 6%，施用硫磺粉（130 公斤/亩）可使土壤 pH 值降低 0.3（pH 值最高为 8.5）。见表 3 和表 4。

表 3　　改造后盐碱地各处理土壤性状变化

盐碱地处理	水解氮/(mg/kg)	速效磷/(mg/kg)	速效钾/(mg/kg)	全氮/%	全磷/%	全钾/%	有机质/%	pH 值
常规	80.0	11.78	126.48	0.09	0.11	2.76	1.03	8.90
秸秆全量还田	86.0	14.35	150.58	0.10	0.13	2.78	1.61	8.40
土壤调制剂	84.0	31.30	150.58	0.09	0.08	3.16	0.94	8.60
硫酸铝	60.0	15.45	114.44	0.08	0.10	3.04	0.93	8.30
有机肥	91.0	36.08	174.67	0.09	0.11	3.16	1.26	8.60
生物肥	83.0	15.91	138.53	0.08	0.09	3.07	1.16	8.60
平衡施肥	78.0	18.48	142.62	0.08	0.08	3.12	0.94	8.90
硫磺粉	83.0	23.17	182.37	0.09	0.16	2.89	1.19	7.70
硫磺粉 + 硫酸亚铁	89.0	16.91	186.71	0.10	0.10	2.87	1.33	7.50
硫酸亚铁	88.0	11.69	162.62	0.10	0.11	2.85	1.50	8.20

表 4　　盐碱地各处理玉米产量

盐碱地处理	折合亩产/(kg/亩)	比对照增产/%	位次
常规	366.74	—	10
秸秆全量还田	472.91	28.95	2
土壤调制剂	453.21	23.58	3
硫酸铝	402.05	9.63	8
有机肥	551.02	50.25	1
生物肥	435.60	18.78	6
平衡施肥	396.11	8.01	9
硫磺粉	416.44	13.55	7
硫磺粉 + 硫酸亚铁	445.12	21.37	4
硫酸亚铁	439.90	19.95	5
示范区（有机肥 + 秸秆还田）	437.8	19.38	—

（三）显著提高风沙地土壤有机质含量

通过试验得出，风沙地改良以“秸秆全量还田＋有机肥＋腐殖酸”处理对提高玉米产量效果最好。在有机质含量为0.88%的情况下，秸秆还田能提高土壤有机质17%以上（500公斤/亩）、提高田间持水量4%，施用有机肥能提高土壤有机质20%以上（鸡粪1000公斤/亩），施用腐殖酸（500公斤/亩）提高田间持水量7%。见表5和表6。

表5　改造后风沙地各处理土壤性状变化

风沙地处理	水解氮/(mg/kg)	速效磷/(mg/kg)	速效钾/(mg/kg)	全氮/%	全磷/%	全钾/%	有机质/%
常规	78.0	11.46	100.94	0.10	0.09	2.71	1.38
秸秆全量还田	104.0	14.71	142.14	0.11	0.09	2.87	1.66
秸秆半量还田	87.0	11.64	138.53	0.10	0.11	2.82	1.51
腐殖酸	112.0	14.44	114.44	0.11	0.09	2.81	1.68
有机肥	105.0	30.25	134.92	0.11	0.11	2.84	1.49
平衡施肥	93.0	16.39	110.42	0.10	0.11	2.78	1.39

表6　风沙地各处理玉米产量

风沙地处理	折合亩产/(kg/亩)	比对照增产/%	位次
常规	351.6	—	6
秸秆全量还田	469.3	33.5	3
秸秆半量还田	435.9	24.0	4
秸秆覆盖	472.7	34.4	2
有机肥	525.1	49.3	1
测土推荐施肥	418.1	18.9	5
示范区（腐殖酸＋平衡施肥）	428.4	21.8	—

（四）促进了玉米增产增收

科技共建项目的实施，有效改善了农田基础条件，将项目区中低产田改造并建成高标准农田，使玉米产量进一步提高，农民收入有了大幅度增加，到2010年底，项目区增加粮食生产能力135万公斤，增加农业产值280万元，增加农民收入240万元。

三、项目实施的主要做法

（一）完善项目管理，保障项目顺利实施

一是实行团长负责制，层层落实责任，明确任务分工，实行滚动式管理。二是强化对项目的监督检查，发现问题及时解决。三是严格对经费的管理，做到专款专用，提高经费使用效率。四是加强科技服务，在示范基地设立专家服务电话，进行全程跟踪技术指导，保障了项目顺利实施。

（二）依靠多学科合作，提高项目实施水平

为提高项目实施水平，增强技术推广的科技含量，在项目实施中，从省农科院相关专业所抽调包括玉米、土壤肥料、植保、土壤微生物、环境能源五个专业的 10 名高级科研人员组成专家服务团，通过多专业技术人员协作，提高了项目的科研攻关和推广能力。

（三）强化技术培训，提高农民科技水平

为提高科技培训效率，采取集中培训与分散培训相结合、现场指导与媒体宣传相结合的方式开展技术培训，收到了良好效果。2009—2010 年，共组织技术培训 26 次，培训农民 2000 多人次，发放各种技术资料 3 万册。通过开展技术培训，有效提高了当地农民的科技水平。

四、对促进农业产业发展的几点建议

（一）加强农业基础设施建设

农业是国民经济发展的基础，而农业基础设施则是农业发展的基础，是制约粮食产量提高的重要因素，因此，要不断加大投入，加强农业基础设施建设，为粮食安全生产提供保障。

（二）提高科技投入的产出效益，转变农业增长方式

近年来，中央不断加大对农业的投入力度，以促进农业的发展。目前，康平县农业增长方式仍以粗放型为主，新产品、新技术推广带来的效益还不高，因此要注重农业生产方式向规模化、集约型转变，提高科技投入产出效益，推进农业产业化发展，增加农产品附加值，促进农民增收。

（三）加强农业社会化服务体系建设，为农民搭起产供销平台

加强农业社会化服务体系建设，是促进农村经济发展、增加农民收入的重要保证。一是要强化农业科技服务网络建设，采取市场导向、政策引导和必要

的行政干预来普及优良品种和实用新技术，提高农产品科技含量。二是要大力培植中介服务组织，拓宽农产品销售渠道，重点发展“公司 + 农户”“基地 + 农户”模式。三是要加快农产品加工型企业发展，提高农产品加工转化能力。

加强高新技术示范推广　促进沈北花卉产业升级

驻沈北花卉专家服务团

2009 年实施的沈阳市政府与辽宁省农科院科技共建项目“沈北新区花卉产业示范基地建设”，通过建立示范区搭建科技推广平台，将科研与生产实际紧密结合，提高科研成果转化效率，加快高新技术示范推广，有效解决了项目区花卉品种单一、结构不合理、生产技术落后、市场竞争力不强等问题，提高了花卉产品质量和综合生产效益，增强了花卉产业的自主发展能力，为进一步提升沈北新区花卉产业水平、实现可持续发展发挥了重要作用。

一、项目实施的主要内容及取得的成效

（一）引进推广优新品种，提高花卉产品档次

根据沈北气候、土壤特点，在尹家、财落、新城子、黄家等乡镇和前进农场引进切花、草花、盆花新品种 50 多个，种子、种苗 20 多万粒（株）。其中，引进百合新品种 8 个、非洲菊新品种 10 个、玫瑰新品种 6 个；推广百合新品种 3 个、非洲菊新品种 2 个。为增强项目区花卉自主发展能力，开展了百合、切花菊新品种选育和非洲菊、萱草、切花菊组培快速育苗技术研究，并取得较大进展。完成了 80 个百合杂交组合、15 个切花菊杂交组合，为生产提供 3～5 个百合、切花菊新品种。2009 年，“观赏万寿菊新品种推广应用”成果获沈阳市农村科技推广三等奖，“高档花卉新品种”获沈阳东亚国际博览会金奖和优质产品奖。

为促进新品种推广，建立了菊花品种资源圃和出口切花菊生产示范基地，改造和新建花卉种植基地 4500 多亩，指导扶持核心示范户 50 个，推广花卉新品种总面积 1 万亩，提高了沈北新区切花菊、百合、非洲菊、玫瑰的栽培水平，切花产品档次明显提高，品质达到出口标准。五五村和后屯村示范区的切花菊成功出口到日本市场，提高了农民种植花卉的积极性和信心。

（二）示范推广新技术，提升花卉生产技术水平

为提高项目区花卉生产水平，重点推广普及八项栽培新技术，包括：测土配方施肥技术、土壤消毒技术、节水灌溉技术、反季节栽培技术、花期调控技术、激素调控技术、病虫害防治技术、温光水肥综合调控技术。完成了日光温室内保温系统设计研究。该项技术保温效果与传统草帘相当，克服了以往采用草帘覆盖的弊端，获得了国家发明专利，填补了温室花卉栽培技术的一项空白。2009 年，“高寒地区双层膜温室的研制与推广”获沈阳市农村科技推广二等奖，通过新技术示范推广，使项目区花农的栽培水平明显提高，取得了显著效果，花农亩经济效益增加 10% ~15%。

（三）积极开展农民技术培训工作

在项目实施中，服务团采取多种形式开展技术培训和指导服务，共举办培训班及研讨会 46 次，召开现场观摩会 20 次，指导和培训农民 2000 多人次。编辑出版了《切花百合高效栽培技术及病虫害原色图谱》《出口切花菊高产高效栽培及病虫害图谱》《非洲菊温室高效栽培技术》等技术推广书籍；制作了《百合反季节栽培》录像光盘，结合科技培训发放给农民，为农民学科技、用科技创造了良好条件。为做好科技服务工作，沈北新区农业技术推广中心和省农科院花卉所共同组织专家，在五五村花卉协会成立了“服务团植物医院”，每天有技术人员为花农服务，做到“天天有专家，来了就能治，开方就有药，用药就见效”的一站式服务，为项目区花卉生产起到了保驾护航的作用。

二、主要做法与经验

（一）加强组织领导，统筹协调实施

项目实施后，辽宁省农科院花卉所、土肥所、植保所联合沈北新区农林局、技术推广中心共同组成花卉专家服务团，实行团长责任制，并成立领导小组和技术指导小组，明确任务分工。在管理方面，科研单位与区农林局、技术推广中心建立了联动机制，形成技术创新——技术示范——技术推广链条，确保了各项工作的有序开展。在项目实施中，实行专家包片，每个示范区由一名专家负责科技服务，并制定相应的目标责任制，调动了科技人员的积极性，提高了推广工作效率。

（二）多种渠道开展科技宣传，促进项目实施

项目实施以来，通过加强与媒体合作，充分利用电视、网络、电台、报纸和期刊等传播媒体的宣传优势，开展技术讲座和技术咨询，承办沈阳市记者节

等活动，开展科技宣传20多次，促进了花卉先进技术的推广普及。此外，还编印沈北新区花卉专家服务团工作简报，发放给项目区示范户，为农民提供产业信息和技术，扩大了宣传和影响，推动了新技术的应用推广。

（三）积极推进花卉出口，拉动花卉产业升级

为带动示范区花卉出口，提高花卉生产经济效益，在黄家乡和清水台镇建立了两个出口切花菊新品种、新技术科技示范基地，引进切花菊新品种3个，推广应用内保温设施、滴灌、配方施肥、激素调控等新技术，使示范区生产技术达到出口标准，为花卉产品出口创造了条件。目前，服务团通过与韩国国际贸易公司洽谈，促成了对韩出口切花菊的项目；协助沈北新区鑫百卉种植合作社与俄罗斯远东花卉经销公司达成协议，自2010年7月始，每周向俄罗斯出口玫瑰、百合、非洲菊、切花菊等鲜切花4万~5万枝。

三、对促进沈北新区花卉产业升级的几点建议

（一）由政府牵头，成立花卉产业管理机构

在经济社会发展的新阶段，花卉产业的多种功能特点日益凸显，其经济效益和社会效益日益突出。花卉产业的建设、发展和升级，离不开农业、科研、财政、商检、质检、海关、税务等部门的支持。为了确保花卉产业示范基地建设的顺利实施，建议由政府牵头组织成立专门的管理机构，负责协调解决基地建设过程中出现的问题，落实惠农政策，加快花卉产业的发展步伐。

（二）加快选育新品种，研发新技术

针对目前项目区花卉品种和栽培技术较为落后的问题，建议利用科研院所的设施优势、技术优势、人才优势，重点开展以高附加值为主的花卉新品种引进与选育、高效栽培、种苗种球繁育等方面的研究，充分利用我国野生花卉资源，开发出具有自主知识产权的花卉新品种，研究推广适宜当地自然条件的栽培新技术和生产新设施，以提升沈阳花卉产业整体水平，增加花卉产品的科技含量。

（三）打造花卉品牌，提升产品知名度

在市场经济条件下，品牌效应十分重要。荷兰郁金香、哥伦比亚玫瑰、中国台湾蝴蝶兰、韩国大花蕙兰等诸多国际花卉品牌，都在国际花卉中享有盛誉，不仅产品畅销，而且售价也很高。打造花卉品牌是提升沈阳花卉产业知名度的关键，也是发展沈阳特色花卉产业的重要措施。

(四) 完善花卉产业专业技术服务体系，推进产业化进程

花卉产业是一项高投入、高技术、高风险、高效益的行业，栽培技术直接影响花卉产品的质量和市场竞争力。因此，加强花卉专业技术服务体系建设，加快新品种、新技术推广应用，是促进花卉产业升级的重要环节。建议在沈北花卉产业示范基地进一步完善以农技推广部门和科研单位为主体的专业技术服务体系，加强农村的科技信息服务，鼓励科技人员下乡进村，推进农业科技入户工程，提高花农生产技术水平，为花农做好产前、产中、产后服务。

强化科技引领作用　加快树莓产业发展

驻东陵树莓专家服务团

为充分发挥辽宁省农业科学院在科技共建中的人才优势、资源优势和技术优势，探索科技成果推广转化的新方法、新模式，树莓专家服务团与东陵区农林局注重示范推广新品种、新技术对产业的推动作用，积极与龙头企业合作，发挥企业资金优势、加工优势和市场优势，打造高效科技推广平台，共同推进树莓产业健康有序发展，开辟出一条科技共建助推产业发展的新途径。

一、项目区概况

东陵区树莓主要分布在祝家农业经济区，涵盖祝家、王滨、深井子、李相等4个乡（街道）的40个村，总面积152.8平方公里。至2009年，财政投资1.5亿元，采取多项措施大力发展树莓产业，树莓种植面积达5万亩，受益农户9000余户。获得了“省级现代农业示范基地”称号和国家工商总局颁发的“东陵红树莓地理标志”称号。

东陵区树莓产业示范基地建设项目区域范围为祝家街道的上楼子、下楼子、佟家峪、常王寨、沙河子，深井子街道的于樵、康红、潘李、于胜，李相乡的王士兰、东沟、高八寨等12个村。

产业示范基地以东陵盛源树莓种苗繁育中心为核心，与新大地集团、辽宁今日农业有限公司、丹东君奥食品有限公司、北京绿柔浆果饮料有限公司、大连迪利食品加工有限公司等企业建立合作关系，在树莓生产基地开展新品种的引进与开发，推广配套栽培技术，研发精深加工新产品新工艺，开拓国内外市场，由此带动了东陵区树莓产业快速发展。

二、项目实施内容及完成情况

（一）新品种示范推广

为实现树莓产业示范基地品种优良化及配套技术标准化，树莓专家服务团先后从国外引进波鲁德、波拉娜、如贝、秋红、D、维拉米、阿岗昆、TL等8个树莓新品种，在苏家屯王滨街道富家村建立150亩品种资源圃，进行试栽观察，调查其生物学特性及结果习性，并筛选出适合当地气候条件的TL、D、如贝3个品种（见表1），表现出生长健壮，抗逆性强，丰产性好，果实整齐度及商品率较高等特性，计划在生产上大面积推广，促进品种的更新换代。

表1　引进与推广品种产量、品质、商品果率对比

品种		单果重/g	亩产/kg	可溶性固形物/%	A级果率/%	病虫果率/%
引进品种	波鲁德	3.5	745	9.2	85	3.0
	波拉娜	3.3	810	9.5	84	2.9
	如贝	4.5	770	9.6	88	2.4
	秋红	3.4	802	9.6	83	3.1
	D	3.8	877	9.7	89	2.5
	维拉米	3.6	804	9.5	80	3.4
	阿岗昆	2.6	980	10.5	81	3.3
	TL	4.8	1050	10.3	91	2.3
主栽品种	费尔杜德	3.8	870	9.3	82	3.5
	海尔特兹	3.1	740	9.1	82	3.2
	红宝玉	3.2	695	9.7	78	3.7

（二）树莓栽培关键技术攻关研究

1. 苗木繁育

引进组织培养快繁技术繁育树莓苗木，研制出适宜试管苗分化、生根培养基配方，以及试管苗温室驯化基质、温湿度控制、病害防控等技术。组织培养繁殖系数达150倍，温室驯化成活率达95.8%，实现工厂化育苗，年繁育优质苗木100万株。

2. 配方施肥

研究出不同树体养分的供给机制，确定了施肥时期、种类、配比方式及施用量，每年施肥3次：萌芽前亩施25公斤尿素；开花前亩施50公斤商品有机肥（N: P: K = 10: 8: 12）混加30公斤果树专用肥（N: P: K = 15: 10: 15）；10月初亩施1500公斤优质有机肥，而一般生产每年施肥1~2次。结果表明，配方施肥的费尔杜德、海尔特兹亩产较一般施肥分别提高32%和31%（见表2）。

表 2　配方施肥对产量及品质的影响

处　理	费尔杜德			海尔特兹		
	亩产/公斤	A 级果率/%	病虫果率/%	亩产/公斤	A 级果率/%	病虫果率/%
配方施肥	980	91	2.4	820	92	2.1
一般施肥	740	83	3.5	625	85	2.9

3. 病虫防控

研究出灰霉病、茎腐病的发生规律及防控技术，主要采用生物与化学防控技术。夏果型品种每年喷药 3 次：初花期和现蕾期各喷布 1 次井冈霉素 1200 倍液或特立克湿性 800 倍液、灰霉特克 1000 倍液，果实采收后喷布 1 次多抗霉素 1000 倍液或甲基托布津 1000 倍液。秋果型品种每年喷药 2 次：初花期和现蕾期各喷布 1 次井冈霉素 1200 倍液或多抗霉素 1000 倍液、特立克湿性 800 倍液、灰霉特克 1000 倍液，而一般生产每年喷药 1 ~ 2 次。结果表明，采用生物与化学药剂防控费尔杜德、海尔特兹 A 级果率较一般防控分别提高 17% 和 15%；病虫果率较一般防控分别减少 1.1% 和 1.0%（见表 3）。

表 3　药剂防治对品质的影响

处　理	费尔杜德		海尔特兹	
	A 级果率/%	病虫果率/%	A 级果率/%	病虫果率/%
生物与化学防控	92	2.2	93	2.0
一般防控	75	3.1	78	3.0

4. 整形修剪

研究出不同栽培方式的整形修剪技术。夏果型品种每年修剪 4 次，分别为上架后、开花前、采收后及防寒前，亩留结果枝 2500 株；秋果型品种每年修剪 2 次，分别为 3 月底和 5 月中旬，亩留结果枝 6000 株；而一般生产每年修剪 1 ~ 2 次。结果表明，通过每年 4 次和 2 次修剪，费尔杜德、海尔特兹亩产分别较一般修剪提高 20% 和 26%，A 级果率分别提高 14% 和 6%，病虫果率分别下降 0.8% 和 1.1%（见表 4）。

表 4　整形修剪对产量及品质的影响

处　理	费尔杜德			海尔特兹		
	亩产/kg	A 级果率/%	病虫果率/%	亩产/公斤	A 级果率/%	病虫果率/%
整形修剪	920	89	2.8	765	90	2.4
一般修剪	780	75	3.6	605	84	3.5

三、取得的主要成效

（一）创新产业发展模式，打造地方特色产业

通过项目实施，引导树莓产业向高层次发展，逐步实现了产业开发园区化、管理规范化、营销网络化，建成树莓种植区、技术研发区、树莓加工区、管理综合服务区。同时，组织农民成立树莓专业合作社，实现“公司＋科研单位＋基地＋合作组织＋农户＋市场”的产业开发新模式。在树莓种植区，通过示范推广优良新品种、新技术，实现了提质增效；在技术研发区，建成组培育苗中心、品种采穗园和新品种新技术展示园等功能区，引进了微喷淋系统、空气循环系统、移动式栽培苗床、组织培养室等先进设施；在树莓加工区，引进了浓缩汁生产线、果汁生产线、果酱罐头生产线、冻干树莓生产线等先进深加工设备；在管理综合服务区，建成了多功能培训室、展览室、土壤和农药残留检测中心等功能区，为基地提供产品质量检测、生物控害、生产调控、农资配送、市场营销和对外宣传展示等服务。

（二）做强龙头企业，为树莓产业注入活力

通过与新大地集团等龙头企业合作，打造了科技推广平台，为树莓产业基地的健康、可持续发展注入了活力。其中，新大地集团、今日农业、大连德兴、丹东君奥等加工企业与地方合作收购树莓果实，解决了树莓生产的后顾之忧。如新大地集团围绕树莓产业形成了种植、加工、仓储等一系列较为完整的产业链，集团在南塔街道营城子村投资1.3亿元，建设了占地20亩的小浆果产品研发中心，加工能力达3万吨；在祝家街道佟家峪村投资3600万元，建设了占地80亩，加工能力达1万吨的树莓速冻加工厂。

（三）改善生产条件，促进新技术新成果转化

为了确保树莓产业基地稳步发展，促进新技术、新成果的开发应用，当地投资1000余万元建设了东陵盛源树莓种苗繁育中心；投资1800万元为种植基地配套建设了节水、节电的小管出流灌溉设施，有效改善了树莓生产条件，促进了农业高新技术成果的推广和转化。截至2010年，项目区共引进树莓新品种10余个，推广新品种5个、新技术8项，树莓工厂化育苗能力达到每年500余万株。

（四）“三区建设”示范推广效果明显

在项目实施中，通过建立核心试验区、生产示范区和技术辐射区，促进了树莓新品种、新技术推广。其中，建立核心试验区2处，面积100亩，生产示

范区面积3000亩，技术辐射区面积2万亩。培育了康红村、于樵村、佟家峪村、上下楼子村等4个重点示范村，分别进行双季莓生产、设施树莓生产、种苗繁育、生产试验、新技术示范和果实采摘休闲观光旅游产业示范，辐射和带动周边4个乡街40个村9000户农民种植树莓5万亩，年产量6000余吨，产值达1亿元，产业示范基地基本形成。

（五）创新培训方式，确保培训效果

围绕树莓三区建设，紧紧抓住生产关键环节，突出重点和难点，按照“缺什么教什么，用什么补什么”的原则，采取集中培训、现场示范指导相结合等方式，每年举办科技培训班20余次，进村入户指导树莓专业户600余户，培训指导农民4000余人次，同时，编写《树莓标准化生产技术规程》《树莓栽培实用技术规程》《树莓生产作业历》等技术资料，印发6000余份，促进了新技术的推广应用，培养了一批有文化、懂技术、会经营的新型农民，提高了农民的整体科技素质。

（六）多样化开展科技宣传，打造东陵树莓品牌

一方面，充分利用广播、电视、报纸等渠道对东陵区树莓产业发展取得的成效进行宣传，积极争取社会对东陵树莓产业的支持，提高了农民群众对发展树莓产业的认识；另一方面，在项目区积极组织举办首届“中国·沈阳国际树莓节”、树莓观光采摘节等活动，邀请国内知名专家到项目区考察和技术指导，展示东陵树莓产业发展的丰硕成果，提升了沈阳树莓基地的知名度。

四、开展推广工作的主要做法

（一）加强科企联合，为基地建设提供科技支撑

通过科企联合，加强技术引进和科技创新，建立了强有力的科技研发体系，为企业发展提供了有力的科技支撑。在项目实施中，联合研发了饮料、酒、果醋、保健品等系列树莓新产品，制定出产品质量标准，其中很多新产品填补了国内市场空白，并远销到荷兰、日本等国家以及我国香港地区，在国内市场的占有率及国际市场的竞争力得到很大提高。

（二）坚持政府引导和市场化运作相结合

在产业基地建设中，通过实行政府搭台、科技牵头、科企合作的发展模式，政府对龙头项目建设予以重点支持，加大科技投入，通过科技创新和新品种、新技术引进，提高了树莓基地建设水平，加大力度开发树莓加工产品，努力开拓市场，为企业发展创造了条件。企业在产业示范基地建设中实行订单农业，由企业回收树莓产品，让农民吃下了“定心丸”，实现了互利双赢，增强了生产的抗风险能力，促进了树莓产业的健康发展。

(三) 坚持区域化发展，培育区域优势产业

在发挥项目区区位优势、气候优势、资源优势、技术优势基础上，重点建设树莓优势产业带，推动了全区树莓产业发展。在产业发展中，注重实施品牌战略，建立完善树莓良种繁育体系，推广以菲尔杜德、海尔特兹为主的优新品种，建立了全国最大的树莓产业示范基地，形成了产、供、销一条龙及科、工、贸一体化的区域化发展模式，为产业的可持续发展奠定了基础。

(四) 坚持发展绿色有机标准化生产

在技术推广中，注重与世界先进树莓生产技术接轨，着力推广无病毒苗木生产、果品质量全程监控、简化修剪和使用植物源、矿物源农药及优质农家肥等绿色有机标准化生产技术，有效提高了果品质量和产量。通过推广绿色有机标准化生产技术，使东陵区树莓产业示范基地生产的果品，平均亩产夏果 876 公斤，秋果 726 公斤，商品果率达 92%，A 级果率达 87%，虫果率 2% 以下，为打造名牌产品创造了条件。

推广设施葡萄生产关键技术　破解产业发展瓶颈

驻苏家屯葡萄专家服务团

为了更好地发挥科研院所的人才优势、资源优势、技术优势，推进科技成果推广转化，苏家屯设施葡萄专家服务团与区农林局合作开展科技共建，针对生产中存在的问题，重点开展优良品种引进示范，推广了温室无核白鸡心葡萄控产提质增效关键技术、冷棚藤稔葡萄优质栽培技术、延迟晚红葡萄连续丰产栽培等三套综合技术，破解生产瓶颈；同时，加强技术培训，与地方政府共同培养产业带头人，积极扶持葡萄专业合作组织，促进产业化经营，推进了苏家屯区设施葡萄产业的提档升级和高效健康发展。

一、项目实施情况

（一）项目区概况

苏家屯区葡萄栽培历史悠久，葡萄产业是该区农业的支柱产业，也是促进产业结构调整、农业增收、农民致富的名牌项目。2006 年，“全国第十二届葡萄学术研讨会”在苏家屯区召开，不仅提升了当地葡萄产业水平，也使永乐乡有了全国“温室葡萄第一乡”的美誉。目前，葡萄主栽品种有无核白鸡心、玫瑰香、藤稔、巨峰等。全区 58.6 万亩耕地为绿色、无公害农产品生产基地，为苏家屯区发展绿色无公害葡萄产业奠定了坚实的基础。

近十年来，苏家屯区充分利用区位优势和产业基础，把发展设施农业作为推进现代农业建设、促进农业增效和农民增收的最佳途径，积累了丰富的设施葡萄生产经验。截止到 2009 年底，全区发展设施葡萄面积 3.9 万亩，占全区设施农业的 40.6%。葡萄产品实现了从每年 6 月初到 12 月底长达半年的鲜食葡萄供应，年产量达 1.9 万吨，销售产值达 1.8 亿元。产品销往全国 30 多个城市，并出口俄罗斯、日本、韩国等国家和地区。2009 年，永乐乡农民人均纯收入 1.16 万元，其中设施葡萄收入占 71%。设施葡萄的规模化发展实现了一乡一业，加快了农民增收的步伐。

（二）产业发展的技术瓶颈

1. 品种单一，葡萄上市过于集中

目前苏家屯区的设施葡萄主要是温室无核白鸡心和冷棚藤稔。温室无核白鸡心成熟期集中在6月中旬至7月初，冷棚藤稔则集中在7月末上市。由于上市期过于集中，市场供给量大，导致销售价格普遍偏低。

2. 产量过高，果穗过大，导致果实品质下降

由于果农过度追求产量，造成无核白鸡心葡萄果穗过大，重达1公斤以上，品质下降严重，可溶性固形物含量在13%以下，而按标准果生产，亩产应控制在1500公斤左右，果穗重应控制在0.75公斤以下，通过控制好产量，可溶性固形物可达17%以上。

（三）项目实施的主要内容

1. 新品种引进与示范

在核心试验区，引进巨玫瑰、香悦、无核寒香蜜、夏黑、醉金香、汤姆逊无核、克瑞森无核、碧香无核、早玫瑰等葡萄新品种进行试栽，通过试验筛选出适宜温室及大棚栽培的巨玫瑰、夏黑，适宜秋延迟栽培的秋黑等品种。见表1和表2。

表1 试验品种物候期

品　种	萌芽期	盛花期	着色期	浆果完熟期
巨玫瑰	2-6	3-11	5-1	6-10
夏黑	2-7	3-10	4-28	6-5
香悦	2-5	3-10	5-2	6-11
醉金香	2-7	3-11		6-5
无核白鸡心	2-7	3-12		6-10
晚红	4-25	5-25	8-10	10-20
秋黑	4-25	5-26	8-10	10-25
秋无核	4-26	5-28		10-20

表2 各品种经济性状

品　种	穗重/克	粒重/克	可溶性固形物/%	可溶性总糖/%	可滴定酸/%	VC/(mg/100g)
巨玫瑰	543	9.3	15.6	10.360	0.413	3.655
夏黑	627	5.6	15.8	10.213	0.474	4.238
香悦	623	10.5	14.6	10.377	0.416	3.655
无核白鸡心	620	6.0	14.8	10.5	0.494	4.448
醉金香	543	10.3	15.6	10.366	0.513	3.665
晚红	578	12.5	17.5	12.121	0.46	4.325
秋黑	536	8.5	16.5	11.833	0.452	3.235
秋无核	578	4.5	15.0	12.511	0.458	3.736

2. 示范推广关键技术

主要推广环剥、测土施肥、增施生物有机肥、关键时期病虫害防治等控产提质关键技术，使葡萄亩产量稳产在1500公斤，优质果率提高5% ~10%，可溶性固形物提高1% ~2%。亩节肥50公斤，减少打药2 ~3次，每亩节省开支200 ~300元，亩增收1000元左右。

开展设施葡萄施肥量化指标的研究，分别于花前、果实膨大、着色、采收四个时期采集十样，测定土镶中N、P、K、Ca、Mg、Fe、Zn及有机质水平，并结合各时期叶片相应营养含量测定指标。掌握设施条件下葡萄的需肥规律，指导施肥，节省用肥在40公斤左右。见表3、表4、表5和表6。

表3　　苏家屯区温室土壤及叶片分析化验结果

样品名称	N	全P	K	Ca	Mg	Fe	B
叶片	2.523%	0.261%	1.65%	1.51%	0.26%	160ppm	28.05ppm
土壤	0.091%	83ppm	290ppm	3125ppm	410ppm	132ppm	0.187ppm

表4　　葡萄叶片营养含量标准参考值

标准	N/%	P/%	K/%	Ca/%	Mg/%	B/ppm
缺乏	1.3 ~1.5		0.25 ~0.50		0.07 ~0.22	
低值	<1.8	<0.14				
正常值	1.8 ~3.9	0.14 ~0.41	0.45 ~1.30	1.0 ~1.8	0.23 ~1.08	13 ~60

表5　　土壤养分参考指标

标准	全N/%	P/ppm	K/ppm	Ca/ppm	Mg/ppm	B/ppm
丰富	>0.16	>65	>200			
一般	0.16 ~0.08	60 ~45	200 ~120			0.3 ~—0.5
不足	0.03 ~0.08	25 ~45	120	<1000	<400	<0.3
缺乏	<0.03	<25				

表6　　施肥量前后对比

施肥依据	氮肥(尿素)/公斤	钾肥(硫酸钾/公斤	磷肥(二铵)/公斤	生物肥/公斤
测土施肥	4	8	2	75
经验施肥	28	56	25	

3. 建立试验示范及辐射区

建立设施葡萄核心试验区、生产示范区和技术辐射区三个功能区。在永乐乡互助村、王纲新开河村建立核心试验区，面积50亩，重点开展新品种引进及高效栽培技术示范，树立高产高效生产样板。在永乐乡、王刚乡、林盛镇、大沟乡建立生产示范区3000亩，将关键技术组装配套，示范推广。在永乐、林盛、大沟、八一、临湖等乡镇建立技术辐射区 1 万亩，通过组织现场观摩会、开展技术培训等形式，加快新品种、新技术的推广应用。

二、项目实施取得的主要成效

（一）优化品种结构，提高葡萄产区综合效益

通过推广新品种和高效栽培技术，在永乐乡建立了以温室无核白鸡心葡萄为主的温室葡萄生产区，在林盛镇建立冷棚藤稔葡萄生产区，在王纲乡建立晚红葡萄延迟栽培生产区，形成了三个不同的栽培模式。栽培品种的多样化使项目区葡萄生产结构得到优化调整，避免了葡萄供应期集中，使葡萄亩效益稳定在 1 万元以上，抗风险能力和综合效益得到普遍提高。

（二）为项目区设施葡萄产业发展提供了技术支撑

针对影响产业发展的技术问题，通过推广相应的高效栽培技术，使项目区设施葡萄生产整体水平有了明显提升。其中，在永乐、林盛和王纲乡分别实施了温室无核白鸡心葡萄控产提质增效示范工程、冷棚藤稔葡萄大粒优质栽培示范工程和温室晚红葡萄延迟综合配套栽培示范工程，建立了设施葡萄生产的技术标准体系，制定了无核白鸡心、藤稔、晚红、玫瑰香等葡萄品种标准、产品标准及生产技术规程等 12 项，使设施葡萄产前、产中、产后生产实现规范化，温室葡萄生产技术水平不断提高，实现了提质、增效、节水节电节本，推进了产业的提升与发展。

（三）加强科技服务，提高农民科技素质

为了确保项目顺利实施，提高果农的生产管理水平，通过建立以服务团为技术依托、地方技术人员及农民技术骨干为主体的技术服务组织，使科技推广服务网络基本形成。专家服务团通过举办培训班、召开生产现场会、田间技术指导等多种形式开展技术培训。每年举办科技培训班 5 次以上，培训农民技术骨干1000 余人次，科技人员下乡进行技术指导 1000 人次以上，同时编写《设施葡萄优质栽培技术规程》和《葡萄病虫害防治及药剂使用手册》等技术培训资料，印发5000 余份，促进了先进技术的推广，有效地提高了农民的科技素质。

三、开展推广工作的主要做法

（一）加强科技宣传，拓宽技术推广渠道

一是利用新闻媒体开展科技宣传，如在中央电视台七台《科技苑》栏目播

放《永乐乡温室无核白鸡心葡萄》专题片，介绍了苏家屯区日光温室葡萄栽培技术，扩大了苏家屯设施葡萄在全国的影响。二是积极开展学术交流活动，如2010年7月，在苏家屯召开了国家葡萄产业技术体系工作会议；邀请国家葡萄产业技术体系首席科学家、中国农业大学段长青教授，岗位科学家郭修武教授及体系团队成员等专家来苏家屯考察和指导，很好地宣传了苏家屯区葡萄产业。

（二）引导农民转变传统观念，促进先进技术推广应用

随着项目区设施葡萄规模的不断扩大，如何实现数量型向质量型的转变是产业发展中面临的新课题，而推广先进技术首先必须转变果农传统的生产观念。对此，专家服务团一方面做好科技示范，如针对永乐乡温室无核白鸡心葡萄重产量不重品质的现象，示范了控产提质增效技术，促进了农民观念的转变；另一方面，采用走出去的方式，组织产业带头人到长三角地区、山东寿光等设施农业发达地区进行学习交流，增强了果农对新技术的认识，促进了高效栽培技术的推广普及。

（三）扶持专业合作组织发展，提高葡萄产业经营水平

随着苏家屯区设施葡萄产业的发展，由农民自由组织成立了葡萄专业合作社、协会近10家，会员达3000户，使设施葡萄由过去的农户零散生产转变成产业化经营。为了促进农民专业合作组织的发展，在项目实施中对其进行了重点扶持，做好产前、产中、产后服务，在生产上实现“四统一”，即统一规划建棚、购置苗木，保证了温室建设质量和苗木质量；统一定购棚膜、草帘、化肥、农药等生产资料，在节约生产成本的基础上保证了优质高产；统一技术标准，建立田间生产管理档案，定期对产品进行抽检，严格把握果品标准，保证了产品质量；统一果品销售，组建了一支近400人的专业经纪人队伍，建立了专用网站，与全国各地农产品经纪人建立了联系，保证了产品销售渠道畅通。

密切与地方政府合作
推动阜新农业和农村经济发展

省农科院与阜新市科技共建办

辽宁省农业科学院从 1982 年开始与阜新市开展农业科技共建，多年来，通过与地方政府密切合作，有力地促进了科技成果转化，为阜新农业发展提供了有力的技术支持。2006—2010 年，根据阜新市“十一五”国民经济和社会发展总体规划，制定了《阜新市人民政府辽宁省农业科学院 2006—2010 年农业科技共建工作计划》，经过广大科技人员的共同努力，以科学发展观和科技创新为指导，以建设社会主义新农村和农业现代化为目标，以农业产业化项目为载体，以提高农民科技素质为根本，圆满地完成了“十一五”科技共建工作任务，并取得了可喜的成绩。

一、科技共建主要任务完成情况

2006—2010 年，市院科技共建重点抓粮丰工程、沃土工程、农业标准化工程和科技进村入户工程，着力开展技术推广、示范基地建设和科企合作。省农科院先后派出 61 名专家在阜新参加共建工作，保证每年有 30 多名科技人员常驻阜新。由于科技共建项目实施方案科学可行，参与共建人员工作扎实，技术指导到位，科技共建成效显著，受到了当地政府和广大农民的欢迎和赞誉。

五年间，省农科院共完成阜新地区农业环境省级评估 1 次；推广了林果草畜复合模式；为阜新振隆土特产公司等 13 家企业提供科技支持，加速科研成果转化，促进企业提档升级。开发南瓜酱生产工艺等新产品、新工艺 5 个；新建农业生产示范基地 8 个，总面积 5.94 万亩，推广作物新品种 30 个、生产新技术 27 项。举办培训班 1000 多次，培训人员 7.5 万人次，发放各种技术资料 15 万册（份），光盘 1500 张，示范基地、示范园区参观人数达 9700 人次。

二、科技共建取得的主要成效

（一）密切结合阜新农业生产实际，充分发挥科技优势，推动阜新农业发展

为了更加全面准确地掌握阜新地区农业环境及农村经济状况，省农科院2006—2007年组织国家和省、市有关专家，对阜新地区农业情况进行了科学、全面的评估，并编写专业评估报告上报给阜新市人民政府，为阜新“十一五”农业和农村经济发展、社会主义新农村建设提供了更加全面、更加科学的依据。

经过全体科技共建人员的共同努力，八大农业生产示范基地建设项目取得丰硕成果，优质花生、优质白鹅生产示范基地分别被农业部产业技术体系确定为“阜新花生综合试验站”和“北方水禽综合试验站”；优质果生产示范基地被辽宁省确定为“辽宁省大扁杏生产示范县”。

五年来，在阜新市政府部门与省农科院共建人员的共同努力下，全市农业增加值达60亿元，其中农业产值45.5亿元，年均递增6.7%；每年增加粮豆产量160万吨，油料产量20万吨，蔬菜产量140万吨，果品产量20万吨，食用菌产量10万吨；牧业产值69亿元，年均递增15.8%，全市每年猪、牛、羊、禽饲养量达7845万只，出栏量5490万只，肉、蛋、奶产量达95万吨；农民人均收入5600元，提前并超额完成“十一五”规划任务，为阜新农业现代化建设作出了重大贡献。

（二）与农业加工企业密切合作，实现企业与科研院所的互利双赢

（1）为农业科技型企业开发新产品新技术，解决生产中的技术难题。阜新市农业企业多年来一直是省农科院的共建服务对象，每一个农业产业化龙头企业的成长与发展都凝聚了科技共建人员的辛勤汗水。2006—2010年，省农科院食品加工所等多个研究所分别为阜新振隆公司等13家龙头企业提供科技支持，为辽宁禾丰公司提供的“万寿菊乳酸菌发酵工艺技术”、为阜新振隆公司提供的“乳酸菌发酵南瓜制品工艺技术”，均添补了国内空白，获得国家发明专利。

（2）帮助企业编写项目可行性研究报告，争取项目资金投入。2006—2010年，食品加工所与振隆公司共同申报国家星火计划项目，与禾丰公司共同申报国际合作项目“万寿菊叶黄素晶体制造工艺及产业化研究”，协助阜新鑫吉粮油公司申请“花生综合加工技术的产业化开发”等项目，共协助企业申请国家资金累计400多万元，为企业发展带来新的资金动力。

（3）协助企业建设原料生产基地。2006—2010年，省农科院栽培所、风沙所、水稻所等多个研究所为企业发展出谋献策，帮助企业建设稳定的原料生产基地，为企业降低了原料采购成本，缩短了采购程序。2009年，顺鑫米业公司

依托彰武特色水稻生产基地，鑫吉粮油公司依托阜彰两县花生生产基地，创造了亿元收益。

（三）树立了“农科人”的新形象

在2006—2010年间，开展了八大农业生产示范基地建设，引领了阜新农业产业化迅速发展；林果粮草畜有机复合高效现代生态农业模式的推广，加速了阜新地区沙地生态农业建设；为龙头企业提供技术服务，实现了企业与科研院所的互利双赢；技术培训和现场指导，使科研人员成为农民与农企的良师益友。在阜新“十一五”农业发展所取得的可喜成就中，凝聚着省农科院科技共建人员的辛勤劳动，2006—2010年，省农科院共派出61名专家参加阜新共建工作，并保证每年有30多名科技人员常驻阜新，优先在阜新实施省农科院承担的各类科技推广项目，树立了省农科院“农科人”的良好形象。

三、科技共建的主要做法与体会

多年来，省农科院科技人员积极探索科技共建新途径、新措施，实施“送科技、推高优、促发展”服务活动，在工作中主要做到“四个到位、三项服务、四个加强”。

（一）四个到位

“四个到位”即精力到位、责任到位、培训示范到位、资金到位。省农科院共建科技人员按照工作目标责任制，做到各负其责。全体工作人员坚守岗位，保持充沛精力，认真履行职责，积极钻研和推广现代农业科学技术。提前集中培训、现场示范观摩是实用技术推广的主要形式，对此，参加共建的科技人员每年认真组织召开多次培训会、现场示范观摩会，促进了新技术推广，同时，对一些在经济上比较困难的农户给予农资和技术方面的扶持，诚心为农民办实事办好事，取得了良好的社会反响。

（二）三项服务

“三项服务”即企业原料生产基地建设跟踪服务、可行性研究报告编写指导服务、新产品研发服务。对企业来说，科技服务有时比资金扶持更重要，在优良的产品背后，只有及时、优异的科技服务跟进，才是对企业最好的支持。对此，省农科院高度重视科技服务工作，将“诚心为三农服务”的宗旨始终贯穿于整个科技共建工作当中。坚持把原料生产基地建设、可行性研究报告编写指导与新产品研发三者紧密结合起来，把科技指导工作融入企业发展建设的每一个环节，把加速科研成果转化、促进企业技术升级做到每一个细节。同时积极与企业开展以科技共建为平台的产业链对接，实现互利双赢，促进农业产业化发展。

（三）四个加强

（1）加强舆论宣传。普及应用农业新技术、新品种是广大农民走向富裕的必然选择，搞好舆论宣传又是推动该项工作的重要环节。因此，科技共建工作在做好发动组织农民群众参加的同时，特别注重舆论宣传的导向作用，并多次邀请阜新涉农部门和乡镇村领导参加农业推广培训班、现场会，发放宣传材料，扩大科技共建工作的影响。新闻媒体对阜新地区共建工作进行了多次报道，受到了省市领导的重视。

（2）加强适应性调查。为了保证广大农民与企业能够使用最具价值的农业科技成果，共建人员在推广每一项新技术、新品种之前，都坚持深入基层、深入农民、深入企业，认真开展调查研究，了解产品性能及农民与企业的需求，并且反复认真研究项目建设的可行性，避免盲目指导。

（3）加强质量跟踪。在注重把国内新技术新成果推荐给企业，把节本增效技术推广给农民的同时，都始终如一地做好质量跟踪调查反馈，并直接与用户接触，倾听用户的感受和评价。

（4）加强队伍素质建设。建立一支素质好、事业心强、肯于吃苦、勇于奉献的农业推广队伍，是搞好农业技术推广工作的关键。对此，省农科院十分重视科技推广队伍建设，针对实际需要，选派业务水平高、推广能力强的科技人员，组建了科技专家服务团，为做好科技推广工作提供了保障，使科技共建工作得到不断提升。五年来，组织科技专家，共举办培训班 1000 多次，培训 7.5 万人次，编写与发放各种技术资料 15 万册（份），为新技术推广作出了重要贡献。

四、存在的问题及建议

多年来，阜新市政府和省农科院领导高度重视农业科技共建工作，对科技共建工作给予了大力支持。在市、院双方的共同努力下，阜新农业科技共建工作取得了显著成绩。通过农业科技共建，提高了农民的科技素质，加速了农业科技成果转化，促进了农业产业化经营，推进了农业现代化进程，同时也培养了一批农业专家。在肯定成绩的同时，必须认识到五年来的工作还存在很多缺点和不足，生产示范基地建设水平还有待提高，示范引领作用有待加强，资金支持有待增加，个别项目的进展速度有待加快。在今后市院科技共建工作中，要一如既往地围绕阜新农业发展重点，做好科技共建工作规划，通过市院密切配合，继续加大工作力度，为阜新“十二五”农业和农村经济发展再创新业绩。

实施劳动力培训工程　提高辽阳市农村劳动力素质

省农科院与辽阳市科技共建办

为拓展辽宁省农业科学院与辽阳市政府科技共建工作的内容，充分发挥省农科院经济作物研究所在辽阳地方农业经济中的服务作用，加快省农科院科研成果在辽阳的转化进程，2007 年，按照我省农业发展的总体要求，结合省农科院的实际，通过经作所向辽阳市劳动和社会保障局申请，组建了辽阳市现代农业技术职业培训学校。它是省农科院成立的第一个专业培训农民的科技部门，也是辽阳市唯一、专业的农业技术普惠制培训部门。四年来，在辽阳市劳动局、财政局的指导下，在辽宁省农科院的领导和支持下，全面开展普惠制就业培训，使受训区域农民科技素质得到明显提高，成为当地技术骨干或致富能手。同时，通过科技培训还引导和带动了农业产业的兴起和发展，促进了农业产业结构调整，经济和社会效益显著。

一、劳动力培训工程实施情况

（一）辽阳地区农业概况

辽阳市位于辽东半岛城市群的中部，辖二县五区。西部平原土质肥沃，盛产水稻、玉米和淡水鱼，享有“粮仓”之称；东部山区林果茂盛，盛产山楂、南果梨。农业和农村经济比较发达，是国家和辽宁省商品粮基地、瘦肉型猪和淡水鱼养殖基地，以高产优质粮田、蔬菜温室大棚、畜牧业（黄牛、生猪、肉鸡）、林果业、淡水养殖业“五项开发”为重点的“高产、优质、高效”农业正向纵深发展。全市农村建起了 9 大优质农产品生产基地，培育了 10 大主导产业和 10 条产业链，形成了与资源特点相适应的区域化格局。

辽阳市人口 178 万，其中农业人口 100 万，占总人口的 56% 左右。有 70 万为农村劳动适龄人口，适龄人口的平均年龄为 37 岁，呈现青壮年态势，而大部分青壮年不愿意直接从事农业生产，变为转移劳动力到城镇务工。据统计，2009 年辽阳市转移农村剩余劳动力 35 万人中绝大多数为青壮年。辽阳市农村劳动力中掌握1～2项实用技术的人数占16.4%；获得专业技术职称和岗位培训证书的人数占5.3%。农业职业技能培训普及率低，而且多数直接从事农业生产的农民年龄偏大，对农业技术的接受能力较弱，造成辽阳市农民科技知识水平低，缺乏职业技术和技能。

（二）科技培训情况

自2007年辽阳市现代农业技术培训学校成立以来，本着“服务农民、传授技术、搭建平台、推广成果”的原则开展培训。结合辽阳市农业产业结构实际情况，利用经作所乃至全院的技术力量优势，先后开设水稻、温室大棚、果树、花卉等十余个学科的培训。举办技术培训班80期，培训农民技术员3100人，完成培训任务的150%，经市劳动和财政部门考核，学员全部合格并得到国家初级职业资格证书。目前，培训工作已遍布灯塔市、辽阳县、太子河区3个主要农业县区，有15个乡镇60个村4万多户农民直接得到培训或技术指导，实现农村社会总产值10亿元，农民人均增收2000元以上。培训学校累计向上述地区发放教材、技术资料、光盘等3万多份。

为适应不同农业产业结构，开展了多种形式的技术培训，特别是大力开展产业项目特色培训。利用经作所的研究优势和技术力量，结合农业综合开发、推广项目，借助农民专业合作社组织和产品销售商，以培训学校为载体开展培训，形成“研究所（项目、技术）+培训学校+农民合作社+销售商”模式。如开展花卉培训，经作所为农民合作社提供优质切花种苗，培训学校教授栽培技术，合作社组织农民进行生产，并通过多种渠道帮助花农联系出口商与合作社签订买卖合同。这些具有职业学校特色的教学与培训新途径，壮大了培训规模，取得了很好的培训效果。

二、科技培训取得的主要成效

辽阳市现代农业技术培训学校农民科技培训项目，得到了辽宁省人力资源和社会保障厅，辽阳市财政局、就业局等有关部门的高度重视，得到了社会各界的广泛关注，得到了农民群众的拥护和支持，培训工作达到了预期目的，取得了阶段性成果。

2009年，培训学校得到了省普惠制培训能力建设项目的支持，购置用于提高实践操作、理论教学的设施设备200余台，大大提高了学校的培训能力，扩大了普惠制培训的范围和规模，培训专业也得到了增加。2009年培训学员1700余人，是前两年的总和。培训专业均为实用性强、经济效益较高的花卉、食用菌、水稻、蔬菜等专业，经培训的农民80%实现了自主创业或就近就业。

如2007年学校开展食用菌高产栽培技术培训，先后在辽阳县东喻村、郭家村，灯塔市北李村等地开设6期培训班，培训学员300多人。发展食用菌生产基地6处，面积2000余亩，年生产菌棒6000万棒，安排农村剩余劳动力3000余人。食用菌培训从菌棒制作到生产管理、产品加工及销售，采取全程跟踪指导服务，学员不但学到技术，同时也做起了一个产业。开发的食用菌产品质量好，销售价格高，农民增收显著。按3年平均效益计算：每个菌棒纯效益2元，每年可增加收入1.2亿元。2009年，开展出口菊花培训，共开设2期培训班，培训学员100人，并指导学员发展菊花产业，提供出口销售服务，共生产切花菊300万支，出口日本、韩国等地，产值约450万元，仅此一项增加经济收入200万元。

三、劳动力培训的主要做法

（一）明确发展总体目标，科学制定培训规划

2007年，辽阳市现代农业技术培训学校成立之初，经作所即组织有关专家及技术人员组成项目规划组，通过调研了解农民急需的实用技术，以及该地区的资源优势和产业优势，确定了培训的主要内容、对象、方式、方法等总体发展目标，制订了《辽阳市现代农业技术培训学校普惠制培训发展规划》和《辽阳市现代农业技术培训学校普惠制培训年度实施方案》，这对于科学、有序地实施科技培训发挥了重要作用。

（二）建立组织机构，完善规章制度

在辽阳市劳动和社会保障局、民政局等部门的指导下，学校成立后即筹建了组织领导机构，选定了校长、副校长各一名，设立了办公室、招生部、培训部、实训部四个部门，各部门紧密合作、职责明确，为培训工作提供了组织保障。针对如何开展地方技术培训、推广先进技术、带动产业发展，学校制订了《教师培训制度》《学员管理制度》《考核评聘制度》等多项规章制度，建立了较为完整的组织保障体系，为农民科技培训正常有序进行奠定了基础。

（三）加强师资队伍建设，改善实训基地设施

依托省农科院强大的研究、推广队伍，积极开展学校师资队伍建设和继续教育工作，着重选好优势型、掌握新技能的研究人才作为培训师资，切实提高教师在农村劳动力培训教学方面的水平。同时不断壮大教师队伍，优化教师结构，聘请有实践经验的教师，开展理论知识与实际操作相结合的教学，切实提高了农村劳动力培训质量。

实训基地是培养农村技能人才必不可少的场所，是农村劳动力培训的最重要部分。通过2009年省普惠制培训能力建设项目的支持，辽阳市现代农业技术培训学校的实训设施得到极大改善，新增实训设施200多台，实训基地2处，面积200多亩。通过改善培训基地的设施条件，提高了培训质量和水平。

（四）注重培训的实用性，促进就业与自主创业结合

一是培训与用人单位相结合。按用工单位要求，把农民培训与企业的用工需求有机结合，根据企业的需求确定培训项目和内容。一方面与企业在用工信息和培训需求信息等方面加强联系，另一方面充分发挥劳动力市场在深化人才资源配置中的基础性作用，活跃劳动人才交流，及时确定培训动向。由于培训项目的设置符合实际情况，做到了培训与就业的相互对接，实效性很强，深受农民朋友的青睐。

二是培训与农村劳动力的择业愿望相结合。农村劳动力经培训后80%以上是自主创业，农民学到技术后还要继续进行本行业生产。将大批农村剩余劳动力实施转移培训，输送到城市的二、三产业就业是不现实的。只有就近、就地培训，提高农民基本素质和实用技能，开展自主创业或组建农民专业合作社才是农村劳动力就业的根本出路。经四年来的培训实践总结，80%学员培训后仍从事本行业，通过学校的进一步指导，使他们成功创业或就业，促进了农村产业发展和农民经济增收。

四、对实施劳动力培训工程的几点建议

（一）建立高效的培训实体

农民科技培训，以分布在省内较好的农业类科研、教学单位做依托最为合适。没有研究力量和培训硬件做依托的农民科技培训，一定会流于形式，难以取得实效。

（二）确定切合实际的培训内容

要依据农民的科技需求和发展现代高效农业的进程来确定、调整科技培训内容。从经作所在辽阳创办农民科技培训学校的实践看，要以提高农业单产为目的，开展新品种应用及配套栽培技术培训和设施高效栽培技术培训；以提高蔬菜价格为目的，开展蔬菜标准化生产技术及出口规程方面的培训；以发展规模化、产业化生产为目的，培训农村经济协作组织带头人、农村小型产业创业人。这几种类型的科技培训效果显著，成绩突出。同时，培训时间最少在2个月以上，以增加培训的实践操作经验。随着国家支持“三农”的力度不断加大

和允许农民土地流转，有实力进行大规模生产和农产品深加工的农事企业将会逐步增多，届时农事企业用工技术培训也应提上日程。

（三）加强基层农技推广人员培训

由于基层农技推广人员缺乏知识更新机会，没有先进的农业科学技术的补充，也就无从推广先进的技术。因此，急需对我省基层农技推广人员进行技术培训。此外，现在农村经合组织日益兴起，其负责人农业科技素质的高低严重影响生产发展，同样需要培训教育。

加强科技支撑　助推朝阳农业三大主导产业发展

水土保持研究所

2003 年 7 月，辽宁省农业科学院与朝阳市人民政府签订了科技共建协议，成立了朝阳农业科学院，拉开了省农科院与朝阳市科技共建工作的序幕。几年来，紧紧围绕当地农业发展中心工作，开展科学研究和科技推广，通过建设朝阳市综合性农业科技示范基地，立足于朝阳市农业三大主导产业需求，开展了新品种选育、优质高效栽培技术研究与推广、产业化开发等工作，支持开展科技支农、科技兴农等公益性服务，很好地完成了科技共建任务，促进了朝阳市农业农村经济发展和社会主义新农村建设。

一、朝阳市农业概况

朝阳市位于辽宁省西部，是辽宁省的农业大市，总人口 337 万，农业人口 247 万，占总人口的 73%。全市耕地面积 600 万亩，占辽宁省的 10% 左右，农村人均耕地 2.2 亩。属典型的易旱丘陵区，土壤瘠薄，四分之三的土地处于雨养农业状态。气候上的弱势是干旱、降雨少、蒸发量大，年降水量为 438.4 ~ 499 毫米，常年缺水 150 ~ 200 毫米，各月降水也非常不均匀，在 1.2 ~ 176.4 毫米之间，且降水多集中在 7—8 月。另一方面，朝阳市拥有得天独厚的光热资源，无霜期 140 ~ 173 天，光照强，年日照时数为 2784.9 ~ 2963.3 小时，日照百分率为 63% ~ 67%，大于 10℃的有效积温为 1300.9 ~ 1793.5℃，年平均气温为 5.5 ~ 8.7℃，有害高温少，温度的有效性高，尤其是秋季昼夜温差大，存在积温“升值”现象，有利于农业生产。设施农业、林果业和旱作农业是朝阳市的三大农业主导产业。2008 年，全市果树总面积达 274 万亩，约占全省果树总面积的 28%；设施蔬菜面积达 80 万亩，约占全省总面积的 1/5；谷子种植面积达 66 万亩，约占全省总面积的 58%。建平县朱碌科镇是全国杂粮集散地，产品出口日本、新加坡、韩国等地。

二、各级政府的大力支持为科技共建创造了有利条件

按照科技共建协议，朝阳市人民政府除了每年从财政资金中划拨 20 万元，支持省水保所科研和新品种、新技术推广工作外，朝阳市各涉农部门在市本级项目及争取上一级项目中，优先支持省水保所立项。科技共建七年来，共获得朝阳市财政支持资金 140 万元；通过市发改委争取到省财政基本建设资金 250 万元；同时利用朝阳市龙城区农业综合开发项目资金和市财政局农机配套资金，保证了科技共建工作的顺利实施。

三、为朝阳市农业三大主导产业提供科技支撑

（一）加强综合性农业科技示范基地建设

积极争取财政专项资金，加强省水保所试验示范基地设施条件建设，使之成为朝阳市集科学研究、生产示范、技术培训于一体的综合性农业科技示范基地。在省农科院和朝阳市各涉农部门的支持下，省水保所先后争取到省发改委基础条件建设项目——朝阳市种苗中心建设、实验楼改造、科研试验基地基础设施建设、朝阳市龙城区农业综合开发水电配套资金、农机补助资金、朝阳市科技共建资金等——支持。新建高标准日光温室 14 栋、冷棚 6 栋，完成试验基地水电配套设施，维修田间办公室 2500 平方米；新建酿酒葡萄示范园 50 亩、鲜食葡萄示范园 10 亩、优良新品种梨示范园 10 亩、优质杂粮示范田 300 亩、高效节水旱作农业示范园 100 亩、优良种苗繁育圃 100 亩；配备了农用拖拉机、播种机、机械喷雾器等农用机械；购置摄像机及数码相机各 1 部、多媒体教学器材 1 套。经过建设，农业科技示范基地粗具雏形，极大改善了省水保所的科研基础条件，起到很好的示范带头作用。

（二）着力开展新品种选育、引进和示范

为支持朝阳市农业三大主导产业发展，省水保所充分发挥种质资源优势和科技人才优势，开展谷子、蔬菜新品种选育工作，引进示范推广设施蔬菜新品种 35 个、国内外优良酿酒葡萄品种 11 个、梨新品种 22 个；引进设施葡萄、大枣、樱桃等新品种 10 个，筛选出 6 个设施果树新品种，并初步摸索出与朝阳气候特点相适应的设施果树新品种配套栽培技术 6 套；引进示范了芝麻、绿豆、红小豆等优良杂粮品种 20 个。超前于生产试验，示范了旱地作物、果树、蔬菜新品种及综合配套技术，起到了引领朝阳市农业主导产业发展的作用。

（三）科技支撑设施农业产业

在设施蔬菜方面，集成研究并示范推广保护地蔬菜越夏栽培、生物秸秆降

解栽培、人工营养基质栽培、无公害病虫害防治等多项技术及菜菌套作、菜果套作等立体高效栽培模式。

朝阳设施农业中，蔬菜比例占90%以上，设施果树是新的经济增长点，为此，水保所开展了设施葡萄、大枣、樱桃的品种引进及相关技术研究。目前已成功筛选出6个优良品种，准备在朝阳市推广应用。研究示范了葡萄、大枣、樱桃设施栽培的环境条件优控、病虫害微生态调控、优质高效栽培等技术，探索提高设施大枣坐果率、二茬果生产，设施大樱桃矮化栽培、提早结果等关键技术问题。

（四）科技支撑林果产业

自2005年以来，朝阳市酿酒葡萄产业呈现出良好的发展势头。产业发展之初，省水保所组织科技人员根据市政府的要求，从气候条件、品种区化、产业发展定位等方面进行了全面的论证，完成了《朝阳葡萄产业化可行性研究报告》，得到朝阳市领导及业内专家的充分肯定，朝阳市农委以文件形式下发到各县市区，作为发展酿酒葡萄产业的指导意见。几年来，累计引进酿酒葡萄11个，繁育优良酿酒葡萄苗木近30万株，开展了品种筛选和相关配套技术研究，为朝阳市酿酒葡萄产业基地建设提供了苗木和技术保障。产业成长过程中积极参与产业发展研讨会，针对产业发展中存在的问题及时提出有效的解决办法。目前，与喀左利州葡萄酒有限公司合作，力争在培育朝阳地方优势新酒种上取得新的进展。

朝阳市梨品种过于单一，南果梨面积较大。为了优化品种结构，引进梨新品种22个，建立了10亩示范园，针对不同品种开展了高产优质高效栽培研究，目前已有3个品种适应性表现良好，技术成熟，可在生产中大面积推广应用。

（五）科技支撑谷子产业

谷子是朝阳市的主要杂粮产业，又是水保所的传统学科，自建所以来一直坚持谷子育种和关键技术研究推广应用，占有的品种资源和技术力量都有很大优势。“十一五”期间共选育谷子新品种6个，为谷子产业品种更新换代提供了保障，并向生产提供了简化间苗、无公害生产、超高产种植等关键技术。在建平县朱碌科镇建立了千亩示范基地，通过科技培训、发放技术资料等方式，承担起该镇每年5万亩谷子的生产技术支撑任务，引导了谷子产业的健康发展。

（六）加强科技培训及技术普及工作

根据工作计划和农民在生产中遇到的问题，及时与朝阳电视台《科技苑》栏目组联络，认真组织科技人员协助电视台进行现场采访，答疑解惑指导生产，引导农民应用新品种、新技术，提高生产技术水平。派出科技人员协助朝阳市妇联等部门举办科技培训班，积极参与科技之冬等科普宣传活动，促进朝阳市农民整体技术水平的提高。

四、科技共建中取得的科技成果及成果转化应用情况

科技共建七年来，水保所根据朝阳气候特点及农业主导产业需求，年示范推广新品种、新技术10万亩，年增经济效益1.5亿元，七年累计新增经济效益10.5亿元以上，提高了全市农民的科技意识和生产水平，社会效益和经济效益显著。

利用多年来收集的2000余份谷子种质资源，选育谷子新品种7个，谷子新品种年推广面积在30万亩以上，年新增收入4300万元。朝谷15号和燕谷16号通过国家鉴定，燕谷16和朝637于2009年被评为国家二级优质米；“朝谷系列新品种选育及高产栽培技术推广”2007年获朝阳市科技进步一等奖，2008年获辽宁省科技进步三等奖。

根据设施蔬菜生产实际需要，选育出菜豆新品种2个，在朝阳市得到大面积推广应用，累计推广面积达12.93万亩，增产1.53亿公斤，增加经济效益1.2亿元。2006年，“优质高产菜豆新品种早丰、翠龙选育与推广”获朝阳市科技进步一等奖。

五、科技共建工作中得到的几点启示

（一）紧紧围绕朝阳农业三大主导产业，找准科技共建切入点，增强共建工作实效性

省水保所学科建设比较齐全，能够适应朝阳农业三大主导优势产业——设施农业、林果业、杂粮产业——的科技需求。把共建工作的切入点放在三大产业上，针对地方农业发展中急需解决的问题，积极争取科研推广项目，并在项目资金支持下，做好三大产业的科研推广工作，增强科技共建工作的实效性。

在设施蔬菜产业方面，自2006年以来，在院科技推广处的大力支持下，连续五年承担了省农业综合开发重点科技推广项目。在朝阳市引进推广30多个优良品种，并推广了秸秆反应堆、越夏栽培、菌菜套作、节水灌溉、无土栽培、无公害生产等多项关键技术，对蔬菜新区起到了很好的引领作用，对有一定基础的蔬菜老区起到了有力的推进作用。

酿酒葡萄产业方面，在朝阳市科技局的支持和帮助下，省水保所与辽宁天池葡萄酒有限公司合作，成功申报了省产学研项目和省工程技术中心建设项目；与喀左利洲葡萄酒有限公司合作，承担了朝阳市科技特派团项目。根据设施果

树的发展需要，开展了设施葡萄、设施大枣、设施樱桃的品种引进及相关技术研究，并在朝阳市科技局列项。

此外，水保所与朝阳市各县市区农业综合开发办建立了良好的合作关系，2006 年以来作为技术依托单位，承担了 9 项省级市管农业综合开发项目。

（二）积极参与朝阳涉农工作，多方寻求资金支持，改善科研基础条件

自 2006 年以来，省水保所进一步加强了与朝阳市农委、科技局、农业综合开发办、发改委等涉农部门的沟通与联系，积极参与朝阳市涉农工作，多方寻求支持。几年来，在各种涉农资金的支持下，水保所在建设朝阳市农业综合试验示范基地的同时，科研基础条件也得到极大改善，初步实现了相互支持、相互促进、共同发展的共赢目标。

2006 年 1 月 16 日，朝阳市主管农业副市长徐春光莅临水保所，以“加强科技共建工作，推动朝阳农科院建设，促进朝阳农业快速发展”为主题，主持召开了朝阳市财政局、科技局、农委、水利局等涉农部门负责人参加的现场办公会议。市领导及相关部门领导对水保所提出的“十一五”科技共建规划给予了充分肯定，同时对水保所存在的困难给予了高度重视，纷纷表示要竭尽全力支持水保所，围绕朝阳农业主要发展方向，全面开展科技兴农工作，对省农科院与朝阳市的科技共建工作起到了巨大的推动作用。

（三）推荐科技人员入选朝阳市涉农专家库，增强对朝阳市农业发展的智力支持

科技人员入选朝阳市涉农专家库后，有机会参与更多的社会活动，发挥个人专长，为朝阳农业发展提供智力支持。2006 年，水保所 4 名高级科技人员成为朝阳市水利专家，参与到朝阳市水利建设工作中，同时推荐申报了辽宁省水利专家组；3 名科技人员入选朝阳市农业综合开发评审专家库，几年来，多次参与朝阳市农业综合开发项目的评审工作。2006 年以来，5 人次参与朝阳市科技奖励评审工作，2009 年有 3 人入选朝阳市科技进步奖励评审专家库，2 名研究员被评为朝阳市学科带头人。2007 年有 5 人被聘为朝阳市广播电台农事 120 热线专家，先后为农民解答各类技术问题 152 人次。科技人员的这些社会活动为水保所在朝阳市树立了良好的对外形象，扩大了学术影响，有为而有位，促进了科技共建工作的深入开展。

院地合作推广安全生产技术 促进东港绿色水稻生产

植物保护研究所

多年来，辽宁省农科院植保所水稻病虫害防治项目在省农业科学院各相关研究所和东港市涉农部门的大力支持下，以农业综合开发项目为平台，以推进东港市水稻高产、稳产为目标，实施了多个水稻病虫害综合防控的国家级、省级、市级科研项目。针对东港市低温寡照、降水量大、水稻病虫害严重的特点，总结了东港市水稻主要病虫害的发生规律，从综合防控水稻主要流行病虫害入手，大力推广水稻高产、稳产新品种，示范推广水稻主要病虫害综合防控新技术，确保水稻安全生产，加快东港市水稻产业发展，实现了东港市水稻的高产、稳产。

一、项目区概况

东港市地处辽东半岛东端，南临黄海，东依鸭绿江，隔海与朝鲜半岛相望，地理位置特殊，属沿江、沿海、沿边地区，是中国海岸线上最北端的县级市。东港市海域面积3500平方公里，耕地面积120万亩，其中水稻面积80万亩；下辖16个乡镇、3个街道办事处、5个农场、2个省级开发区，总人口62万，2009年人均纯收入8030元。东港市年平均气温8.5℃，极端高温32.7～35.6℃，极端低温－28.2～－20.4℃，平均日照2482小时，年降水量675～1100毫米，无霜期168～199天，全年光合有效辐射总量为63.4千卡/平方厘米。东港市夏季雨量大、湿度大，是水稻病虫害发生、流行的重灾区，而秋季日照强，昼夜温差大，有利于干物质积累。东港市水稻平均亩产量450～500公斤，在辽宁省属于中低产稻区。东港市大米名扬国内外，是人民大会堂指定用米。

二、项目工作的主要内容和成效

（一）引进水稻新品种，为提升东港优质水稻生产基地提供品种保障

根据东港市的地理位置和气候条件，通过多年、多点的试验和示范，针对东港稻区病虫害发生的多样性和致病病原菌优势生理小种快速变化的特点，引进了适宜该地区栽培的杂交稻优良品种屉优 418、辽优 5218、辽优 5215、辽优 5238、辽优 2006 等。这些水稻新品种具有株型理想、茎秆粗壮、根系发达、大穗型、抗逆性好、耐贫瘠、安全成熟、高产、稳产、优质等特点，平均亩产均在 650 公斤以上。同时筛选出港源 8 号等多抗高产品种，进行了大面积推广，在少打药或不施药的情况下，将水稻主要病虫害造成的产量损失控制在 1% 以下。上述新品种累积推广面积达 400 余万亩，深受当地稻农的欢迎。

（二）推广水稻主要病虫草害防治技术，为东港水稻生产保丰收、创高产提供技术支撑

多年来，在总结东港稻区特点和水稻主要病虫害发生规律、防治适期的基础上，为当地政府提供防治决策技术依据，并与当地技术推广部门一起组织大面积防治。筛选出防治稻瘟病的富士一号、AF 系列药剂、三环唑、金力士、春雷霉素等主要药剂，每年针对不同品种和重点田块在水稻破口期、始穗期进行施药，有效地控制了稻瘟病的危害，防治面积达 20 余万亩。筛选出防控稻曲病的稻曲净、络胺铜、瘟曲净、琥胶肥酸铜、瘟曲克星等主要药剂，在水稻破口期一次性施用，有效地控制了稻曲病的发生与危害；筛选出防控稻水象甲的 28% 高渗稻乐丰、阿克泰、20% 象甲净、35% 克甲螟、20% 三唑磷乳油等主要药剂，在水稻移栽后 10 天以内一次性统一施药，有效控制稻水象甲的危害；筛选出防治传播水稻条纹叶枯病的水稻灰飞虱的阿克泰、吡虫啉、吡虫啉 + 敌敌畏等主要药剂，在统防的条件下，从水稻苗床揭膜起到水稻移栽后 15 天，3 ~ 5 次用药，可防控水稻条纹叶枯病的危害；筛选出智多欣、顶秧、爱将、莎阔丹等防除水田顽固性杂草的主要药剂，防效在 98% 以上。经过多年的宣传培训和具体应用，已得到当地政府和稻农的认可，应用覆盖面积达到 99% 以上，掌握应用技术覆盖率达 100% 。

（三）积极开展科技培训，提高农民科技种田技能，整体提升东港水稻生产的科技水平

要发展必先学技术，学技术必先抓科普。对此，项目组充分发挥科技优势，依靠当地职能部门、农业科技人员和种田大户，通过巡回指导和举办培训班等

方式开展科技培训工作。在培训中采取了三种方式：一是举办市级、镇级、村级技术讲座，通过东港科技网、东港之声、东港科技专栏、农民之家等媒体传播科普知识，为农民答疑解难；二是通过科技下乡、科技活动周、进村入户等活动为农民送科技；三是通过发放科普资料，让更多的农民了解科技信息，掌握种田要领，学习致富本领。累计举办科技培训 70 多次，培训稻农 1.5 万 ~ 2.0 万人次，发放科普材料 2 万余份，咨询服务 3000 多人次。通过培训使稻农掌握了科技种田知识，为东港市水稻生产提供了强有力的科技支撑。

（四）引进科研项目，为保证东港水稻生产可持续发展提供技术储备

在东港稻区先后实施国家级行业专项 2 项；承担农业部药检所委托的药效试验年均 30 ~ 50 项；承担省级重大攻关项目 4 项；省农业综合开发项目 2 项。其中国家级项目包括国家公益性科研专项“稻曲病控制技术的研究”和“水稻抗瘟性品种布局与稻瘟病防控技术”。在药效试验开展过程中，发现多种高效防控水稻病虫草害的药剂，其中水田除草剂有拜耳公司的农思它、杜邦公司的智多欣和稻捷等；防治稻瘟病的有效药剂如福星、富士一号等；防治稻水象甲、稻飞虱的有效药剂有阿克泰、氯虫苯甲酰胺等，并在东港稻区大面积推广应用。省级重大攻关项目有“水稻高产高效栽培技术集成与示范”“玉米、水稻等主要农作物重大病虫害测报及综合防治技术研究”“稻水象甲的抗性基因分子生物学基础研究”“水稻苗期青立枯病病原学及防控技术研究”共 4 项。省农业综合开发项目为“东港市农业综合开发技术推广综合示范”和“东港市水稻病虫害综合防治技术示范推广”。这些项目的实施，明确了水稻主要病虫害发生的规律及综合防控技术，为东港市今后的水稻产业发展提供了理论基础，为稻农致富提供了技术保障。

（五）以农业综合开发项目为平台，建立科技推广综合示范区

实施东港农业综合开发项目过程中，在新兴区建立品种展示、病虫害抗性鉴定和综合防治试验示范区 400 亩；在示范农场建立品种、栽培技术和病虫害综合防治的高产展示区 800 亩，在水稻生长的关键时期召开现场会，并定期开展技术培训，使示范区真正成为培训、推广和技术储备的前沿基地，发挥了带动辐射作用。

三、项目实施采取的主要做法

（一）依托农业综合开发资金，实施中低产田改造工作

2006 年以来，省农业综合开发每年为东港水稻生产投入中低产田改造经费

约 4000 万元，科技经费 40 万 ~ 50 万元，同时，东港市政府每年投入经费约 80 万元开展水稻病虫害统防统治，并争取国家和地方项目经费 1000 余万元，使东港市水稻生产每年得到总计 5100 万元的中低产田改造和病虫害防治经费。通过项目实施，使水稻单产平均提高 50 公斤以上，确保了东港市水稻产业的稳定发展。

（二）加快实用技术成果的研究和转化，形成科技致富载体

东港市水稻产业发展需要强有力的技术后盾。针对制约东港水稻生产的技术瓶颈问题，通过实施科技项目，在水稻病虫害发生规律研究方面，得出了东港稻区特殊气候条件下的稻瘟病、稻曲病、纹枯病、稻水象甲、稻飞虱、二化螟等的发生规律和防治适期、防治技术。为加快技术推广，从建立科技成果转化体系入手，通过建立科技示范乡镇、科技示范村、科技示范户和培养科技能手，加快了科技成果转化速度。2005 年 3 月，东港示范农场被确定为"辽宁省农科院水稻成果转化基地"。在国家级、省级科研项目的支撑下，在东港市政府和省农科院科技人员的努力下，东港市水稻产业正在不断提升、快速发展，成为农民依靠科技增收致富的载体。

（三）加强项目实施的组织管理，提高科技成果的转化效率

在农业综合开发项目实施过程中，建立了以丹东市农业综合开发办主任李春为组长，东港市科技副市长王疏研究员和财政局副局长郭燕为副组长，丹东市和东港市农业综合开发办、项目区乡镇的农业主管领导和省农科院专家参加的项目领导小组和实施小组，加强对项目工作的管理，提高项目的实施质量，保障技术成果在项目区快速、大面积推广应用。

科技扶贫篇

集聚多学科技术力量　推进义县区域农业产业发展

驻义县科技扶贫队

辽宁省委、省政府始终把扶贫开发作为全省重点“民生工程”，在新的历史时期，面对新形势新任务，确定了全省扶贫开发工作的新目标——全面贯彻党的十七大精神，深入落实科学发展观，在巩固解决贫困人口稳定温饱问题的基础上，增加贫困农户收入和乡村集体经济实力，逐步提高生产生活条件，改善生态环境，推动贫困地区新农村建设和和谐社会建设。

为了认真落实省委、省政府的工作部署，切实做好新时期的科技扶贫工作，在义县经济发展新的历史时期，省农科院驻义县科技扶贫队结合院县农业科技共建的有利条件，在义县县委、县政府的大力支持下，坚持“带科技、带思路、带项目、带订单”的指导思想，以调整种植结构和引进新品种、新技术为切入点，积极推进义县社会主义新农村建设。通过扶贫队员的辛勤工作，科技扶贫工作效果显著，受到义县县委、县政府的好评和广大农民的欢迎。

一、项目区概况

义县位于锦州北 50 公里，总面积 2476 平方公里，人口 44 万，耕地面积 109 万亩，粮食产量为 4.5 亿斤，果树面积 16 万亩，蔬菜保护地面积 18 万亩，生猪存栏 41 万头，是典型的农业大县。2007 年全县财政收入 0.8 亿元，2009 年实现财政收入 3.2 亿元，农民纯收入 5860 元。2008 年，获全国农业标准化示范先进单位，2009 年通过“全国科技进步县”考核并被确定为“全国科普教育基地”。

二、示范推广的主要技术及成效

（一）保护地蔬菜新品种引进与病虫害防治技术推广

根据义县气候特点和不同的栽培茬口，引进蔬菜新品种 21 个，在全县示范

200 亩。推广秸秆生物反应堆、西葫芦嫁接栽培等 8 项保护地蔬菜栽培新技术，推广面积 1000 亩。2008—2010 年，引进加拿大龙灯集团生产的优良土壤处理剂“98% 垄鑫微粒剂”，在九道岭镇四方台村示范 2000 平方米；引进“25% 阿克泰水分散粒剂”防治保护地蔬菜蚜虫等害虫，在四方台村示范 20 亩；在头台乡推广“保护地蔬菜生物菌肥及施用技术”200 亩。在科技的推动下，2010 年义县新增保护地面积 2.3 万亩，成为农民增收致富的主要途径。

（二）粮油作物新品种引进及配套栽培技术示范

2008—2010 年，共引进辽单 565 等玉米新品种 5 个，辽杂 19 等高粱新品种 5 个，阜花 12 等花生新品种 8 个，辽豆 21 等大豆新品种 4 个，谷子新品种 3 个，在义县进行示范与推广。

2009 年，引进玉米新品种辽单 565，在头台、九道岭等乡镇推广 100 亩，通过实施综合保苗、合理施肥、合理密植、定期灌溉及病虫害综合防治等高产综合配套技术，每亩增产 382.5 公斤；通过推广生物农药防治花生叶斑病等病害，建立了花生病虫害综合防治技术体系。

（三）引进果树新品种及栽培新技术

2008—2011 年，在全县共建立果树精品园 50 个，引进寒富苹果 160 万株，推广苹果套袋 200 万个，推广果树高光效整形修剪技术 5 万亩，推广大苗假植技术 300 亩；推广大扁杏 3 万亩；引进海尔特兹等树莓新品种 2000 亩；引进草莓苗 30 万株，在白庙子乡建立 20 亩保护地标准化草莓生产示范基地；从辽宁省经济林研究所引进抗寒大榛子达维、85-127 等品种 1100 株；引进香悦、状元红、醉金香等 3 个葡萄新品种和一个新品系，进行试验示范。累计增收 4100 万元，效果显著。

（四）引进食用菌新品种及栽培新技术

2008—2011 年，引进平菇、杏鲍菇、金针菇、鸡腿菇新品种 14 个，其中平菇 11 个、杏鲍菇 1 个、金针菇 1 个、鸡腿菇 1 个；推广了食用菌制种、平菇高产高效栽培、平菇越夏管理、平菇转潮期管理，以及金针菇、杏鲍菇、鸡腿菇无公害高产栽培、病虫害综合防治等新技术。累计示范 200 万袋、100 座温室大棚，创经济效益 300 万元。

（五）引进肉羊新品种及舍饲新技术

在头道河乡养羊小区，引进肉用羊品种道塞特、德美和二元基础母羊 120 只，肉羊存栏规模 300 只，年饲养量 1000 只。全县应用杂交改良技术改良本地母羊 5 万只，累计出栏肥羔 7 万只。2008—2010 年，引进微生态生物发酵饲料，推广先进的微生态技术、饲喂全价颗粒饲料技术、早期断奶技术、标准化舍饲疾病防治技术等舍饲养羊配套技术，每只肥羔平均增肉5公斤，累计总增收700万元。

（六）引进推广肉、蛋鸡标准化生产技术

引进肉、蛋鸡标准化饲养模式，以当地华跃和富民实业两家大型禽类屠宰加工企业为龙头，统一生产标准，推进整个行业的“全进全出制”标准化生产技术体系建设，效果明显。其中提高肉鸡育雏成活率4%，每只鸡降低成本0.42元，增收26万元。通过现场指导蛋鸡几个关键生产期，使5周龄蛋鸡平均体重接近380克，16周龄蛋鸡体重接近1550克，均匀度达90%以上，保证了74周龄蛋鸡产蛋量320枚左右，为总产蛋重达到20.6公斤/只奠定了基础。

三、科技扶贫的主要做法

（一）开展院县科技共建，促进义县农业全面发展

2007年11月，辽宁省农业科学院与义县人民政府签订《“十一五”农业科技共建协议》。为了落实协议精神，加速农业科技成果转化，提升义县农业科技产业的整体水平，提高义县农民的科技素质，推动义县社会主义新农村建设的进程，省农科院选派果树所王宏研究员挂职义县科技副县长，加强省农科院与义县党政领导、涉农部门、技术人员的联系。同时选派6名专业技术水平较高、具有基层工作经验的科技人员，分别到九道岭、城关、张家堡、头道河、七里河、瓦子峪等6个乡镇，兼任科技副乡镇长，与义县农业技术人员合作，加快农业新技术推广，推进了义县农业三大主导产业的全面快速发展。

（二）深入开展调研，找准科技扶贫工作的切入点

通过调研，对全县农业产业结构现状有了全面了解。其中产业布局情况为：保护地蔬菜为城关乡、九道岭镇和头台乡主导产业，栽培面积为7.2万亩，产值为5.7亿元；果树为张家堡乡、大榆树堡镇、瓦子峪镇和稍户营子镇的主导产业，其栽培面积和产量占全县90%；肉蛋鸡养殖为七里河镇主导产业，华跃和富民实业年加工量分别为1500万只和8700万只，有年生产能力在2500万只商品肉鸡雏父母代鸡场，可带动1.2万户禽类养殖户；肉羊饲养为头道河镇的主导产业，存栏量2万只，出栏量为3万只，产值为1500万元，品种为夏洛来和小尾寒羊。根据调研结果，结合义县县委、县政府关于“农业富县”的发展战略和各乡镇的产业优势，制定了《2008—2010年辽宁省农业科学院义县科技扶贫实施方案》，使科技扶贫工作有的放矢，加快了农业发展步伐。

（三）全面开展技术培训，提高农民的科技素质

结合科普之冬、阳光工程等活动，有针对性地开展技术培训。三年来，举办技术培训班 123 期，培训农民 7694 人次，发放技术资料 1 万余份。86 人参加沈阳农业大学和辽宁农业职业技术学院农民技术员培训，其中 22 人加入专业协会，成为致富带头人。2009 年，项目区农民人均纯收入实现 4801 元，比 2007 年增加 41.5%。

（四）组织参观学习，提高农民对现代农业的认识水平

2008—2011 年，组织县政府、县人大、县政协的有关领导和农民科技带头人先后到辽宁省果树科学研究所、营口富达果蔬保鲜公司、沈阳新民市大民屯镇、鞍山海城三星生态农业公司等地参观学习 16 次，参观人数 1702 人次。通过观摩参观，学习了先进的果树、蔬菜管理经验，专业化的技术服务体系，公司和专业合作社的产业化经营模式，促进了义县农业产业的快速发展。

（五）开通“金农通”专家热线，架起为农民提供技术服务的空中桥梁

科技扶贫队通过与中国联通锦州分公司合作，开展了“金农通”专家热线服务。2008—2011 年共举办 10 期“金农通”现场技术咨询，发放技术资料 7000 余份，技术咨询 5000 余人次，解决农民生产技术难题 500 余个。2009 年，在第十三届“中国（锦州）北方农业新品种新技术展销会”上，举办了“金农通”技术服务与咨询；在全县举办抗旱救灾“金农通农业专家义县行”活动，解决技术难题 50 余个，为义县农民抗旱救灾献计献策，受到了群众的欢迎。

引进推广高新技术　加快彰武高效农业发展

驻彰武县科技扶贫队

农业科技进步是发展高效农业的有力支撑，是提高农业效益的根本途径。为充分发挥省农科院的科技优势，加快高新技术转化，带动高效产业发展，促进农民增收，努力实现“科技扶贫”的目标，省农科院驻彰武科技扶贫队入驻彰武以来，面对彰武县农业基础差、底子薄、经济发展相对滞后的实际状况，坚持“三高”发展模式——引进高科技、发展高效产业、产生高效益，使全县农业结构调整步伐不断加快，特色产业基地规模不断扩大，科技支撑能力不断加强，有力地推动了彰武农业产业发展，促进了农民增收，取得了明显成效。

一、项目区概况

彰武县位于辽宁省西北部，地处科尔沁沙地南部，东连康平、法库两县，南接新民市，西隔绕阳河与阜蒙县相邻，北依内蒙古库伦旗和科左后旗。所辖8镇16乡184个行政村、4个街道办事处16个社区，总面积3641平方公里，人口42万，总户数12.8万，其中农村人口34万，农村住户9.5万户。2009年，全县财政一般预算收入2.13亿元，农民年人均纯收入实现5486元。

彰武县是省级扶贫开发重点县，全国“三品”基地县、白鹅养殖大县、生猪调出大县。目前，全县已初步形成一个基地、两大产业、七条产业链的农业产业发展格局，即以东六镇农副产品精深加工基地为支撑，以蔬菜保护地、畜牧两大产业为主导，全力打造禽类、肉牛、乳业、玉米、杂粮、花生、蔬菜七条产业链。全县有辉武乳业、美中鹅业、福元食品、禾丰牧业等龙头企业，农业产业化水平发展较快。

二、高新技术推广项目实施情况

几年来，扶贫队结合彰武县的自然条件和地域特点，坚持扬长避短、因地制宜的原则，紧紧围绕科技服务、科技扶贫这一主题，大力实施农业科技项目，推动了全县农业产业的快速发展。

（一）白鹅高效养殖

重点推进白鹅规模化舍饲饲养基地建设。在全县共建成标准化养鹅小区 20 个，专业饲养村屯 78 个。同时，加强种鹅繁育体系建设，加强莱茵鹅、蒙鹅等新品种引进和本地白鹅的提纯复壮，已建设种鹅场和年出栏 10 万只雏鹅的标准化孵化场各一处，白鹅饲养量最高年份达 610 万只。

（二）万亩花生高产示范

2010 年，由省农业综合开发办立项，在苇子沟乡建立了万亩花生高产示范区，主要推广阜花系列、唐油系列等花生新品种，推广机械播种、地膜覆盖、液体地膜等新技术，亩产花生达 300 公斤，亩效益 2000 元，推广面积达 50 余万亩。

（三）色素万寿菊开发

以冯家镇为中心，辐射周边大四、前福兴地、兴隆堡等 10 余个乡镇，亩产鲜花 2500～3000 公斤，年产色素万寿菊鲜花 5 万吨，平均亩效益达 1500 元。产品主要提供给禾丰牧业公司，作为深加工提取叶黄素的原料，目前全县推广面积已达 3 万亩。扶贫队以科企合作的方式，为企业研发提取叶黄素的生产工艺及生产技术，拉动了这一产业的快速发展。

（四）科技共建项目

多年来，省农科院与彰武县积极开展科技共建工作，选派栽培所陈奇研究员挂职彰武县的科技副县长，加强院县之间的联系。在彰武县建立共建示范基地 10 余个，重点开展杂粮新品种示范、优质水稻栽培技术推广、保护地蔬菜新品种示范、大棚樱桃生产技术引进等项目，并对彰武县农村经济和农业生产进行了全方位的技术服务，促进了全县科技工作的开展，使全县农业科技提升到一个新的水平。

三、科技扶贫工作的主要成效

（一）推动特色产业发展，促进了农业增效、农民增收

科技示范基地是农业科技成果的集中地和输出地，是科技联系企业和农民的纽带。几年来，通过围绕龙头企业发展建立特色产业示范基地，有效地推动了农业产业化建设，促进了农业增效、农民增收。

与禾丰牧业的科企合作，通过推广高产栽培技术，提高了色素万寿菊生产产量和品质，使色素万寿菊的生产面积逐年增加，推广面积已达 3 万亩。开展

白鹅高效养殖基地建设，使育雏成本降低5%，千只雏鹅成活率提高到99%，减少了养鹅户的风险，每只鹅平均获利15元左右，总效益150万元。水稻优质米生产基地建设，使水稻平均亩产提高到580公斤，亩增产90公斤，每亩增加经济效益150元，总计增收450万元。

（二）培养新型农民，提高了农民科技素质

重点做好三个培养。一是培养科技示范户。积极扶持培养乡村种植、养殖等各行业致富典型，确定其为农村科技示范户。几年来，科技扶贫队共培养科技示范户20多户，他们不仅成为农村脱贫致富的排头兵，同时也成为开展科技推广、发展农村经济的主角。如西六乡三家子村养鹅大户韩树民，成为远近闻名的养殖和育雏专业户，通过发挥其典型引路和示范带动作用，带领周边农民共同致富。二道河子乡大棚专业户李春华的大棚樱桃生产，通过科技扶持，取得了很好的示范作用。二是培养科技经纪人队伍。以农民专业合作社为依托，优选科技素质较强的农民经纪人进行专门培训。目前，共培养持有科技和工商部门颁发证书的科技经纪人14人，其中省级4人、市级10人。三是培养农民技术员。全力实施“农民技术员培养工程”，目前已选送63名农村种养大户及有一定生产经验的农民前往沈阳农业大学、辽宁农业职业技术学院学习，计划到2012年为全县每村培养一名专业的农民技术员。

通过几年来的科技扶贫工作，彰武县农业科技水平明显增强，农民的科技意识显著提高，为彰武县农村经济发展、农业结构调整发挥了科技支撑的作用，对农业增效、农民增收作出了积极的贡献。

四、科技扶贫工作的主要做法

（一）做好科技开发推广项目的争取工作

几年来，驻彰武科技扶贫队根据彰武县农业生产现状，有针对性地争取了食用菌开发、蔬菜保护地建设、白鹅养殖、花生高产示范、菊芋示范基地开发、高淀粉耐密型玉米开发、水稻新品种高产示范、大棚葡萄和樱桃开发等10余个开发项目，争取阜新市科技特派团项目6个，共争取项目资金260多万元。

科技扶贫队还充分利用农业开发推广项目服务于农村、服务于农业，为农业生产解决问题，使农业开发推广工作成为农业科研与农业生产的联系纽带、科技成果转化的桥梁，真正发挥科技扶贫的优势。如通过科技副县长的工作，进一步了解当前彰武农业经济发展中存在的问题，因地制宜，实施科技推广项目，协调解决生产中的技术难题，有效促进了产业发展。

（二）加强领导，建立“两个体系”，为扶贫工作提供组织保障

科技扶贫既要有较强的专业性，又要有普遍性和社会性。仅靠一个科技扶贫队的几名队员难以实现农业增效、农民增收目标。几年来，扶贫队不断加强两个体系的建设。

一是加强领导，建立组织体系。县政府对科技扶贫工作、科技人员高度重视，成立了县科技扶贫共建工作领导小组和科普工作领导小组，并把科技示范推广经费和科普经费列入县级财政预算，为抓好这项工作提供组织保障和财力保障；各乡镇成立工作组织，明确领导和专门技术人员。目前，彰武县已形成省农科院专家与县科技人员、乡镇技术指导员共同参与、互为依托、相互配合的局面，为科技服务和科技推广工作提供了有力支撑。

二是注重服务，建立技术服务体系。围绕重点产业建立科技服务体系，科技扶贫队与县、乡农业技术推广站、植保站、畜牧兽医站有机地结合起来，由科技副县长组织协调技术服务体系的工作，增强了技术服务的能力，增加了技术服务的范围。

（三）强化管理，注重科技扶贫队伍建设

驻彰武县科技扶贫队在院科技推广处领导下，建立了稳定的工作队伍，科技扶贫工作做到了系统组织、周密安排、扎实工作、成效显著，形成了年初有计划、中期有检查、年末有总结的工作制度。队员采取长期驻在农业生产第一线和不定期到基地开展工作相结合的工作方式，保证了科技扶贫各项工作的开展。几年来，由于工作成绩突出，科技扶贫队有 3 人被评为辽宁省扶贫工作先进个人。

以“一个围绕三个结合”为重点开展科技扶贫促进农民增收

驻阜蒙县科技扶贫队

“十一五”以来，阜蒙县科技扶贫队按照省农科院党组及省扶贫办对阜蒙县定点扶贫的整体要求，紧紧围绕阜蒙县农业“避旱增收、畜牧强县和农村劳动力战略转移”三大工程，结合省农科院的科技优势、科技企业优势、与阜蒙县开展科技共建的优势，以阜蒙县旱作农业、畜牧业、设施农业和林果业四大主导产业为切入点，通过实施科技项目，在技术、物资和资金等方面对扶贫区给予扶持。五年来，共投入项目资金180余万元，向上级争取项目资金1400多万元。帮扶阜蒙县16个乡镇21个行政村，受益农户1000多户，创直接经济效益3000多万元。

一、项目区概况

阜新蒙古族自治县位于辽宁省西北部，是一个农业大县，全县辖35个乡镇382个行政村，土地总面积6246平方公里，耕地面积324万亩，人口74万。阜蒙县属资源性缺水区域，人均占有水资源596立方米，是全省人均占有量的67.9%，是全国人均占有量的21.9%。阜蒙县农业生产受气候和水资源条件影响较大，是典型的半干旱缺水地区，“十年九旱”，直接影响农业生产的经济效益，导致其既是农业大县同时又是财政穷县。2009年，全县财政一般预算性收入2.1亿元，农民人均纯收入5300元，在全省44个县市中排在后10位，是一个省级贫困县。

围绕当地实际情况，阜蒙县已逐步实施适应干旱气候条件的农业结构调整，并适时提出实施“避旱增收、畜牧强县、农村劳动力战略转移”三大工程。2009年，全县粮食和油料总产量分别为15.5亿斤和2.24亿斤，花生播种面积达到87.7万亩，总产量达到2.2亿斤。生猪饲养量达到245万头，牛饲养量达到18万头，奶牛存栏达到3万头，肉羊饲养量达到200万只，肉类总产量达到

30 万吨，鲜奶产量达到 5 万吨。大扁杏栽培面积达到 45 万亩。全县实现农业总产值 81 亿元。

二、依托科技项目实行开发式帮扶

（一）花生高效栽培技术推广

自 2006 年以来，科技扶贫队在阜蒙县老河土、招束沟、建设、王府、旧庙、化石戈 6 个乡镇，建立花生产业示范基地，推广花生新品种 4 个，配套高效栽培技术 6 项，培育示范户 800 多个，示范面积 2 万亩，通过新品种、新技术示范推广，使项目区花生产量提高 15% 以上，创造经济效益 2000 余万元。

（二）建设生态农业示范区

阜蒙县平安地镇地处科尔沁沙地南缘，与内蒙古的库仑旗接壤，属生态环境脆弱地区。2008 年开始，科技扶贫队与平安地镇合作，投入资金 100 万元，在该镇的平安地村、土城子村和黑石营子村 1.2 万亩土地上建设万亩生态农业示范区，发展林果产业、高效农业、水土保持 3 个类型生态农业，示范 8 个典型生态模式，有效推动了当地环境保护和生态农业建设。

（三）引进推广关键技术，推动树莓产业发展

为促进阜蒙县树莓产业发展，科技扶贫队与阜蒙县禾鑫树莓公司合作，针对树莓苗质量差、成活率低的问题，引进了来味米、种萨尼、丰满红、Tullameen、Meeker 和 Willameen 6 个树莓新品种，并在富荣镇建立脱毒树莓种苗示范基地 100 亩。通过推广脱毒种苗繁育技术，使树莓种苗成活率达到 98%，2007—2008 年，共繁育推广脱毒树莓种苗 20 万株，创直接经济效益 30 万元。

（四）开发西甜瓜工厂化育苗技术

设施西甜瓜是阜新设施农业的特色产业，为提高西甜瓜育苗质量，科技扶贫队重点开展西甜瓜育苗技术示范。2006 年，在福兴地等 3 个乡镇示范推广了西甜瓜嫁接育苗技术，采用工厂化育苗 20 余万株；2009 年，又建立了伊玛图、王府两个育苗基地，繁育各类蔬菜种苗 160 多万株，推广到阜蒙县的富荣镇、阜新镇、福兴地镇等乡镇，面积 1000 多亩，创直接经济效益 1000 余万元。

（五）推广玉米新品种，提高玉米产量

通过实施农业综合开发“高标准粮田建设示范工程”项目，在大固本镇平安地村、阜新镇桃李村建立核心区 400 亩，辐射区 5000 亩。引进高产、优质、抗逆性强的玉米新品种 10 个。其中：耐密抗倒品种有辽单 565、先玉 335、郑单 958、沈玉 21、登海 3686；高秆大穗品种有东单 8、东单 80、东单 90、丹科

2151、铁单24。在引进新品种的同时，推广比空种植、大垄双行、双株定向、双株紧靠、稀密交错等高效栽培模式及配方施肥等综合配套措施，提高玉米单产。2009年，阜新镇桃李村20亩玉米超高产示范田，平均亩产达到1008.5公斤；5000亩辐射区平均亩产达到888.25公斤，农民人均增收350元，新增效益总计80万元。

三、科技扶贫采取的主要做法

（一）成立科技扶贫队，为科技扶贫提供技术保障

为做好扶贫工作，2006年省农科院成立了以潘德成为队长、由10名科技人员组成的驻阜蒙县科技扶贫队，其中潘德成同志还挂职阜蒙县科技副县长，通过科技与行政职能的结合，为科技扶贫工作创造了有利条件。几年来，科技扶贫队以项目为平台，根据扶贫区实际需要，引进省农科院科研新成果、新技术，为扶贫区农业和农村经济发展提供了有力的技术支持。

（二）通过科技企业带动农民增收

阜新百禾种业有限公司是省农科院风沙所经营的一个以种子、农药销售为主的股份制公司。从2007年始，公司在阜蒙县建立了阜花系列花生原种繁育基地；2008年，又与辽宁鑫吉粮油有限公司合作，重点拓展花生产品销售，在阜蒙县老河土乡、阜新镇、大巴镇、建设镇、平安地镇等12个乡镇推广阜花10号、11号、12号、13号等花生新品种，利用农民花生种植田繁育花生原种及生产种5.5万公斤，给农民带来直接经济效益45万元。

阜瑶牧业有限公司是省农科院风沙所的一个高科技企业，主要以肉羊新品种繁育及羔羊产业化开发为发展方向。2007年，阜瑶公司与阜蒙县关东肉羊加工公司及旧庙镇、平安地镇肉羊改良繁育基地对接合作项目，应用风沙所种公羊进行肉羊改良，推广风沙所种公羊及配套饲养技术，并与农户签订改良肉羊回收合同，发展订单生产，使肉羊新品种繁育及羔羊产业化开发成为农民的一个致富项目。

（三）对重点乡镇实施重点帮扶

2006年，阜蒙县遭受严重旱灾，很多脱贫户因受灾面临返贫，对此，科技扶贫队通过调研，扶持受灾严重的平安地镇发展花生生产，向平安地镇土城子、黑石营子2个村直接补助资金3万元，种子1.5万公斤，推广阜花10号等4个花生新品种，面积900亩，其中，阜花12号平均亩产达250.35公斤，亩均收入超过1500元。2009年，科技扶贫队通过特派团项目投入租地资金35万元在

平安地镇建立花生原种基地，协助当地成立了丰农花生专业技术合作社，繁育阜花12号等花生新品种原种、良种5万公斤，为当地创直接经济效益30万元。为进一步做好平安地镇花生项目，2010年，科技扶贫队补助给平安地镇农户5.5万公斤阜花12号花生良种，建立花生原种示范基地4000亩，推广花生种植面积5万亩，促使花生种植成为当地农民减灾致富的一项主导产业。

（四）积极帮助阜蒙县争取国家、省级项目资金，实施项目扶贫

五年来，科技扶贫队共为阜蒙县争取各类项目资金1431万元，其中：科技部富民强县产业化项目资金176万元；农业部万亩花生示范基地项目资金40万元；省科技厅阜蒙县科技特派团花生项目资金365万元；省水利厅和省开发办生态治理项目资金390万元；省农业综合开发高标准粮田建设示范工程项目资金460万元。此外，还争取国家农业产业技术体系中的花生、玉米、高粱、食用豆等项目在阜蒙县建立示范基地。

以项目为平台培植区域农业致富产业

驻建昌县科技扶贫队

建昌县是我省两个国家级贫困县之一。“十一五”期间，根据《中国农村扶贫开发纲要（2001—2010年）》和省委、省政府关于扶贫开发工作的部署，辽宁省农科院驻建昌县科技扶贫服务队与建昌县政府、县扶贫办及县农业、科技等部门密切配合，结合建昌县自然资源特点和农业主导产业发展现状，充分发挥辽宁省农科院的科技、成果和人才优势，以科技项目为平台，在建昌县部分乡镇建立新成果、新技术示范基地，广泛开展农业技术培训，推广先进的实用技术，扶持龙头企业和农民合作经济组织，促进了地方农业结构调整和区域农业产业发展，对农业增收、增加农民收入发挥了积极的推动作用。

一、项目区概况

建昌县地处辽宁西部，隶属于葫芦岛市，辖28个乡镇，人口61万，其中农业人口53.3万。总面积3184平方公里，其中耕地面积89万亩，林地面积134万亩，森林覆盖率达28.9%，是“七山一水二分田”的山区农业县。主要农作物有玉米、高粱、谷子、油料作物、棉花等。粮食作物面积67万亩，总产2.5亿公斤左右。2006年，建昌县地区生产总值实现31亿元，农业总产值16亿元，农民人均纯收入3066元。

二、科技扶贫的主要工作及成效

五年来，科技扶贫队在建昌县共实施国家、省级科技项目8项，投入项目资金500余万元，建立了玉米、蔬菜、果树、杂粮等10余个科技扶贫基地，帮扶引进各类农作物新品种100余个，推广农业产业关键技术20多项。扶持粮食加工龙头企业2个，农民专业合作社2个，农产品协会4个。举办各类技术培训班26期，印发新品种、新技术资料近12000份，培养科技带头人130人次，培训农民5000人次。在扶贫队的大力推动下，项目区基本上形成了有自身特色的致富产业，如：鹿叫村、房胜沟村等成为建昌县棚菜生产专业村；和尚房子村成为白梨生产专业村。八家子镇鹿叫村、养马甸子乡房胜沟村，靠大棚黄瓜一项主导产业，农民人均纯收入超过5000元。项目区农民人均收入已由2006年的3066元上升到2010年的5500元。

（一）引进推广优新品种，打造特色杂粮产业基地

建昌县山地面积大，无污染源，良好的自然生态资源为生产无公害食品奠定了良好的环境基础。为了使优势资源得到充分利用，科技扶贫队以辽宁省农业综合开发办下达的“葫芦岛地区优质杂粮新品种推广”项目为平台，用“六个统一”的管理模式推广谷子、角质型玉米、绿豆、高粱、红小豆等杂粮新品种10余个，促进了当地杂粮品种更新换代，使杂粮产量和品质大幅度提高，建立优质杂粮基地总面积达16万亩，总产量达4.8万吨，年总效益1.28亿元。杂粮基地的形成为杂粮加工企业提供了原料基地，促进了企业发展壮大。该县的葫芦岛市绿野商贸有限责任公司、葫芦岛市益民农副产品开发中心、要路沟杂粮生产合作社，三家企业年加工杂粮达6万吨以上。

葫芦岛市绿野商贸有限责任公司，以汤神庙、王宝营子、喇嘛洞三个乡镇的农民合作组织为依托，通过推广杂粮新品种，杂粮基地总面积8万亩。生产的“金牛洞子”牌绿野杂粮成为葫芦岛市第一家A级绿色食品，获得辽宁省首届、第二届国际农产品交易会优质产品奖，2006年东北四省区绿博会畅销产品奖。

葫芦岛市益民农副产品开发中心，在魏家岭、碱厂、头道营子、新开岭四个乡镇建立杂粮基地总面积5万亩，生产的“卫康”牌益民杂粮获得辽宁省第二届农产品交易会优质产品奖。

要路沟杂粮生产合作社，在要路沟、老大杖子两个乡镇建立杂粮基地4万亩，生产的“要路沟”杂粮获得辽宁省第二届农产品交易会优质产品奖。

（二）示范推广高产高效栽培技术模式

棉花是建昌县的主导产业，但一直采用清种的方式，棉田的效益随市场波动大，已影响到农户种植的积极性。针对这种情况，科技扶贫队结合在连山区实施的出口洋葱项目，发挥棉花和洋葱在栽培技术上互补性较强的优势，在巴士罕乡建立了产业示范基地，示范推广“棉花套作洋葱”高产高效生产模式，并与连山区兴桥蔬菜合作社合作，进行产品深加工，出口到日本。从2007年开始，以农民合作组织形式开展规模化生产，三年总面积达到3000余亩，平均亩产洋葱3500公斤，产值1750元；亩产皮棉125公斤，产值2500元，两项合计亩纯收入3300元，是清种棉花1500元的2.2倍，平均每户农民增加纯收入

5400元。通过推广棉花与洋葱套作模式，使巴士罕乡成为洋葱加工原料生产基地，种植洋葱成为农民致富的又一途径。

建昌县属于典型的山区农业县，发展设施蔬菜的环境生态优势明显。为了提高设施蔬菜发展水平，科技扶贫队在建昌镇、养马甸子、黑山科三个乡镇实施省农业综合开发重点推广项目“设施蔬菜周年生产配套技术示范推广”，引进蔬菜新品种，推广保护地蔬菜软管微喷技术、秸秆生物降解技术、吊袋式CO_2施肥技术、无公害保护地蔬菜高效栽培技术等先进实用技术，示范推广面积6400亩，平均亩增收859元，带动了建昌县保护地蔬菜的发展。通过项目实施，全县在原有398个设施蔬菜小区的基础上，新增1402个小区，设施蔬菜小区面积达到13万亩。

（三）开展玉米高产创建示范工程

玉米是建昌县的主要粮食作物，但由于受干旱等因素影响，产量提升较慢，农民收入较低。对此，科技扶贫队在玉米主产区实施了国家“粮食丰产科技工程”重大科技专项“辽宁玉米丰产高效技术集成研究与示范”项目，组织省内外10多家科研单位的科技人员，针对建昌县的自然气候特点，将玉米高产栽培技术进行整合，集成推广高产抗逆栽培技术模式，即“抗旱品种+抗旱播种+保苗栽培+保护性耕作+增氮稳磷+补水灌溉→稳产高产”。在建昌县喇嘛洞镇、素珠营子乡、汤神庙镇、碱厂乡、巴什罕乡、药王庙镇、二道湾子乡、头道营子乡等9个乡镇推广种植3万余亩，平均亩产量708.2公斤，比对照增产88.7公斤，为项目区增加纯效益250余万元。

2010年，在素珠营子乡实施“玉米超高产示范试点”项目，示范面积2100亩。通过示范“玉米辽单565套种朝天椒的高产高效技术模式”“玉米新品种辽单526、辽单527及缩距增密高产栽培技术”“早熟、矮秆、增密高产栽培技术”，项目区增产增效显著。其中，辽单565套种朝天椒模式，亩产玉米839.2公斤，比对照(东单90)亩增产208.9公斤，增产幅度为33.1%，朝天椒的干物产量达到235公斤，实现玉米增效334.2元/亩，辣椒增效3000~4000元/亩。“缩距增密”技术示范平均亩产玉米888.7~926.4公斤，比对照增加258.4~296.1公斤，增效413.4~473.8元。早熟、矮秆、增密技术项目区，辽单565平均亩产885公斤，比对照增产254.7公斤，亩增效407.5元。三项技术使项目区平均亩增效1227元，增加纯效益257.67万元。

（四）进行梨优质高产栽培技术创新

和尚房子乡是建昌县最大的梨生产基地，全乡现有梨树153万株，品种绝大多数为传统的安梨、花盖梨、白梨，梨树栽培历史悠久，产品闻名国内外，但由于品种和栽培技术落后，使产量、品质停滞不前，经济效益受到很大影响。对此，科技扶贫队组织水保所、果树所、植环所、植保所的科技人员，实施省农业综合开发重点推广项目“梨优质高效综合技术示范与推广”。自2007年起，引进优质、耐贮运梨优新品种，如红香酥、香梨、早酥、皇冠、南苹梨等。其中南苹梨既保持了南果梨香味、肉细等高品质的优点，又继承了苹果梨耐贮、质脆的品质，兼具秋子梨和沙梨的优良特性，商品果批发价达每公斤6元。红香酥以红色、味香、耐贮运等特点在市场上占据优势，商品果市场批发价达每公斤8元。在引进新品种的同时，还推广了梨树测土配方施肥和壁蜂授粉两项先进生产技术，大大提升了和尚房子乡梨产业的生产水平和市场竞争力，产量和品质得到明显提高，项目区果农平均亩增效1500元以上。

三、科技扶贫的组织措施

（一）加强组织领导，选派科技扶贫服务队

为保证科技扶贫任务的完成，成立了院科技扶贫工作领导小组，由院长任组长，分管副院长任副组长，相关机关处室和研究所负责人参加的科技扶贫工作领导小组。选派作物、蔬菜、果树、植保、土肥、经作、蚕业、水保等8个专业所的10名科技人员组成建昌县科技扶贫服务队，由科技推广处处长史书强任队长。坚持带科技、带思路、带项目、带订单的工作思路，并根据区域农业特色，实施产业扶贫，把先进实用技术交给农民，保证农产品质量，提高农民收入。

（二）建立示范基点，树立科技扶贫样板

为使确定的扶贫基点具有代表性，建昌县科技扶贫服务队深入重点乡镇进行调研，与地方政府部门一道研究制订扶贫基点的科技扶贫工作计划和实施方案，明确工作任务和目标，选派科技人员进行技术指导、技术服务和技术咨询，充分发挥科技在扶贫工作中的作用。几年来，在建昌县喇嘛洞、和尚房子、养马甸子、素珠营子乡、巴什罕乡、头道营子等乡镇建立了玉米、蔬菜、果树、杂粮等10余个科技扶贫基地，帮扶引进农作物、果树、蔬菜等新品种100余个，推广先进实用技术20项。以此树立科技脱贫样板，向全县辐射，将先进技术成果不断推广扩散到周边地区。

（三）扶持龙头企业，带动贫困地区产业升级

建昌县科技扶贫服务队以实施科技项目为平台，采用六个统一的管理模式，用统一作物品种、统一生产模式、统一收购标准，把分散的农户组织在一起；

用统一机械化作业、统一灌溉、统一病虫害防治，把零星的土地连接到一起，进行规模化生产，带动农民合作组织发展，促进主导产业向产业化发展。几年来，重点扶持了葫芦岛市绿野商贸有限责任公司、葫芦岛市益民农副产品开发中心2个粮食加工企业，帮扶了兴岛蔬菜合作社、要路沟杂粮生产合作社2个专业合作社和4个农产品协会建立具有地方特色的产业基地，以科技服务农村经济，引导当地形成产供销一条龙、农工贸一体化的生产经营模式，有效促进了农业产业化发展。

（四）开展技术培训，提高农民素质

实践证明，提高广大农民的科技素质是帮助他们摆脱贫穷的有效措施。为此，科技扶贫队始终坚持把培训农民和基层干部的工作放在科技扶贫的首位。几年来，利用葫芦岛电视台、广播电台等媒体，为农民讲授保护地蔬菜、果树等技术讲座15次。另外，根据当地农业生产发展的需要，在项目区集中举办培训班，为示范区培养科技带头人。培训内容包括保护地蔬菜新品种、节水栽培技术、科学施肥技术、高效栽培管理技术、病虫害综合防治技术等。五年来，共举办各种类型的技术培训班26期，印发新品种、新技术资料近12000份，培养科技带头人130人次，培训农民5000人次。

发挥科技优势 培育致富产业

驻岫岩县科技扶贫队

定点扶贫工作是全省扶贫开发的重要组成部分，而依靠科技推动贫困地区农业产业发展，是进行定点扶贫实现农民脱贫致富的重要途径。为做好科研单位定点扶贫工作，省农科院岫岩科技扶贫队按照省委、省政府定点扶贫工作总体要求，在鞍山市岫岩县开展定点科技扶贫工作中，依托自身的技术、人才和成果资源优势，坚持开发式扶贫，抓住机遇、突出重点、依靠科技、强化示范，大力开发农业特色产业，科技扶贫工作取得了明显的成效，为带领农民脱贫致富作出了积极的贡献。

一、岫岩县的农业生产及自然概况

岫岩满族自治县位于辽东半岛北部，是个“八山半水一分田，半分道路和庄园”的近海山区县。全县共有22个乡镇254个村，总人口50万，居住着满、汉、蒙古、回等14个民族，其中满族最多，占90%以上。

该县属于北温带湿润季风性气候地区，一年四季分明，昼夜温差明显，光照比较充足。年平均温度为7.4℃，平均气温12.6℃～14.3℃，极端最高温度36.3℃～37.6℃，极端最低温度为－31.5℃～－29℃。雨量比较充沛，平均雨量为775.8～933.8毫米，平均日照时数为237.1小时，无霜期为136～152天。

全县总面积4507平方公里，70余万亩农作物播种面积中，经济作物面积28.2万亩，粮经作物比达到6:4，规划并形成了“三带、五区、六大基地、四大产业”的农业经济新格局。三带即蔬菜产业带、生态农业带、食用菌产业带；五区即黄牛饲养、大骨鸡养殖、干鲜果和露地瓜果生产、中药材生产、优质米生产区域；六大基地即柞蚕基地、蔬菜基地、苗木基地、草场基地、薯类基地、露地瓜果基地和中药材基地；四大产业即畜牧业产业、食用菌产业、柞蚕产业、干鲜果产业。盛产板栗、榛子、尖把梨、金瓜梨等名优特干鲜果。近几年，岫岩人民与时俱进，开拓进取，提出了“念好山字经、吃好资源饭、唱好开放戏”的发展战略和“创建生态农业大县，发展特色经济”的发展思路，从而打造出了蓬勃发展的“玉乡”特色经济，实现了岫岩经济的跨越式发展。

二、扶贫工作的主要做法及成效

（一）科技优势和特色产业相结合，开发榛子产业

科技扶贫队进驻岫岩县后，为了尽快进入角色，打开工作局面，将科技与产业紧密结合，首先对全县的农业生产和生态条件进行考察，详细了解全县资源和生态情况，根据岫岩县野生林果资源丰富，开发潜力大、见效快的特点，结合农科院的技术优势，确定了“以山富民”的发展思路。

1. 野生榛子资源的开发利用

首先以榛子生产为切入点，开展野生榛子优质高产栽培技术开发。岫岩全县满山遍野都有野生榛子分布，其中仅朝阳乡榛子面积就达 5 万多亩。品种有两种，一种为平榛子，一种为毛榛子（也称胡榛子）。大多处于自然生长状态或半野生状态，几乎没有采取任何技术措施，管理粗放，病虫害较重，生产的榛子三分之一有食心虫，产量低、质量差、大小年和早采掠青现象十分严重。虽然由于榛子价格的提高和生产责任制的落实，农民加强了看护，早采掠青现象受到了遏制，但总体上技术投入仍很少，大多数农民不懂技术，不会管理，经济效益不高。

为了开发这一特色产业，发展农村经济，增加农民收入，使之成为农民脱贫致富、农村经济发展的支柱产业，扶贫队中的果树专家进行现场考察论证，组织规划，并与朝阳乡林业站签订了技术服务协议，建立榛子生产领导小组和技术指导小组，派专人进行技术指导。协助乡政府加强宣传，提高群众思想认识，落实了生产承包责任制。组织 1000 多农户建立了榛子生产协会和农民生产合作社，对野生榛子地进行垦复、开发、精细管理，采取清除杂棵、垦复更新、整形修剪、良种补植、改善土壤、综合防治病虫害等技术措施，降低了野生榛子虫果率，产量和效益大幅度提高。其中针对野生榛子园清场和防虫技术，根据榛实象甲和金龟子的生活规律，分别在 5 月中旬和 6 月下旬喷药防治，使榛子果实虫口率下降到 10% 以下，效益提高了 30% 左右。应用新技术，朝阳乡北茨村野生榛子总产值增加 50 余万元，仅此一项全村人均收入提高 210 元。示范户杨忠志承包了 50 亩榛子林，单产达到 12.5 公斤，亩产增加近 3 倍，产值达 1.5 万元。此外，扶贫队还配合朝阳乡林业站开展产后加工，使每公斤榛子增值 20 元，总计增加经济收入 15 万元。

2. 平欧杂交榛子的引进和开发

为提高榛子产量和经济效益，加快品种的更新换代，扶贫队在朝阳乡和黄花甸子镇引进大果、抗寒、丰产的平欧杂交榛子新品种10个，开发推广2000亩，并把生产和育苗相结合，采用了垂直压条和匍匐压条技术，加快平欧榛的苗木繁育和开发。仅繁育苗木产值就达80余万元，使榛子的产量和产值成倍增长。

3. 建立样板园，强化科技示范

建设科技示范园的主要目的是做给农民看，引着农民干，帮助农民富，引导群众学科学、用科学，起到辐射带动作用。在朝阳乡荒地村，扶贫队建立野生榛子垦复示范园1000亩，进行了园块规划、清场、补植、垦复更新工作，并采用全部平茬、带状平茬、丛状栽培和单株栽培等几种处理方式。改变传统的3~4年一平茬、隔年结果的低水平管理方法，变平面结果为立体结果。通过这些技术的实施，榛子的产量由亩产量不足5公斤提高到7.5公斤，大幅度地提高了经济效益，增加了农民收入。几年来，扶贫队协助朝阳乡林业站在全乡开发野生榛子垦复约3万亩，建立野生榛子垦复示范园15个；建立平欧杂交大榛子示范园2个，苗木繁育基地1个；扶持示范户22个，通过对示范户进行重点技术指导，辐射和带动全乡榛子产业的发展，引导农民向脱贫致富的道路迈出了坚实的一步。

（二）引进新品种、新技术，开发苹果产业

岫岩黄花甸子镇是苹果生产较多的乡镇，长期以来，由于品种老化和技术落后，产量低，效益差。对此，扶贫队组织果农到省农科院果树所参观学习，引进由果树所选育的抗寒、优质、丰产、适应性强的苹果新品种——“岳阳红”种苗1500株，利用高接换头方式对丹光、丹苹等老品种进行改造。此外，引进矮化寒富苹果，采用集约化密植栽培、纺锤形整形、夏季修剪和冬季修剪相结合措施，果实套袋、铺反光膜等着色技术和病虫害综合防治技术，以及最佳的土肥水管理模式，实现了早产早丰和无公害生产。

在黄花甸子镇三道村推广寒富苹果1000余亩，平均每亩增收2000余元。建立矮化寒富苹果示范园800亩。示范户赵家伟、王军的六年生果树平均亩产达到2500公斤，优质果达到75%，虫果率降到3%以下，亩效益达1.2万元。以此为样板，辐射带动全县果业的发展，对促进科技与生产结合，推动农业生产经营方式转变，加快当地农业结构调整步伐，增加农民收入发挥了积极作用。

（三）加强技术培训，提高农民生产技能

在科技扶贫过程中，扶贫队始终把提高农民的科技水平放在首位，将技术

推广与农民培训相结合，科技帮扶与素质教育相结合，利用多种方式开展培训。一方面，普及实用科学技术，提高农民技术水平，增强掌握先进实用技术的能力。另一方面，着力培养乡土科技人才，使其成为农民致富引路人，为农业发展走上内涵式扩张和自主创新的路子奠定基础。

2006年以来，省农科院岫岩科技扶贫队利用办班培训、现场指导、组织参观考察等多种形式，培训农民2000余人次，发放“科技扶贫丛书”“农家院”“北方果树”等科技资料3600余份。建立示范户39个，通过以户带户、以户带村，充分运用服务引导和典型示范作用，增强了“邻居效应”。

通过采取科技培训、新技术开发、科技示范、典型带动等一系列有效措施，促进了新技术、新品种的推广应用，使农民生产技能不断提高，增强了致富能力，将“单纯的输血式扶贫”变为“增强其内在自身造血功能”的可持续扶贫，实现由“救济式扶贫”向“开发式扶贫”的转变，为贫困地区稳定脱贫、可持续发展奠定了坚实的基础。

科技合作篇

办好“致富大篷车” 加快农业科技推广普及

科技成果转化中心

“致富大篷车”和“金农热线”是专家与农民直接对话的“桥梁”，是实现零距离服务“三农”的有效途径。与辽宁广播电视台乡村广播联办“致富大篷车”和“金农热线”栏目，是我院加强农业科技推广的新举措。它采取科研院所与新闻媒体相结合的方式，以本土农民为目标受众，以对农业科技服务节目为知识信息载体，进行农业科技推广，为完善基层农业技术推广和服务体系注入了一股新的活力，对加快农业科技进村入户和农业科技成果转化，有着非常积极的现实意义。

一、优势互补，搭建科技成果转化桥梁

农业科技节目最根本的生命力在于农业和农民对科技的需求。现今，在现实的农业科技推广中存在科技与生产实际严重脱节的现象，一方面农业科研单位很多科技成果和先进技术被束之高阁，缺乏向农民输送的有效渠道；另一方面，随着现代农业的不断发展，对科技的需求日益增加，迫切需要科学技术能够走出科研院所的高墙深院，步入农民的田间地头。而辽宁广播电视台开设的“致富大篷车”和“金农热线”栏目，以农民群众为主体，通过专家连线、现场解答的形式，直接满足了农民对技术咨询的需求。对此，省农科院成为辽宁广播电视台乡村广播的重要合作伙伴，40 多位科技专家被聘为乡村广播的“科技咨询专家”，在节目中与广大农民进行直接交流，为农民进行技术服务，为科技推广和成果转化建立了桥梁和纽带。

参与“致富大篷车”和“金农热线”栏目也促进了农业科学研究的进一步发展。通过与农民群众进行交流，增进了彼此之间的了解。农业科研人员进一步了解掌握了农业生产对科技的实际需求，同时，农民群众也对科研单位的科研成果有了深刻的认识。通过专家连线，农民群众直接或间接与科研单位联系，选购新品种，引进新技术，在很大程度上推动了科学技术的推广普及。不仅如

此，从农业生产一线反馈回来的信息也为农业科学的研究方向提供了有价值的参考，起到了事半功倍的作用。

二、形式多样的合作模式增强了科技推广活力

为深化科技合作，辽宁广播电视台在辽宁省农科院设立了常驻记者站，通过“致富大篷车”“金农热线”栏目组，采取专家连线、科普大集、农事展会、现场报道、组织农民考察团参观等多种形式积极开展为农服务，深受农民的欢迎，逐步探索形成了以新闻媒体为介质的新的科技推广模式。

（一）“金农热线”——科技“直通车”

“金农热线”“致富大篷车”栏目采取每天安排一小时专家与农民联线的形式，解答农民在农事生产中遇到的现实问题，建立了一条科技直接进入农户的新通道，成为科技成果转化的“直通车”。通过节目，农民认识了一个个农科院的专家，了解了越来越多的农业科技成果和实用技术；在专家的指导下，农民及时解决了生产上遇到的棘手技术难题和发展生产的疑问，提高了接受新科技的意识，树立了依靠科技进步发展生产的观念。通过节目，农业科技专家及时将生产上急需的科技信息传递给农民，如2007年春季全省发生雪灾，专家通过连线及时为农民群众提供抗灾自救技术措施；2010年春季遇低温冷害，通过连线，专家对如何做好灾害条件下水稻育苗、设施蔬菜田间管理、大田作物播种、果树管理等进行了指导，为农民群众及时采取抗灾减灾措施发挥了重要作用。据不完全统计，栏目成立3年多来，省农科院共参加连线咨询达2000多人次，为农民提供技术信息5000多条，真正将科技与农民连在了一起。

（二）现场直播——把科技送进千家万户

召开现场会是农业技术推广工作的有效手段。但是，由于受到一时一地的限制，受惠人数有限，推广效果也就大打折扣。通过科技合作，省农科院在推广项目实施中，将召开现场会与“致富大篷车”栏目相结合，由栏目记者亲临采访，使现场会内容通过电波传遍全省千家万户，不但促进了项目实施，也加快了农业科技的推广普及。

2009年6月5日，省农科院果树所专家伊凯研究员应邀到苏家屯区农业综合开发项目区白清寨乡举办“寒富苹果夏季管理技术培训现场会”，白清寨乡40余名果树技术员和果农参加了培训。当时，正值我省苹果夏季生长关键时期，管理是否到位对提高产量和品质、增加经济效益有着重要影响。伊凯研究员采取与果农面对面交流的方式讲解促进果树生长发育、塑造良好树形、控制病虫害发生等各项技术措施。并为群众现场示范，详细讲授了寒富苹果疏果、

套袋、整形修剪、施肥以及病虫害防治等关键技术。辽宁人民广播电台乡村广播“致富大篷车”栏目工作人员进行了现场采访和录像，并进行现场连线，请伊凯老师回答果农和听众提出的疑难问题。这种现场指导的培训方式受到广大果农的一致好评，收到了良好效果。

（三）科技示范基地——为农民指明致富路

农业科技示范基地建设历来是我院科技推广工作的重中之重。把农业科技成果和实用技术在基地进行组装配套、生产示范，可以加速新品种、新技术、新工艺的推广应用，并通过科技示范基地的辐射作用带动相关产业的快速发展。为充分发挥科技示范基地的带动作用，“金农热线”“致富大篷车”栏目积极组织农民进行观摩学习，为新技术推广搭建了传播的平台。

2010 年 1 月 15 日，我院沈北新区花卉科技服务团与辽宁广播电视台乡村广播联合组织了首次“金农热线”农民农业高新技术学习考察团。参加考察团的共有 17 位农民，分别来自省内的鞍山、铁岭、葫芦岛、阜新、辽中、沈北、于洪等地，都是辽宁电台乡村广播从报名农民中选出来的种植能手。考察团来到省农科院科技示范基地，先后参观了现代温室花卉栽培示范区和园艺展示中心蔬菜栽培示范区。为了提高学习效果，参加考察学习班的每位农民在来之前都做了精心准备，踊跃向科技专家咨询在生产中遇到的实际问题，了解先进技术的应用推广情况。在现场，主持人还通过“金农热线”栏目将考察学习活动向省内农民听众进行了报道，并请专家回答了听众提出的问题。通过观摩学习，让农民群众在现代农业技术的实践中亲身体会，提高了农民对科技推进农业进步的认识，促进了农业先进技术的推广普及。

（四）农展会——科普教育的舞台

历届农展会都是各科研院所展示新产品、新技术、新成果的舞台，也是农业科普教育的大好时机。在农展会上，我院通过与辽宁人民广播电视台乡村广播“致富大篷车”节目合作，为农业科技推广工作搭建了一个新舞台。

2010 年 3 月 12 日，历时两天的“辽宁省第二届农业媒体优质农资产品推介展销会”在辽宁省农业展览馆举行。展会主题为“绿色、优质、放心”，为广大农民搭建了选购优质农资产品的平台。作为主办方之一，辽宁省农科院组织玉米所、作物所、蔬菜所、水稻所、植保所、花卉所、栽培所、风沙所等单位参加了展会，重点展示了几十种优质农资产品，为农民送去了春耕生产所需的放心、优质的农资产品。在展会现场，玉米所所长王延波、园艺展示中心主任张青等部分专家为农民提供了现场技术咨询服务，宋书宏等 7 位农业专家通过广播电视直播形式为农民提供技术咨询服务。其间，省农科院还开放了院科技成果展馆、花卉连栋温室等科研基地供农民参观，并发放宣传资料 1 万多份，让参展的农民受到了一次深刻的科普教育。

三、加大协作力度，进一步促进科技成果转化

实践证明，“致富大篷车”栏目是农业专家向农民传授农业知识的有效载体。利用“致富大篷车”的有利条件，广泛开展科技培训，传授科技知识和推广技术成果，可以为农民零距离服务，有效提高农民的生产技能水平，增强农民的自我发展能力。多年来，相当一批农民朋友依靠“致富大篷车”栏目提供的科技信息走上致富路，产生了较大的示范作用，提高了农民朋友的科技意识，带动了更多的农民走上科技致富的道路。这种科技推广模式，为建立和完善农村科技服务体系和农村科技推广体系提供了有益的借鉴，也为我院农业科技成果转化工作探索出一条有效途径。

实施专家智力支持行动 推动盖州市生姜产业发展

科技创新中心

辽宁省委组织部通过贯彻落实全省科学技术大会精神，紧密围绕辽宁老工业基地全面振兴的中心任务，积极为广大专家和专业技术人才搭建施展才干的舞台，其中省优秀专家智力支持行动，是省委组织部牵头发起的一项重大人才开发工程，由省人事厅、省教育厅、省科技厅、省科协和中科院沈阳分院等多家单位参与组织实施。此次组织专家开展智力支持行动，是通过在全省范围内组织优秀专业技术人才，围绕辽宁新兴产业和新建项目，开展以技术咨询、科技攻关、科技成果转化为主要内容的支持活动，带动和引导各行业各领域的优秀专家积极投身辽宁老工业基地振兴的伟大实践，加速科学技术向现实生产力的转化。

在首批启动的66个支持项目中，省农科院副院长、植保专家赵奎华研究员与盖州生姜产业化项目成功对接。在省委组织部和营口市委组织部的直接领导和协调下，省农科院组织植保、食品加工、蔬菜等专业的技术骨干力量，对生姜产业化各环节中存在的问题进行科学研究、成果转化和技术服务，在3年的时间里为当地生姜种植、企业研发等提供了全面的技术服务与支持，并帮助企业获得国家产业化专项经费的支持，为当地生姜产业的健康发展奠定了坚实的基础。

一、项目区概况

经过对盖州生姜种植区进行调研，将项目区落实在盖州市徐屯镇龙湾村。龙湾村位于大清河南岸，地势平坦，土质肥沃，特别适合生姜种植。徐屯镇种植生姜面积达1万多亩，约占盖州市生姜种植面积的50%左右，其中龙湾村生姜种植面积2000亩。该地种姜历史比较悠久，是我省生姜主要产区，也是我国生姜的优质产区，产品主要供应东北和东南亚国际市场。该地生姜种植方式有塑料大棚和地膜小拱棚两种，以地膜小拱棚栽培方式为主。正常情况下亩产量可达8000～10000斤，在市场价格好的年份收入非常可观。通过调查了解，该地生姜生产中存在的主要问题有种源供应、姜瘟病防治、储藏期病害防治，以及生姜加工过程存在的产品加工技术和企业流动资金短缺等问题。

二、项目的主要工作内容和成果

（一）积极探索生姜繁育技术，助推我省生姜生产

生姜是无性繁殖作物，南方有专门的留种田生产姜种。种植生姜每亩用种量在500斤左右，姜种的价格是市场食用姜的2～3倍，所以每年购买姜种对于姜农来说是一笔不小的投入。生姜一年四季价格差别悬殊，经常是从收获期不到1元/斤的价格到后期6～7元/斤的价格。经过调查研究发现，本地生姜不能作种的原因是地处北方，生姜生长季短（比山东短50多天），所以生姜在霜冻来临前仍然达不到留种所需要的生理成熟。通过对南方姜种研究，发现种姜除不能携带姜瘟病菌外，其成熟度指标主要有含水量、纤维素含量、总糖含量和芽原基的发育程度等综合生理指标。2007年开始，根据南方种姜栽培生产的特点，结合当地的实际情况，选择无病地块，采用优良品种开展了留种试验。主要措施包括适当密植、降低施肥量、严格控水、利用塑料大棚延长种植时间一个月左右。通过上述措施，达到了南方留种生姜的要求，可为全省生姜生产减少外购姜种支出近亿元。2008年，利用自留姜种栽培5亩生姜，取得了与南方姜种同样的效果，为本地生姜留种探索提供了宝贵的技术经验。

（二）有效防治生姜病害发生，保证生姜产业健康发展

姜瘟病是生姜生产中影响产量最大的一种细菌性病害。普通年份可导致产量损失20%左右，严重发病可致绝产，生产中没有特效的防治方法。针对这种情况，我们对地膜小拱棚和塑料大棚两种栽培条件下姜瘟病的发病情况进行了调研，发现地膜小拱棚栽培方式发病比塑料大棚栽培方式发病严重，塑料大棚栽培方式的姜瘟病发病部位集中在有雨水浸泡过的地方，地膜小拱棚栽培发病始于地势较低洼的地方，并逐步向四周扩散。这种情况表明：种姜带菌不是引起发病的主要原因；姜种带菌应该是姜瘟病传播到该地区的主要途径，土壤带菌是导致该病在本地区流行的主要原因，而田间内涝又是导致病害发生的重要环境条件之一。为配合化学防治，我们分离了姜瘟病菌，并进行了药剂筛选，在现有的农用抗生素中，只有土霉素对病原菌有明显的抑制效果，但残效期比较短，田间试验效果也不理想。在观察病姜时还发现，姜瘟病是一种细菌和线虫混合发生的病害，这也进一步说明土壤湿涝是导致病害严重发生的原因。姜

是块根类作物，为防止食品污染，不建议在田间大量使用杀线剂。考虑到姜瘟病菌可在土壤中存活5年左右，提出轮作和塑料大棚种植的主要技术措施。在选址上选择地势高燥地块，在种植过程中避免大水漫灌，发现病区应用石灰粉消毒、隔绝处理，如果发现病害呈现逐年加重趋势，应另选地块建棚轮作。对于已经开始发病的地膜小拱棚种植地块，要坚决选择达到轮作年限的地块轮作，否则栽培风险无法控制。明确了姜瘟病的防治措施并在姜农中广泛宣传，2010年来塑料大棚种植面积逐步扩大，比2006年增加1倍以上。

（三）大力扶持龙头企业，延伸生姜产业链条

针对企业对生姜加工产品的技术需求，省农科院生命科学中心和食品与加工研究所组织项目专家组，发挥项目组专家技术优势，集中攻关。首先查阅了大量国内外有关生姜贮藏与加工的文献，调研了国内各大超市和各企业生姜生产、加工及销售情况，分析了国内外生姜加工发展趋势，为企业生姜产品市场定位提供了科学依据。在加工企业筹建中，加工所的项目专家组协助企业进行了生姜加工厂房的设计和设备选型，并针对企业和市场需求开展了姜粉、姜油、姜黄酮、姜饮料等系列产品研究（其中，姜油和姜黄酮是生姜深加工的两大主导产品），确定了产品生产工艺技术，为加工企业新产品开发做好技术贮备。同时，通过产品市场调研分析，为企业合理制定生姜收购价格提供依据。协助企业申请国家贷款和农业产业化开发等经费支持。经过近2年的努力，与营口大地生态开发有限公司联合成功申请省农业综合开发产业化项目“营口盖州市生姜深加工及产业开发基地建设”，获得2000万元资金支持，建设年加工2万吨鲜姜及制品的加工车间及配套工程和绿色生姜生产基地，目前项目正在实施中。本项目的实施必将推动当地生姜种植业和加工企业的快速发展。

三、智力支持行动的几点体会

（一）立项具有很强的实际意义

盖州徐屯镇40%种植面积是生姜，收入是大田玉米的10倍左右，是当地农民的主要经济来源。生姜原为黄河流域及以南栽培的作物，盖州农民发挥聪明才智，通过早春催芽和地膜小拱棚等措施，延长了生姜的种植时间，不仅获得了成功，还逐步发展成为具有地方特色的优质农产品。以往农民靠实际经验获得了生姜栽培的成功，但由于掌握的科学知识有一定的局限性，难以进一步将生姜种植业发展成为优势产业，省农科院专家的介入解决了生姜制种、病害防治等科技含量较高的生产实际问题，为生姜产业健康发展提供了技术保证。

（二）科技引路，带动农民和企业积极参与

生姜产业在盖州也经历了风风雨雨。首先是价格波动，目前，生姜市场价格波动从0.5元/斤到5元/斤，一般在收获时价格最低，其主要原因就是农民的经济基础比较差，收购商利用农民急于卖出鲜姜的想法，尽可能压低价格，如果遇到病害发生严重的年份，许多种植户甚至会赔钱。这种情况几乎年年发生，在很大程度上挫伤了姜农的生产积极性。3年来，省农科院专家们的技术指导有效解决了生姜生产关键性技术问题，提高了产量和质量，大大增加了姜农们对继续发展生姜生产的信心。同时，地方企业通过与姜农签订保底收购价，也为稳定当地生姜价格起到关键的作用。

（三）培养科技人员的服务意识，启发科研新思路

通过项目实施，科技人员进一步了解了农村的科技现状，感受到了作为一名农业科技工作者所肩负的重任，学农为农的服务意识得到增强。同时，在项目执行过程中也发现了很多科研新课题。比如线虫和姜瘟病共发生问题，尽管我们通过农业措施可以成功地防治该病害，但在学术上也留给我们许多值得深入研究的问题。

实施科技特派行动 驱动农业产业化技术创新

现代园艺展示中心

在辽宁省科技厅组织开展的“农业科技龙头企业示范工程”和“科技特派行动工程”中，辽宁省农科院现代园艺展示中心作为省科技特派行动的成员单位组织了科技特派组，与海城市三星生态农业有限公司结成产学研技术联盟，实施了“蔬菜产业化关键技术创新与示范”项目，通过为企业发展提供技术支撑，提升了农业产业化龙头企业的技术创新能力，促进了设施蔬菜栽培高新技术研发和推广，为推动辽宁蔬菜产业健康持续发展作出了贡献，探索出一条科企合作助推农业产业发展的新途径。

一、龙头企业发展概况

海城市三星生态农业有限公司是一个跨地区、跨行业、外向型、高科技的农业产业化集团公司。该公司占地 2070 亩，总投资 7820 万元，拥有温室 136 栋，现代化育苗工厂 20000 平方米，组培中心 1000 平方米，年销售收入 8810 万元，实现利税 1795 万元。在产业开发方面，主要从事国内外蔬菜、果树及经济作物优良品种引进和先进技术开发。建有示范区和蔬菜生产基地面积 1320 多亩，成为沃尔玛公司在中国设立的第四个、东北地区第一个蔬菜直接采购基地，生产的绿色设施蔬菜产品随着沃尔玛连锁超市销往全国各地。为提高企业创新能力，海城市三星生态农业有限公司与辽宁省农业科学院现代园艺展示中心开展技术合作，签订了技术合作协议，重点为企业蔬菜产业化关键技术创新与示范提供技术支撑。

二、针对区域产业发展需求，开展科企合作，推动企业技术创新

海城是全国著名的绿色温室蔬菜生产基地，现有温室蔬菜面积 13 万亩，并以每年 1 万亩的速度递增。同时，海城也是我国北方较大的蔬菜集散中心，有 20 多个省、市、自治区的大量蔬菜在此交易。但在产业发展中，由于设施栽培

蔬菜优良品种少、抗病性差及土传病害、土壤连作障碍、次生盐渍化严重等问题，造成蔬菜产量低、产品品质差、经济效益不高。因此，加快设施蔬菜品种引进，促进品种更新换代，推广先进栽植技术，使海城蔬菜产品质量与国际市场需求接轨，是产业发展面临的重要课题。如海城市三星生态农业有限公司是集设施蔬菜新品种繁育、生产加工及产品销售于一体的大型公司，但蔬菜育苗及蔬菜栽培技术水平还不高，制约了企业的进一步发展。对此，辽宁省农业科学院现代园艺展示中心针对产业发展的技术需求，与海城市三星生态农业有限公司发展深层、紧密、联盟的合作关系，在新品种引进、标准化生产以及高效栽培技术方面进行广泛合作，提高企业原始创新能力，重点开展以下几方面的研发工作。

（一）国外优良设施蔬菜新品种引选

从荷兰、以色列、西班牙等国家引进国际畅销的番茄、黄瓜、茄子、辣椒等国外优良设施蔬菜新品种，通过品比试验，筛选出适合我省种植的优良蔬菜品种30余个，在辽宁及周边省区设施蔬菜产地进行大面积推广，促进了品种更新换代，满足了广大菜农对设施蔬菜优良品种的需求。先进品种的引进促进了设施蔬菜周年栽培技术的推广，大大提高了生产效益，如采用以色列、荷兰番茄新品种进行周年生产，亩产量达到1万公斤以上，比原来主栽品种增产50%以上，亩效益达到3万元，对设施蔬菜产业发展起到了重要的推动作用。

（二）设施蔬菜种苗繁育技术示范与推广

指导企业发展蔬菜工厂化育苗产业。在茄果类蔬菜嫁接苗生产中，重点解决了嫁接砧木问题，通过试验，筛选出抗性强、亲和力好的野生品种作为砧木，同时，指导采用科学高效的嫁接技术，使引进的蔬菜新品种全部采用工厂化无土育苗，年生产优质种苗达2000株以上，销往省内外40多个县（市、区），促进了设施蔬菜规模化、规范化生产。同时，配套推广周年生产等设施蔬菜生产技术，显著提升了区域设施蔬菜生产水平和产品竞争力，提高了设施蔬菜生产的经济效益。

（三）示范推广设施蔬菜高效栽培技术

1. 节水灌溉技术示范与推广

示范推广了设施蔬菜应用塑料薄膜带式微灌、微喷和平移式微量喷灌以及膜下滴灌等节水灌溉技术，起到了有效调节温度、湿度等设施环境因子、疏松土壤、防病等多种效能，实现了节能、节水、节本、增效。

2. 平衡施肥技术示范与推广

根据设施蔬菜生产土壤理化特性和养分需求特点，示范推广了测土配方施肥措施，推行水肥一体化施肥技术，保证了蔬菜生长均衡营养，提高了肥料利用效率，减少了施用化肥对环境和蔬菜产品的污染。

3. 无公害防病技术示范与推广

针对设施蔬菜生产出现的连作障碍问题，示范推广了土壤、棚室消毒技术，轮作耕作制度和生物秸秆反应堆栽培技术，减轻了土壤盐渍化、土壤板结和土壤退化现象；针对设施蔬菜主要病害发生情况，示范推广了应用微生物菌发酵肥、生物有机肥，以及采用农业、生物、物理、化学综合措施的病害防治技术，制定了设施蔬菜无公害生产规程，保证了设施蔬菜安全生产，推动了项目区无公害生产的发展。

三、项目实施取得的主要成效

（一）有效提高了设施蔬菜技术水平，促进了农业增效、农民增收

通过与企业联合开发推广设施蔬菜新品种、新技术，有效提高了海城以及周边地区设施蔬菜生产水平，亩增产20%以上，亩增加效益5000元以上，示范推广面积10万余亩，新增效益5亿元以上，对促进农民脱贫致富、农业生产结构调整和农业与农村经济的可持续发展等起到了重要作用。很多菜农依靠应用新品种、新技术走上了致富道路，把科技特派员称做“财神”。

（二）扶持壮大了龙头企业，带动了产业快速发展

通过科技扶持，有效解决了海城三星生态农业有限公司在产业开发中遇到的瓶颈问题，提高了企业研发能力，扩大了生产规模，壮大了企业实力。不仅直接推动了设施蔬菜的发展，而且还带动了种子、育苗、肥料、农药、温室材料、温室制造、包装、运输等相关行业和产业的发展。目前，企业年销售收入达8810万元，实现利税1795万元。2008年，该公司成为第一批国家农产品出口企业GAP质量认证试点单位，辽宁省绿色设施蔬菜新技术和新产品的推广中心。

（三）提高了农民的科技素质

项目实施过程中，共建立核心试验区面积2000亩，技术示范区2.0万亩，技术辐射区面积50万亩。通过采取“科研单位+公司+基地+农户”模式，完善了蔬菜产业化链条，实现科技成果的快速转化，带动了4.5万余名农民发展设施蔬菜高效栽培，解决了大量城乡人员的就业问题，有效安置了剩余劳动力，

提高了劳动生产率。在项目实施中，共集中举办技术培训班20余次，培训农民2000余人次。在生产关键时期，到现场进行技术指导50余次。发放技术资料1万余份，有效提高了农民的科技素质。

四、推进科企合作的体会与建议

多年来，党中央、国务院十分重视产学研的结合，在社会主义现代化建设进程中，以产学研结合推动技术创新取得了不少成绩，产学研结合已成为我国技术创新组织形式的基本模式。产业化的重点，是结合实际需求开展科技创新，通过先进技术应用引领或推动技术进步。通过与企业建立产学研联盟，共同研发攻关，解决产业发展中存在的技术难题，有效增强了企业的科技创新能力。同时，也有利于科研院所找准科研工作切入点，使研发内容更具有针对性和实用性，加速成果转化和推广；更有利于科技人员更新知识，在实践中增长才干，不断提高业务水平和解决实际问题的能力。

但是也应该看到，在实际中科研与经济建设的结合还不够紧密，技术成果与市场需求有一定差距，这是包括我院在内的省属科研机构存在的共性问题。因此，通过产学研结合，把科研技术优势充分转化为经济发展的支撑力量，是发挥地方科研院所功能与作用的关键。首先要注重讲求实效和产生实效。建议把聚集创新资源的产学研结合工作作为科技工作的重点；在政府投入研发经费中加大支持产学研合作的比例，探索面向企业、科研机构的多元化、灵活化的资助模式，促进科研项目与技术人才的有效结合。同时，科研机构应紧紧围绕本地区产业发展需求，以产学研结合为突破口，通过重大项目、示范基地、战略联盟等载体，重点引进科技创新资源和要素，建立和完善以企业为主体、市场为导向、产学研相结合的技术创新体系。

发挥农业科研单位优势　为农事企业提供咨询服务

农村经济研究所

农业项目咨询在农业项目中的主要作用是为项目建设单位提供科学的管理方式和最新的农业技术，提高投资效益，促进农业发展；为政府机关的决策提供依据，使项目申报、审批程序更加透明，避免决策失误及暗箱操作。随着我国农业项目投资渠道增多，以及项目的申报和管理愈来愈规范化，农业项目咨询业也得到进一步发展。农业项目咨询作为发展现代农业的重要组成部分和经济社会发展的先导产业，在提高投资决策的科学性、保证投资建设质量和效益、促进经济社会可持续发展方面具有重要的地位和作用。近年来，辽宁省农业科学院农村经济研究所积极参与推动我省农业产业化建设，找准自己的职能定位，经过几年的发展已经拥有乙级资质，服务范围主要包括规划编制与咨询、投资机会研究、可行性研究等，在农业项目咨询工作中作出了重要贡献。

一、农业咨询工作发展概况

（一）项目咨询成果

省农业科学院农村经济研究所的农业咨询工作从无到有、从小到大，经过几年的发展取得了长足的进步。随着国家以及全省工业反哺农业政策的实施和发展现代农业的需要，农业咨询产业化、咨询单位规范化步伐明显加快，行业规模显著扩大。省农科院农村经济研究所作为省级的科研所，一直承担着全院面向社会企事业单位及政府部门的农业咨询业务工作。多年来，咨询业务逐步成熟完善，农业咨询工作的人员素质不断提高，服务质量和水平稳步增强，农业咨询工作得到了社会的认可。2007 年，通过申报，辽宁省农业科学院工程咨询资质升级为乙级资质。近五年来，农村经济研究所承接全省包括沈阳、铁岭、盘锦、阜新、锦州、营口、朝阳、抚顺等地农业产业化项目 100 余项，其中种植类项目 20 余项、养殖类项目 40 余项、农产品加工类项目 40 余项，共协助企业申请财政补贴资金 1 亿多元，真正做到为企业当好参谋，为项目服好务。

农村经济研究所编写的《辽宁省2008年阜新市高新技术产业园年产3000吨无抗奶粉移地改造新建项目可行性研究报告》和《辽宁省2009年锦州市北镇市年产2万吨饲料加工扩建项目可行性研究报告》分别获得2009年度和2010年度辽宁省优秀工程咨询成果奖三等奖。

（二）人员素质情况

农村经济研究所通过设立产业经济及咨询研究室，负责面向社会承接各类农业产业化项目。全院从事工程咨询业务的技术人员包括专职和聘用两种形式，有在编从事工程咨询业务的专业技术人员27人，包括高级以上职称14人，中级职称13人；研究生以上学历10人，本科学历17人，其中注册工程咨询师6人。全院工程咨询工作集合各专业力量，发挥各学科优势，为全省农业产业化项目发展提供咨询服务。

（三）调研情况

为进一步提高农业项目咨询业务水平，掌握农业各行业动态，农村经济研究所结合科研课题，积极开展综合调研工作。对全省新农村建设、农业基础设施建设、农业各产业以及龙头企业等发展情况组织大量人力物力进行了实地调研，共编写调研报告9篇，包括《辽宁社会主义新农村建设问题调研报告》《关于在新民建立大型农产品集散基地的建议》《加强农业基础设施及农村科技建设的建议》《辽西北五市设施农业发展现状及发展建议》《辽宁沿海经济带农业发展战略研究报告》《利用优势，抓住特色，发展现代农业》《政府引导、科技配合，促进花生产业大发展》《辽宁省农业科研机构区域设置情况调研》《辽宁省农业龙头企业和现代农业展示园区发展情况调研》，发表相关论文24篇。通过调研取得了大量的一手资料，对全省农业情况、各行业发展现状有了全面了解，为开展农业产业化项目咨询服务打下基础。

（四）进行项目回访

通过电话询问、上门走访、开座谈会、调查问卷等形式，及时了解和掌握项目执行情况，听取项目单位意见和建议，切实提高咨询服务质量。对回访中发现的问题和获取的意见、建议进行分析，及时提出处理意见。

二、主要做法

（一）树立符合科学发展观要求的咨询理念

多年来，我院的农业项目咨询工作在重视提高投资效益、规避投资风险、保障工程质量的同时，全面关注经济社会的可持续发展。从提高投资建设效果的角度出发，注重对投资建设项目市场的深入分析、技术方案的先进适用性评价和产业、产品结构的优化；从以人为本的角度，更加注重投资建设对所涉及人群的生活、生产、教育、发展等方面所产生的影响。从可持续的角度出发，注重投资建设中资源、能源的节约与综合利用以及生态环境承载力等因素，促进循环经济的发展。

（二）规范咨询项目编制，提高咨询质量

咨询服务质量是工程咨询业生存和发展的生命线，是发挥工程咨询作用的重要前提，是提高工程咨询单位核心竞争力的必由之路。多年来，我院农业咨询服务从切实提高对咨询服务质量重要性的认识入手，以标准化、制度化、体系化、持续改进理念为指导，狠抓质量管理，提升咨询服务质量和水平，保障农业项目咨询服务的健康发展。工程咨询单位和个人树立质量至上的意识和理念，摒弃为经济利益忽视咨询服务质量的行为，形成了追求质量、追求卓越的良好氛围。

在编制农业咨询项目各类研究报告的过程中，按照“思想上高境界、业务上高水平、工作上高成效”的目标，不断摸索不同类别咨询项目申请报告的编制内容和编制深度，逐步规范咨询项目编制，严格按照编制大纲要求进行规范。加强项目科学论证，充分发挥咨询项目的投资效益。不断提高工作质量，更好地为客户服务。

（三）加强人才队伍建设

强化专家队伍建设。集聚省农科院各行业专家优势，重视专家的地位和作用，充分利用专家的专业优势及丰富经验，促进工程咨询项目的科学决策和高效实施，加快工程咨询人才的培养。在工作中逐步完善专家管理制度，建立紧密型专家合作机制。建立健全专家库，规范专家聘用，形成有效的专家责任约束和激励机制。整合全院各行业专家资源，归纳总结专家知识和经验，充实工程咨询优秀成果案例档案。

（四）开展农业项目咨询理论方法研究，规范编制依据

在借鉴省内外工程咨询理论方法研究成果的基础上，汇集各行业的力量，认真总结我院投资建设和工程咨询实践经验，积极开展工程咨询理论方法的学习和探索。加强与其他咨询单位的交流与合作。按照科学发展观的要求，依托创新研究成果，对农业咨询服务工作的内容和深度进行规范，严格按照国家和行业法规、标准、方法、参数、指南等规范性文件编制项目报告。

三、今后发展措施

（一）继续更新咨询理念，做好农业项目咨询服务

农业项目咨询业是一个不断创新的行业。农业项目咨询业的创新主要指咨询理念的创新。咨询理念的创新有三个层面：理念的创新、方法的创新和技能的创新。咨询理念是指导项目咨询的思想灵魂，未来项目咨询行业应在以人为本的原则下，注重项目投资前的经济、社会、环境、生态等综合效益的最大化，注重先进技术的引入与自主创新能力的培养，将科学发展观贯彻到工程咨询服务的方方面面。方法与技能的创新是为了更好地满足客户需求，项目咨询应注意新咨询理论和方法的学习。

（二）加强行业内外的交流与合作，提供高质量的服务

为提高服务质量，应加强行业内外的交流与合作，加强与规划部门、勘察设计企业、工程造价咨询企业、工程建设企业等单位之间的合作，实现全过程的工程咨询服务，保证工程咨询服务的完整性，提高服务质量。开展各种形式的交流合作，学习其他单位的先进咨询理念、方法与技能，提高自身服务质量与管理水平。

（三）创建农业项目咨询品牌，提供差异化服务

结合本单位自身优势，进行准确定位，提供差异化服务，塑造优势咨询品牌，增强竞争力。辽宁省农业科学院是全省最高的农业科研单位，汇集着各行业高水平的农业专业技术人员，应继续发挥农业专业优势，积极参与农业产业化项目，为企业提供差异化服务，创建自己的项目咨询品牌。

（四）重视人才的培养

农业项目咨询业是一个知识密集型行业，人才是项目咨询业发展的一个关键因素，因此需要大量高水平的复合型人才。首先，应充分挖掘研究院内部的人才资源，加强对专业技术人员的继续再教育与培训，使其拓宽知识面，不断掌握新的方法和技能。其次，引入知识面广、实践经验丰富的专家或与其合作，充分利用他们的专长与经验带动自身的成长。再次，建立公平、公正、透明的人才竞争与激励机制，营造良好的工作氛围，加强内部沟通机制，努力营造有利于人才成长和脱颖而出的环境，调动项目咨询人员的积极性和创造性。

加强科企联合　提升农业龙头企业核心竞争力

生物技术研究所

为全面提升农业科技自主创新能力，促进科技成果转化为现实生产力，积极推进社会主义新农村建设，多年来，辽宁省农业科学院大连生物技术研究所和大连水产药业有限公司联合，开展柞蚕资源在医药保健品领域的深加工利用研究并开发出系列产品，为企业的持续发展提供了技术支撑，带动了当地农业产业和农村经济的快速发展。

一、项目实施背景

项目合作单位大连水产药业有限公司是由原大连水产制药厂改制后变更注册成立的有限责任公司。原大连水产制药厂是我国最早从事生产鱼肝油和维生素制剂产品的主要厂家之一，至今已有五十四年的历史。企业坐落在风景秀丽的大连市高新技术产业园区，占地面积25485平方米，建筑面积13000平方米。公司拥有各类专用设备150余台（套），生产九个生产剂型的60种产品，2003年通过国家GMP认证，现主要产品为蛾苓丸、媚灵丸、肾肝宁胶囊和龙燕补肾酒等以柞蚕资源为主要原料开发的药品。由于大连生物技术研究所多年来一直从事柞蚕综合利用研究，具有较强的研发实力，因此，作为技术依托单位，从20世纪90年代开始双方开展技术合作，联合开展柞蚕系列产品的研制，以提高企业产品的核心竞争力，保障企业的可持续发展。

二、项目实施情况

（一）准确定位研发内容，确立产品的市场竞争力

在确定研发内容之前，做到深入了解同类产品的前沿发展动态和市场需求潜力，并对产品成本进行可行性分析，通过评估最后确定研发方向，确保研发的产品具有较强的市场竞争力。如蛾苓丸药物的研制，当时市场上柞蚕保健品

都是以雄蚕蛾为原料，如延生护宝液等，而我们通过前期的研究发现，雌、雄蚕蛾中的雌性激素含量存在较大的差别，而雌性激素对人体内分泌系统具有重要的调节作用，所以通过市场调研和研发，率先在国内研制出以雌蚕蛾为原料的药物蛾苓丸用于治疗男性前列腺肥大和妇女更年期综合症。由于产品定位准确，上市至今销售一直较好，为企业带来了可观的经济效益。

（二）解决企业技术难题，推动企业健康发展

针对企业在发展中遇到的技术难题，我所的科技人员竭尽全力为企业排忧解难。如企业现有几种蚕蛾产品，原料全部由外面购进，由于国家尚无可参照的蚕蛾检测标准，一些商家就用交配过的雄蚕蛾滥竽充数，而企业由于技术手段不够而无法控制雄蚕蛾的质量，使企业多年来蒙受了较大的经济和信誉损失。为此，我们根据蚕蛾成分含量与药理作用的关系，为企业制定了一套从外观鉴别到体内雌二醇和睾丸酮激素含量等检测指标的蚕蛾规范标准，使产品质量得到了保证。另外，该企业的丝素能量肽产品一直采用盐酸水解工艺制备，产品得率较低，造成产品成本较高。针对这一问题，我们进行技术攻关，采取将水解前的蚕丝切成短丝并改用磷酸水解等工艺，使产品的得率提高了 16%，为企业解决了难题，提高了生产效益。

（三）诚信合作，加速科技成果转化

多年来，我们与大连水产药业有限公司采取双方共同确立研发项目及内容的方式进行合作，由大连生物技术研究所负责技术研发工作，企业负责提供研发经费和产品报批。几年里，合作双方始终能够坚持相互尊重、诚信合作，发挥了各自的优势。由于企业具有雄厚的经济实力和产品转化能力，大大地缩短了科技成果转化周期。

（四）发挥产学研优势，积极争取国家项目，促进企业发展壮大

产学研联合是加快科技成果转化的一条有效途径，同时，这种联合也为企业的科技创新提供了技术保障。为此，双方在现有产品研发基础上，依据国家有关政策，积极争取国家重大项目，以获得国家资金的扶持，使企业快速发展成为柞蚕生物制药领域的龙头企业。2010 年，双方联合申请了国家发改委柞蚕资源综合利用产业化基地项目，申请经费 1000 万元。使企业年销售收入将达到 2 亿元以上，成为国内从柞蚕放养到柞蚕资源综合利用一体化的龙头企业。

三、项目实施以来取得的效益

双方合作以来，共同研制 2 种保健药品，解决企业技术难题 10 余项。其

中，仅蛾苓丸和丝素能量肽 2 种产品的销售额累计就达到 1.5 亿元，为企业带来了 3000 多万元的利润。同时，该项目的实施对柞蚕产业的发展起到了积极的推动作用，共带动约 1500 户蚕农脱贫致富，解决农村劳动力就业约 500 多人，有力地促进了地方经济的发展。

四、科企合作的体会和认识

（1）通过科企合作提高了研究所科技人员的研发和管理水平，同时，通过深入企业调研，使研究所了解了更多的社会需求，为今后的科研工作定位提供了方向。

（2）在合作过程中，双方要本着“诚信互惠”的原则开展工作，研发项目事先要经过认真的市场调研，保证产品的市场竞争力，同时要加强沟通，相互支持，使科技合作能够稳定地开展下去。

（3）寻求与龙头企业的合作，缩短产品研发周期，提高市场竞争力。柞蚕资源综合利用产品的开发要建立在以科研院所为技术依托、龙头企业为载体的运行模式基础之上。科研院所确保产品的品质和高科技含量，龙头企业具有资金、产品生产经营、开拓市场的经验和能力，只有这样才能使科技成果尽快转化为生产力，实现双赢。

加快科技成果转化
提升现代农业园区优势产业创新能力

食品与加工研究所

为提升农业产业化龙头企业的技术创新能力，推进现代农业发展，促进社会主义新农村建设，辽宁省科技厅组织实施了“农业科技龙头企业示范工程”和“科技特派行动工程”。辽宁省农科院食品与加工所作为省科技特派行动的成员单位组织了科技特派组，与“辽阳新特现代农业园区”结成产学研技术联盟，通过“留兰香综合加工利用技术创新与产业化研究”项目的实施，实现留兰香综合加工利用技术创新与产业化，为企业提供技术支撑，创新园区优势产业，满足企业发展技术需求，引领和推动辽宁留兰香特色产业持续健康发展，推动农业种植业结构调整和农民增收。

一、项目区概况

辽阳新特现代农业园区坐落于辽宁省灯塔市西马峰镇新生村，成立于2000年，是一个集研发、示范、推广、生产于一体，产、加、销一条龙的独资企业，主要产业包括绿色和有机食品蔬菜种植、黑猪和肉牛养殖、农业观光、农业科技展示等。园区被省政府评为“省农业产业化重点龙头企业”，被国家农业部评定为“全面质量管理达标验收合格单位”，被辽宁省科技厅评定为“辽宁省星火科技产业化龙头企业”，被国家确定为“第五批全国农业产业化标准化示范区”。园区通过了中国科学院沈阳应用生态所农产品安全与环境质量检测中心环评，软硬环境建设得到了长足发展。为提高企业创新能力，2005年，辽阳新特现代农业园区与辽宁省农业科学院食品与加工研究所开展技术合作，签订了技术合作协议，重点是为企业留兰香综合加工利用产业化提供技术支撑。

二、项目实施情况

（一）深入企业调研，选准切入点

为了有的放矢地开展研发工作，科技特派组深入企业，对留兰香种植基地和精油加工车间进行深入调查研究。发现企业生产中存在三方面需要解决的问题：一是留兰香种植、采收及加工前原料处理技术有待完善；二是留兰香精油生产效率不高，出油率低、纯度较差，需要改进、提高；三是生产留兰香精油后的下脚料作为垃圾扔掉，造成资源浪费和环境污染。因此，开展留兰香综合加工利用研究具有十分重要的意义。

（二）针对企业技术需求，确定研发内容

针对企业存在的技术问题，科技特派组通过查阅资料，结合现有工作基础，进行了充分研讨，确定了工作思路和研发内容。一是进行优质、高产专用品种的筛选；二是开展提高留兰香精油出率和留兰香综合开发利用研究；三是与企业紧密配合，从原料种植到采收进行全程跟踪技术服务，通过研究确定最佳采收期和原料处理方法，以提高留兰香原料含油量和出油率；四是结合企业设备现状，改进精油提取技术和生产设备，提高留兰香精油出率和纯度。

为提高留兰香原料的利用率、增加产品附加值和总体经济效益，研究所通过研发，实现技术创新，将提取留兰香精油后的下脚料废弃物进行资源化利用，用于研制天然色素叶绿素和叶黄素，为企业提供了留兰香精深加工系列产品——留兰香精油、叶绿素、叶黄素浸膏——的生产技术、工艺流程、设备选型和生产线设计，从技术上确保产品质量符合国家或企业标准，增强了企业产品开发能力。

（三）以项目为载体，加快新技术推广，促进优势产业发展

几年来，食品与加工所科技特派组与辽阳新特现代农业园区密切合作，以项目为载体，通过开展技术咨询、技术指导和技术服务，促进了留兰香特色优势产业的快速发展。

引进推广了抗寒性强、鲜草产量高、适于在辽宁种植的留兰香品种——小叶留兰香，并试种成功，每亩产留兰香鲜草约3000公斤（产油约9公斤/亩）；协助企业确定了提高留兰香精油的合理种植方法和种苗扩繁技术、最佳采收期和原料处理技术。研究确立提取留兰香精油的最佳工艺技术，香精酮含量大于65%；留兰香干草精油提取率约0.8%，比企业原有出油率提高约0.2%。

研究确立了以提取留兰香精油后的下脚料为原料制备叶绿素衍生产品和叶

黄素的最佳工艺流程和技术参数；并完成中试，试制出留兰香叶绿素和叶黄素的精深加工产品。对叶绿素衍生物叶绿素铜、锌和叶黄素的溶解性、稳定性进行研究，增强了产品的稳定性并拓宽了其应用范围。

与企业联合申报了“以留兰香为原料制备天然叶绿素及其产品的方法”发明专利，已获授权，实现了技术创新和产品创新。同时，还协助企业成功申报了国家发改委“天然叶绿素、叶黄素系列高科技产品产业化项目”，为企业争取一期经费 95 万元。

三、项目实施取得的主要成效

在科技特派组协助下，目前，在项目区已累计发展留兰香种植面积 2000 亩，生产的留兰香精油产值达 288 万元。在实施发改委“天然叶绿素、叶黄素系列高科技产品产业化”项目中，协助企业完成了留兰香精油、叶绿素和叶黄素加工车间扩建、设备选型和生产线设计。预计，项目完成后可扩大留兰香种植面积 2 万亩，产留兰香鲜草 6 万吨，加工出留兰香精油约 180 吨、叶绿素约 150 吨，叶黄素约 60 吨，产值约 1.2 亿元。按每一农户种植 4 亩计算，2 万亩可带动农户 5000 户。达产后将取得更大的经济效益和社会效益。

四、推进产学研相结合的体会与建议

经过几年的科技特派组工作，我们体会到，产学研合作是社会主义新农村建设的具体实践。通过与企业建立产学研联盟，共同研发攻关，解决产业发展中存在的技术难题，增强了企业的科技创新能力。同时，也有利于科研院所找准科研工作切入点，使研发内容更具有针对性和实用性，加速成果转化和推广；有利于科技人员更新知识，在实践中增长才干，不断提高业务水平和解决实际问题的能力。

产学研的生命力在于讲求实效和产生实效。建议把聚集创新资源的产学研结合工作作为科技工作的重点；在政府投入研发经费中加大支持产学研合作的比例，探索面向企业、科研机构等多元化、灵活化的资助模式，促进科研项目与技术人才的有效结合；科研机构应紧紧围绕本地区产业发展需求，以产学研结合为突破口，通过重大项目、示范基地、战略联盟等载体重点引进科技创新资源和要素，建立和完善以企业为主体、市场为导向、产学研相结合的技术创新体系。

开展科技进家庭活动
促进东部山区食用菌产业提档升级

蔬菜研究所

“科技进家庭活动”是在辽宁省妇女联合会与辽宁省农科院共同倡导下开展的。2007—2011 年，抚顺市妇女联合会与辽宁省农科院共同开展科技进家庭活动，在活动中，组建了抚顺农业开发科技团队，并会同地方科技推广部门共同实施。围绕抚顺市食用菌产业，建立了科技示范基地，开展科技培训和技术指导，扶持示范户，带动了食用菌高效栽培技术的推广应用，培植壮大了一批食用菌致富产业，促进了地方特色产业发展，取得了良好的成效。

一、以项目为支撑，引进推广先进技术，培育致富产业

（一）引进优良新品种，促进食用菌生产品种更新

几年来，专家组结合农业综合开发项目实施，先后在“科技进家庭”活动项目区引进香菇 A6、香菇 937、香菇 433、香菇 C28 等 10 个新品种，经过综合评判初步选出 2 个优良品种：香菇 433 和 C28，其特点是：转化率 90% ~ 120%，抗杂性强，品质好。通过在生产上推广应用，比常规品种增产 20%，促进了食用菌品种的更新换代，增强了食用菌产品的市场竞争力。

（二）推广先进实用技术，为食用菌产业发展提供技术支撑

推广具有自主知识产权的“香菇筷子菌种原料配方及制作工艺”和“北方半熟料开放式香菇生产方法”国家发明专利技术，全县实际应用面积 90% 以上，成功率达到 95% 以上。采用开放式接种，成活率达 95% 以上，高于传统菌种 10% 左右；缩短培养时间 10 ~ 15 天，菌种的菌龄均匀一致，减少了接种的劳动量。其中，香菇半熟料三柱连体栽培生产工艺与常规全熟料袋式栽培相比，缩短蒸料时间 20 小时以上，节省燃料；栽培场地要求简单，能遮阴的简易冷棚即可，建造成本比传统模式降低 20 倍。采用全开放式接种比传统全无菌接种方

式，提高接种效率40%；采用5～15℃低温发菌比传统18～24℃发菌降低污染率10%以上，培养菌丝时间缩短10～15天，转化率20%以上，且菇体硬度大，菇形圆整，出口鲜菇率提高10%以上。通过推广先进技术，大大减少了生产成本，提高了项目区食用菌产量和效益，为农村妇女开展科技致富提供了有力的技术支持。

二、开展“科技进家庭活动”采取的主要措施

（一）精心制定活动方案，确保实施效果

为确保“科技进家庭活动”取得实效，由抚顺市妇女联合会牵头，组织辽宁省农科院食用菌专家与地方农业技术推广部门技术人员组成10人技术小组，对当地农村妇女进行食用菌高效栽培技术培训和指导。通过大力开展科技培训帮助更多的农村妇女掌握致富技能，提高文化素养，培养有文化、懂技术、会经营的新型农民，把农村妇女人力资源转化为强大的妇女人才资源。同时，积极转变农村妇女观念，使她们跳出“锅台”小天地，投身经济建设主战场，依靠科技发展食用菌农业，成为致富路上的生力军。如新宾县建立了食用菌生产技术人员和妇女科技示范户组成的活动小组，当地农业局为配合这项活动，在作物生长季节为每位妇女致富带头人每月发放500～1000元的技术指导补贴，极大地鼓舞了当地广大妇女科技致富的积极性。

（二）树立巾帼科技示范典型，带动农村妇女发展致富产业

抚顺市共有以农村妇女为主体的食用菌专业合作经济组织5个，为树立巾帼科技示范典型，推动当地食用菌产业快速发展，专家组大力扶持食用菌专业合作经济组织，在新技术应用、产品质量检测、市场销售、产品深加工等方面给予了充分的支持，增强了农村妇女的科学意识和市场经营意识。如通过妇女合作组织为会员户搜集市场信息，减少了生产的盲目性；通过给会员提供光盘和书籍等相关技术资料，定期组织农户学习，积极组织妇女学科技、用科技，同时，进行技术交流和技术咨询，切磋管理方法，彼此借鉴，共同提高，激励了广大妇女比学赶超的进取精神，提高了科学种养水平。为了表彰科技示范典型，辽宁省农科院为抚顺市食用菌种植大户颁发了5个“巾帼科技示范户”证书，树立了妇女致富的典范。

抚顺县三兴食用菌专业合作社，2007年10月成立，成员共102人。合作社首先在佟庄子村建立食用菌基地50亩，建保护地大棚15栋，种植香菇10万多袋。在后安镇党委、政府大力支持下，投资5万元，进行扩大再生产。2008年，共种植香菇40万袋、猴头6千袋、金顶侧耳5千袋。同年9月，由国家投

资25万元、自筹资金35万元建成南彰党食用菌基地，占地80亩，拥有40座大棚，生产香菇50万袋，袋装黑木耳100万袋，猴头、金顶侧菇、平菇、双孢菇等10万袋。合作社的发展带动了周边村的食用菌产业，其中，北沟村、佟庄子村、馒首村发展黑木耳生产300余亩，李家村、同安村、郑家村发展香菇生产200亩，带动农户1000余户，安排600多人就业，对全镇食用菌产业起到了有力的推动作用。

目前，共建设妇字号示范基地达10个。今后，抚顺县政府还将继续为农村妇女发展食用菌生产搭建好平台，从政策、资金、技术、物资上提供更多的扶持。同时，加大科技投入，通过科技示范发展林下香菇种植模式，做大做强抚顺县食用菌产业，促进农村妇女增收致富。

（三）加强科技指导和技术培训，提升妇女整体科技素质

应抚顺县妇联邀请，省农科院专家多次到抚顺县后安镇彰党村、佟庄子村三兴食用菌专业合作社种植基地，为从业妇女提供技术指导。

在食用菌种植基地，专家们通过了解生产管理情况，针对菌丝培养、转色、出菇等过程中出现的诸多问题，从菌种的选育、温度和湿度的控制、光线刺激等技术操作及装袋机、锅炉等设备的使用进行技术指导，并通过集中培训、地头讲座、请进来、走出去等办法进行科技培训，为妇女们解决了生产中的技术难题，取得了良好的经济效益。

2010年6—7月，由抚顺县农业局与农业综合开发办共同举办食用菌产业化培训班，学员来自全县12个乡镇，包括食用菌合作组织带头人、种植大户及准备发展食用菌生产的农户，共63人。省农科院蔬菜所的专家顾问们对学员进行了技术培训，分别作了题为《不同视角下抚顺食用菌产业发展》《香菇熟料栽培技术及存在问题》《全日光露地黑木耳栽培技术》的讲座，并向学员发放了香菇熟料种植、黑木耳全日光露地栽培的技术资料。

课堂培训结束后，专家们还带领学员参观了抚顺县鲍家黑木耳基地和馒首村香菇基地，并与当地具有多年种植经验的示范户共同对学员进行现场操作技术指导。之后，考察了我省香菇生产第一大乡——岫岩县牧牛乡的香菇生产，学习了食用菌先进地区的发展经验，为培养能生产、会经营的食用菌专业人才奠定了良好基础。

三、“科技进家庭活动”取得了良好成效

几年来，通过开展“科技进家庭活动”，为科技与农业生产相结合搭建了桥梁，促进了科技成果转化，加快了新技术推广应用，推动了广大农村妇女发

展致富产业，促进了社会主义新农村建设。在项目实施中，专家组坚持以科技示范户能力建设为核心，以推广主导品种、主推技术为内容，以实施主体培训为突破口，做到科技人员直接到户、良种良法技术要领直接到人，有效解决了农技推广“最后一公里”、技术转化“最后一道坎”的难题，对推动抚顺市食用菌产业提档升级和农民增收致富发挥了重要作用。以新宾为例，2009 年，通过科技示范，发展香菇三柱连体栽培 4000 万袋，成功率 95% 以上，亩效益 2 万 ~5 万元，实现食用菌增产 500 万公斤，增收 3000 万元。

科技管理篇

紧紧围绕重点项目做好科技推广工作

风沙所科技科

2006—2011 年，风沙地改良利用研究所共承担花生、畜牧、林果等方面的各级各类开发、推广项目 28 项。经过全所职工的共同努力，开发、推广项目取得了显著成绩。在花生新品种、新技术的推广方面，先后承担了国家财政部的“优质花生新品种繁育及配套栽培技术示范推广”、科技部的“优质高产花生新品种阜花 10 号、11 号试验与示范”、辽宁省农业综合开发办的“优质高产花生新品种综合技术开发”等项目。几年的示范推广工作成效显著。到 2011 年末，在辽宁省及周边地区累计推广阜花系列花生新品种 508.6 万亩，推广区域遍布辽宁省的 7 个市 56 个乡镇，示范推广配套技术 10 余项，主要包括地膜覆盖栽培技术、配方施肥技术、抗重茬技术、密植技术、生长调控技术、病虫草害综合防治技术、花生生产机械化等，累计新增经济效益 5 亿元。在畜牧养殖技术推广方面，重点完成了辽宁省财政厅推广项目“辽西肉羊高效饲养繁育关键技术示范推广”。该项目以阜新市为核心区域，辐射朝阳市、锦州市等地，项目实施期间，共培育并推广道赛特、萨福克、德国肉用美利奴优质种羊 800 余只，推广地区遍布辽西的 50 个乡镇 300 多个行政村。通过建立示范基地，推广优质肉用种羊，研究和应用发情调控、羔羊早期断奶与强度育肥技术，推广适宜辽西地区的羊杂交改良等一系列优新技术，纯增经济效益达 1 亿元以上，取得了显著的经济、社会和生态效益。

成绩的取得主要取决于两方面因素：一是各级领导的正确指导和大力支持；二是全所职工的共同努力，特别是针对重点项目科技推广工作特点，加强了开发推广项目的管理工作，认真做好服务，有效地推进了各项目的实施。

一、结合单位实际，突出优势学科，积极申报科技推广项目

紧跟国家科研发展动态及产业需求，突出优势学科，积极申报科技推广项目。辽宁省风沙地改良利用研究所根据本单位花生研究与推广的学科优势，抓

住机遇，积极申报花生开发推广项目。一是加大宣传力度，让省、院、市相关领导及部门了解辽宁省风沙地改良利用研究所，了解花生研究进展，得到领导的支持与帮助。二是本单位主要领导积极参与项目申报工作。在争取项目中，研究所主要领导对本项工作给予高度重视，通过与上级有关部门沟通，了解立项要求和形势，同时，与本单位工作实际相结合，提高了项目申报成功率。三是在申报项目时，科技管理人员认真做好服务工作，协助有关人员及时、准确、规范地完成申报材料，确保了申报质量。

二、对重点项目实行跟踪管理，使项目做好做实，取得成效

对项目实行跟踪管理是管理好项目的重要措施。项目一经立项，要求及时确定课题主持人和参加人，并根据任务下达部门计划要求，及时撰写课题实施方案，落实任务。对重点课题实行重点管理，采取不定期检查和抽查相结合的方式对课题进行检查，发现问题及时解决。同时，要求科技人员在工作中注重原始技术资料、图片的积累，为项目验收、鉴定打下基础。在具体工作中，重点抓好以下几方面工作。

（一）建立健全组织机构

成立项目领导小组和技术指导小组。领导小组以研究所所长为组长，由各项目区科技副县长、副镇长为主要成员组成；指导小组由新品种研制人员及县、乡镇从事科技推广的人员组成。领导小组与技术指导小组实行分工负责，确保各项工作顺利落实。

（二）做好推广前的宣传工作，为大面积推广做准备

阜花系列花生新品种推广期间，采取多种形式进行宣传，如在电视台、电台、报纸等媒体进行宣传，编制发放科技小册子，介绍新品种特性、产量表现及栽培技术要点等，让农民看到并充分了解新品种优缺点，提高农民应用新品种、新技术的积极性。

（三）以项目为载体，建好高产示范田及示范基地

在技术宣传的基础上，以项目为载体，在花生主产区的市、县、乡镇建立高产示范基地。结合承担的项目，每年在辽宁的阜新、锦州、铁岭等地建立高产示范田 15 处，每处面积 10 ~ 15 亩，在秋收前召开相关部门领导及农民代表参加的现场会，并实地测产，展示新品种的增产优势。同时，在建立高产示范田基础上建立示范基地，扩大繁种面积及影响面，加速科技推广进程。

（四）给予农民优惠政策，签订回收合同，促进良种繁育

为了使农民接受新品种，使他们真正得到实惠，在试验示范前期无偿向农

民提供部分种子、化肥、农膜等。在播种前根据种植品种、面积、拟收获花生种子数量与农民签订回收合同，以每公斤高于市场平均价 0.3～0.4 元回收。回收后对花生种子进行清选，借助科研所技术优势及良好信誉，将种子推向市场，扩大下一年的种植面积，加快了成果推广速度。

（五）加强科技培训工作，提高农民的科技文化素质

农民是农业科技成果的应用者，农民自身的科技文化素质水平和应用科学技术意识的强弱程度，是影响农业科技成果推广的直接因素。农民有接受新品种和新技术的积极性，但却不掌握具体实施方法，这就需要科技人员去引导，把他们领进门。对此，农业科研院所根据自己科技成果的特点，制定具有操作性、浅显易懂的技术规程是十分必要的。辽宁省风沙地改良利用研究所近年编写并发放各种技术资料 10 万余份，所制定的花生技术规程包括品种特征特性、土壤选择、适宜播期、播种方法、种植密度、田间管理、收获技术等，让农民既了解了技术又学到了知识，大大提高了科技文化素质。

（六）培养重点科技明白户、明白人

充分发挥农民科技示范户带头作用，拓宽对农业新技术的宣传推广渠道，引导农民自觉学习和交流农业新技术，是我们总结的推广经验。在生产关键环节，我们积极组织科技人员深入花生产区的重点乡、村、户进行培训，通过培训，达到每村都有种植明白户，每户有明白人，为新品种的普及推广起到了重要作用。

（七）深入田间地头进行技术指导，及时解决实际问题

当前广大农民科技意识和科学种田水平逐步提高，但有些农民受传统种植观念影响，僵化、保守思想仍然存在。通过科技人员深入田间地头进行技术指导，可以及时发现农民在种植上存在的误区，如是否适地适种、密度是否合理等问题，并及时给予纠正，避免了生产损失。

三、对承担的项目及时总结汇报，进一步推进项目向纵深发展

近年来，在项目执行期间或结束时，我们十分重视项目的管理，要求项目组及时对项目实施情况进行总结，总结成绩，查找不足，从而进一步明确工作方向。如我们承担的辽宁省农业综合开发重点科技项目“花生新品种及高产栽培技术推广”，每年均召开有省农发办和省农科院有关领导、专家参加的中期汇报会。项目负责人汇报项目实施方案及项目总体进展情况，与会同志对项目实施情况进行交流和讨论，并对如何进一步搞好花生优良品种基地建设，创新技

术，促进研发，解决重茬减产、病虫害防治、配方施肥、残膜回收、土壤风蚀、推广覆膜打孔机械等方面问题提出很好的意见和建议。项目阶段工作汇报会议的召开对花生推广工作产生了极大的推动作用，增强了课题组人员的信心，使工作目标更明确，思路更清晰，为下一步深入开展工作打下了坚实的基础。同时，为省风沙所积极谋划全省花生产业发展的长期定位提供了借鉴。

加强项目管理　建立健全各项规章制度　增强科技推广活力

果树所科技办

农业科技推广是将先进适用的农业科技成果转化为现实生产力，并能增加农产品有效供给和农民收入的一种社会化服务。由于果树具有生长周期长、结果晚等特征，开展果树新品种、新技术的开发与推广工作与其他大田作物相比更具有特殊性。作为省级果树科研单位，只有加强项目的管理、不断创新科技推广机制、提高科技推广的活力与效率、促进各项技术的有效实施，才能提高科技推广项目实施质量和水平，发挥出科技进步对辽宁省现代果业发展和新农村建设的支撑保障作用。

一、“十一五”期间果树所承担科技开发与推广项目情况

“十一五”期间，辽宁省果树所累计承担中央财政农业科技推广示范专项1项，辽宁省农业综合开发项目23项，省财政科技推广项目5项，沈阳市科技共建项目2项，市级开发项目7项，项目累计经费757万元。项目实施区域分布于辽宁省的沈阳、本溪、营口、锦州、鞍山、丹东、葫芦岛、抚顺、朝阳、辽阳等10个市的17个县（区），涵盖了苹果、梨、葡萄、李杏、小浆果、设施果树、土壤肥料、果树植保、蔬菜等9个学科，累计开发推广苹果、梨、葡萄、仁用杏、油桃、樱桃、树莓、蓝莓、枸杞、沙棘、蔬菜等优良品种50余个，推广相关技术40余项，开发推广优新品种及相关配套栽培技术面积60余万亩，所内有80余名专业技术人员参与了项目的实施。多年来，在省财政厅、农业综合开发办的关怀和指导下，在项目实施市、县（区）、乡镇政府和各市、县农业综合开发办的大力支持下，在当地农业推广部门及技术人员的密切配合下，这些推广项目的实施在加速果业科技成果转化、促进地方果业和农村经济发展、增加果农收入、加快果业现代化建设等方面发挥了重要作用。

二、科技推广管理工作主要措施

由于果树所学科较多（16 个研究室），承担的科技开发、推广项目也较多，为保证出色地完成省农业综合开发和科技推广项目，增强科技推广的活力，我们不断创新科技推广机制，完善制度，同时抓制度的执行，使果树所的科技推广工作取得了显著效果。

（一）明确管理机构和责任，建立健全各项规章制度

果树所科技办公室负责全所的科技开发和推广项目管理，负责组织项目的申报立项、计划编制、组织实施、检查验收等管理工作，有专门固定人员分管科技开发与推广工作，保证了项目管理工作的不间断和连续性，并在实践中逐渐形成一套较为有效的管理办法和管理措施。针对每年科技推广工作中发现的问题，先后 3 次修订了《辽宁省果树所科研、推广工作管理办法》，在管理办法中对项目的申报、学科之间联合、项目实施、检查汇报、经费使用、考评和奖励等各项管理制度都进行了明确规定。在健全制度基础上，强化各项制度的执行，做到规范管理。

（二）充分调动各研究室的积极性，为争取项目创造条件

在项目争取中，科技办公室积极协助所内各研究室与各市县开发办联系、沟通，针对当地的果业优势、发展方向和发展重点，结合自身学科的发展方向，以新品种、新技术、新产品的开发和推广为主要目标，多渠道争取立项。在果树所承担的 23 项省农业综合开发项目和 7 项市级开发项目中，有 25 个项目是与各市县开发办沟通争取的项目。在项目申报时，要求各研究室不得申报非本人从事专业的项目，但鼓励他们积极为其他研究室争取项目。

对于上级主管部门限额申报的项目，科技办公室将项目申报的精神通知到所有研究室，由各研究室将拟申报的项目名称、主持人、项目主要内容等先报到科技办，然后按照公开、公平、公正的原则，经所学术委员会和所长办公会审议后，择优上报。

（三）鼓励所内多学科联合承担项目

在项目申报时，科技办公室协调各研究室之间的关系，鼓励他们跨单位、跨学科联合申报各类开发、推广项目，对所内多学科联合申报的项目优先推荐。而在项目下达后，科技办组织参加项目的各研究室签订所内协作合同书，明确任务分工、经费分配方案、考核指标及人员排名等，并在科技办备案，无特殊情况不得中途变更。项目主持单位则具体负责监督、检查、考核各参加单位开

发、推广任务的完成情况。

对于一些重大的开发推广项目，为了保证项目的成功申请和高标准、高质量完成，要求由所长亲自牵头主抓项目，科技办具体负责项目的申报和实施管理。“十一五”期间，我所连续5年成功申请了省农业综合开发重点科技推广项目“果树优良品种及标准化生产技术推广”，项目总经费335万元。每年项目下达后，科技办认真组织苹果育种、苹果栽培、梨、葡萄、桃、樱桃、土壤肥料、果树植保共8个研究室的60余名科技专家共同实施。由于有坚强有力的领导、过硬的技术队伍，有效地保证了优良品种及各项标准化生产技术在各示范区的落实。

（四）认真把好申报材料质量关

所内每年撰写和修改各类申报书、半年总结、年度总结等报告80余份次。对各课题立项撰写的申报书、可行性报告等，要求经室主任、科技办主任、业务所长层层把关、审批签字后方可上报有关部门。科技办对所有的开发和推广项目申报书和总结报告都进行严格审查，帮助他们撰写和修改各类项目报告，审查通过后按上级部门规定的时间及时上报，保证了申报材料的质量。

（五）加强项目的跟踪管理，认真组织检查项目落实情况

1. 严格项目的计划和方案管理

各类开发、推广项目下达后，科技办首先组织承担项目的研究室制订项目计划表和实施方案，将技术经济指标按时段、区域分解到位，确保推广项目落到实处。对重点科技推广项目，我们还组织所学术委员听取实施方案的汇报，审核通过后，召开由全省各市县区果树主管部门领导和项目基点负责人参加的项目协作网会，然后按计划实施。对所内协作项目子课题实施方案和总结，则要求由项目主持人负责审核。

2. 加强项目的跟踪管理，实行汇报制度

在项目实施过程中，科技办加强监督检查，跟踪服务，重点抓好落实，为项目顺利实施提供组织上技术上的保障。每年科技办组织半年和年终2次汇报会议，要求承担开发、推广项目的各研究室采用多媒体进行总结汇报，在项目主持人汇报过程中和汇报结束后，由参会人员提出异议和建议，促进了项目实施中各项工作的改进和提高。

3. 坚持基点现场检查制度

每年在各示范基地最能体现推广效果的时期，科技办组织所领导班子和部分中层干部到各项目区对新品种、新技术推广应用情况进行全面检查，检查的基点由科技办从各项目实施方案中随机抽取。5年间，先后对60余个示范基地进行了检查。在基点检查过程中，我们还与各市县的主管领导、基地负责人、果农座谈交流，听取他们对我们工作的评价和建议，既保证了项目的落实，又增强了地方政府对项目的了解，便于今后工作的进一步开展。

4. 认真组织经验交流

每年在基点检查后，我们都组织召开“基点检查总结和经验交流工作会议”，在肯定成绩的同时，对检查中发现的问题进行总结，提出改进意见。通过这种总结和经验交流，使承担开发、推广项目的负责人能够及时找到开展科技推广工作的不足，借鉴成功的经验，为下一步更好地实施开发推广工作奠定基础。

（六）建立健全考核评价与激励机制

1. 建立激励机制，激发科技人员从事科技推广工作热情

为了处理好科研与科技推广服务的关系，解决好科技人员专职与兼职的矛盾，在所机构改革时，解散了过去的基地办公室，将过去所有的蹲点人员划归到与树种相关的研究室管理，过去的基点和新建立的开发、推广基地都作为研究室的试验、示范和推广基地，让从事科技推广工作人员参与研究室承担的所有科研项目和成果排名，其他待遇与科研人员一样，这样蹲点人员就免去了由于从事推广工作而没有参加科研项目和获奖成果的后顾之忧。

职称评聘方面，在制定政策时规定从事科技推广工作人员优先的原则。在每年的年终先进单位和先进工作者评选活动中，所外基点和从事科技推广工作的人员都占有一定的比例，充分调动了广大科技人员到基地从事科技开发与推广工作的积极性。

为加大我所自主选育的优良品种的推广力度，所内对为新品种推广作出贡献的研究室和人员进行奖励。奖励采取后补助的形式，如对自主杂交选育的果树品种在近五年内推广面积达到该树种在全省栽培面积的10%者进行奖励。为防止弄虚作假、虚报推广面积，新品种的推广面积以统计部门公布的年度统计数据为准。

2. 建立健全科学完善的考核评价机制

通过定期检查、考核、评比，对推广工作做得好的单位或出色完成推广任务、经济效益和社会效益显著的人员给予表扬和奖励；对于没有完成推广任务的，视情节轻重，对责任人给予一定的经济处罚和责任追究。在制定的《果树所科研、推广管理办法》中明确规定，省农业综合开发和科技推广项目必须要建立高水平的示范样板园。如没有示范园或示范园标准低，开发推广的成果、技术不能得到充分的展示，示范作用较差，在所进行基点检查中发现或经有关

部门考查认定后，年终将取消研究室主任和相关人员的岗位津贴，并限期做好调整。

对从事科技推广工作人员，要求按照共建协议或科技推广项目规定开展工作，不得从事与此无关的任何活动。对未按照项目协议完成任务和因工作失误给地方政府和农民造成损失、损坏果树所声誉的，因自身原因被中止协议、因不注意自己的举止言行造成不良影响的，在科技推广过程中搞个人行为而给集体或工作造成较大损失的，均进行待岗处理，并视情节轻重追究相关责任。

（七）强化科技培训和现场观摩活动

由于大部分果农对果树新品种的特性和果品标准化生产技术掌握的不够，而一般性的技术培训指导难以满足实际需求。为了彻底解决果农在果树生产中的技术难题，我们通过承担的各级农业综合开发和科技推广项目，联合地方农业局、农业开发办公室等有关部门，以项目为载体，主动到农村传授新技术，开展科技综合服务。五年来，果树所共选派出60余名业务水平高、经验丰富的果树专家，采取定期集中培训和专家现场指导相结合的方式进行技术培训，在生产关键期，到项目区各个基地和果农大户实行蹲点服务。累计蹲点达7000余天，举办不同类型技术培训班210次，共培训果农2.3万余人次，培植了一批果树新品种、新技术示范点，推广了一批先进的果树生产技术。

在科技培训的过程中，我们灵活应用现代化科技手段，广泛应用笔记本电脑和投影设备，把讲课材料制作成ppt幻灯片，利用影视广场设备到各项目区巡回播放。制作了《梨栽培技术》《果园土肥水管理》《果实套袋技术》《设施葡萄栽培技术》《苹果树生长期病虫害防治》《葡萄病害防治技术》等VCD光盘6部，刻录后免费发放7000余张，使果农们通过观看VCD直接学习先进的栽培技术，直接看到新技术与常规技术应用效果上的明显差别。

我们每年还组织召开10余次新品种、新技术现场会，组织各有关项目区的技术人员和果农到开发示范基地的典型园进行现场观摩和学习。4次聘请国外果树修剪专家到省农业综合开发项目区进行现场修剪培训观摩。科技办还协助组织召开一些大型的全省范围内的观摩和研讨会，如“苹果、梨早熟新品种现场观摩会”“苹果树调冠改形增效关键技术示范现场观摩会”“辽宁省果树苗木产销形势分析座谈会”“辽宁苹果产业经济发展座谈会”等。这些观摩会和研讨会加快了新品种、新技术的开发速度，提高了广大果农的科技意识和质量意识，收到了非常好的示范效果。

（八）重视媒体宣传

省果树所科技办公室在省农业综合开发科技推广项目实施中积极开展宣传

工作，与辽宁广播电视台《黑土地》栏目、营口电视台《新农村》栏目及熊岳电视台等媒体建立了长期的合作关系，每年与各开发推广项目组拟订宣传计划和宣传内容，邀请记者录制节目，在媒体上宣传果树所的科技成果。5 年来，先后录制了《像沙果一样的苹果》《我的名字叫"绿帅"》《梨品种——早金酥梨》《梨应用中间砧早结果》《设施甜樱桃采收后修剪技术》《设施桃采收后主干型修剪技术》《家有苹果树赶紧防治轮纹病》《梨架式栽培》《樱桃好吃树也不难栽》《司大嘴逛桃棚》等 18 部电视专题片，通过宣传促进了科技成果的快速推广与转化。

三、取得的效果

五年来，果树所的科技成果在项目基地广泛推广应用，有力地促进了项目区果树产业的发展，取得了科技和生产双丰收的良好效果。累计开发推广果树优良品种 50 余个，推广相关技术 40 余项，培训果农 2.3 万余人次，开发推广优新品种及相关配套栽培技术，耕作面积 60 余万亩，获经济效益 11 亿元。科技推广成果先后获国家农牧渔业丰收二等奖 1 项，辽宁省科技成果转化二等奖 1 项、三等奖 1 项，辽宁省科技贡献一等奖 2 项。

实践证明，加强项目管理，建立健全各项规章制度，增强科技推广活力，是搞好各类科技推广工作的重要保证；通过抓好科技推广，带动项目示范基地建设，是科技促进区域农业发展的一条成功之路。

切实做好科技推广管理工作
促进科技推广事业健康发展

水稻所科技科

农业是我国国民经济的基础，其发展关键在于科技的进步和农业科技成果的推广应用，而农业科学技术只有经过推广才能转化为现实生产力，促进农业发展、农村经济繁荣和农民生活改善。

水稻研究所是省级水稻专业研究所，具有较强的科学研究水平和成果转化能力。2006—2011 年，先后承担财政部农业科技推广专项、省财政推广项目、省市农业综合开发等项目 30 余项，在辽宁省适宜地区大力推广辽粳、辽星、辽优系列优质水稻新品种、新组合和实用高产栽培技术，取得了显著的经济效益和社会效益，为辽宁省水稻生产发展作出了重要贡献。辽宁省水稻研究所在开发推广项目的实施过程中，十分重视科技推广管理工作，为项目的顺利实施打下了良好的基础。

一、提高认识是做好科技推广工作的前提

目前，导致农业科技成果推广与转化效率低的重要原因之一，就是相关主体重视不够，一些科技人员在思想上仍然存在着“重研究，轻转化”的倾向，这一点在本单位和其他科研单位也是普遍存在的现象。对此，我们十分注重对科技人员进行宣传和引导，促使其及时转变观念，提高认识，让他们真正认识到科技推广与成果转化对水稻研究所的科技事业发展所起到的重要作用，增强其促进水稻新品种、新技术转化的自觉性和紧迫性，在科研人员中营造一种人人重视科技推广工作的良好氛围。

二、领导重视是做好科技推广工作的关键

近五年来，我们每年承担的农业综合开发和推广项目 6 ~ 7 项，项目经费多

达100万元。对于科技推广工作，所领导十分重视，将其纳入重要工作日程，专门成立了开发推广工作领导小组和技术实施小组，由所一把手亲自挂帅担任领导小组组长，分管开发推广的副所长为副组长，成员有科技科科长、计财科科长、栽培研究室主任和开发中心的种子生产经理、销售经理。技术小组组长由栽培研究室主任担任，成员由有关育种研究室的科技人员组成。科技科和计财科共同对本所科技推广工作进行宏观管理、综合协调和督促检查，定期分析和切实解决开发推广工作中存在的问题，做到科技推广工作决策科学化、民主化。

三、扎实工作是做好科技推广工作的基础

农业科技推广是一项复杂的系统工程，需要多方主体共同参与，其中既有作为科技需求方的广大农民、农业企业和其他主体，又有作为成果提供方的科研单位，还有专门从事农业科技成果推广与转化服务的机构及人员，以及政府的相关部门。因此，在农业科技推广过程中，如何协调有关各方的关系，从而最大限度地发挥他们应有的作用，就显得十分重要。

（一）加强与项目有关主管部门的沟通和联系

每年在农业综合开发与科技推广项目申报时，我们都积极与省、市农业综合开发办和院科技推广处沟通，组织有关人员进行申报。在项目下达时，及时签订项目协议书。作为项目的技术依托单位，根据项目区的科技需求，认真制定项目实施方案，确定推广品种和技术。在项目实施过程中，邀请有关主管部门的负责人到项目区检查指导工作，发现问题及时解决，有效地保证了项目各项工作的顺利进行。

（二）强化检查与考核工作

在项目实施中，我们注意加强对项目实施的监督与考核，要求各项目的主持人年初和年终及时报送实施方案和工作总结，并根据项目实施方案的主要内容，不定期到项目区检查各项技术内容及措施的落实和实施情况。重点是水稻高产核心示范区的建设情况、高产示范田的田间管理情况，及对农民的科技培训和技术指导是否到位，示范户的满意度如何，发现问题令其及时整改，保证了项目的顺利实施。

（三）对项目资金严格管理，规范支出

我所承担的科技推广项目大部分属于省市农业综合开发单项，因此我们按照国家有关要求，严格执行财政部《关于进一步加强农业综合开发资金县级报

账工作的通知》，实行县级财政报账制。根据每年年初签订的项目实施协议书，严格按照预算进行经费支出。资金管理规范合理，对确保项目顺利实施和资金安全运行起到了积极促的进作用。

（四）加强项目档案的管理

农业科技推广档案是农业科技推广项目实施管理的真实载体和历史记录，科学、规范、齐全的档案资料对于指导项目实施、保证项目顺利验收、为领导提供决策依据具有十分重要的现实意义。对此，我们十分注意加强对项目档案的管理工作，由所科技科确定一名管理人员专门负责收集日常项目档案资料，并对所收集的所有档案进行分类、归档，配备档案管理所需要的专用柜、电脑、复印机等档案归档设施，建立健全了档案管理的各项规章制度，做到了科技推广档案管理工作规范化、制度化和科学化。

四、打造一支高素质的推广队伍是做好科技推广工作的保障

（一）健全科技推广体系，提高科技人员的素质

为了充分发挥科技在推广工作中的支撑作用，健全科技推广体系，打造一支高素质的推广队伍，加强相互之间的工作协调，促进科研、推广、生产部门之间的有机统一，我们重点从以下三方面开展工作：一是从本单位中选拔技术水平高，科技成果转化经验丰富的科技骨干担任开发推广项目主持人，创造人尽其才、才尽其用的工作环境；同时，充分发挥现有科技推广人员的重要作用，加速培养优秀科技人才，分阶段、分层次地派送专业技术人员到中国农业科学院、沈阳农业大学的农业推广硕士专业进行培训、学习，不断更新知识，提高技术水平和技术创新能力。二是充分发挥基层推广机构的纽带作用。每年年初为基层推广人员举办科技培训班，培训县、乡两级技术骨干，然后由基层推广人员对农户进行培训，充分发挥基层推广人员的作用。三是加强与其他科研单位以及相关部门的纵、横向联系与协作。经常与省农科院植保所、植环所、省植保站、省土肥总站沟通联系，及时协商解决水稻生产上存在的各类问题。

（二）充分尊重农民的意愿，树立“以民为本”的观念

一方面，尊重农民的经验。农民长期生活在特殊的社会和自然环境下，十分了解农村的实际和所面临的问题，其积累的生产、生活经验都可供我们学习、借鉴。同时，在技术推广中，我们更应该采用适合他们的方式传授新技术，让他们从自己的经验中对新技术触类旁通，理解并接受新技术。另一方面，充分了解农民的需求，尊重农民的选择。农民接受或不接受新品种、新技术和新成

果是自由的，因此，在进行农业科技推广时，要充分考虑农民的想法或实际需求，积极与他们进行有效的沟通，建立共同的认知基础，将成熟的、效益好的水稻新品种和实用栽培技术带给农民，送去看得见、摸得着的效益，从而促进农业科技推广工作的有效开展。

五年来，辽宁省水稻研究所通过加强科技推广管理工作，建设了高素质的科技推广队伍，积极加强与有关部门的联系与协作，促进了水稻科技推广事业的发展，在科技推广和成果转化工作中取得了显著的成效。育成的水稻新品种辽粳9号、辽星1号在“十一五”期间先后成为辽宁省水稻第一大主栽品种，年推广面积超过400万亩，并相继获得辽宁省政府科技进步一等奖和辽宁省政府科技成果转化一、二等奖；辽粳、辽星、辽优系列水稻新品种新组合的推广应用面积占辽宁稻区的60%以上，取得了显著的经济效益和社会效益，为促进农民增产增收、提高辽宁省水稻综合生产能力作出了重要贡献。

强化自我管理　提升农业综合开发科技项目实施水平

水保所科技科

设施农业是现代农业的具体体现，具有高投入、高产出、抗灾害能力强等优点，科技含量高低是其发展好坏的决定性因素。近几年，辽西地区的设施蔬菜产业发展势头良好，2006年以来，省农业综合开发办连续五年下达农业综合开发重点科技推广项目，为辽西地区设施蔬菜产业发展提供科技支持。作为项目承担单位，辽宁省水土保持所紧紧围绕设施蔬菜产业提质增效这一核心，立足朝阳，面向辽西，在朝阳市的北票市、喀左县、凌源市、朝阳县、龙城区、双塔区，以及葫芦岛市建昌县，共7个县、市、区30多个乡镇，引进推广蔬菜新品种35个，重点实施了秸秆生物降解栽培技术、有机质无土栽培技术、节水灌溉技术、越夏栽培技术、周年生产技术及病虫害综合防治技术等26项新技术，累计推广新品种、新技术36.6万亩，为项目区创造经济效益12.16亿元。为提高项目实施质量，我们认真按项目下达部门和上级管理部门的要求完成各项管理工作，同时强化自我管理，积极促进科技推广技术体系建设，对创新科技推广管理有效机制进行了有益的探索。

一、构建高效的科研推广管理体系

（一）建立严格的科研推广管理制度

调动科技推广人员的积极性是保证和提高科技推广项目质量的重要因素，也是科学管理的重要内容。为了鼓励科技人员积极投身成果转化和技术推广，使推广工作有序高效运转，我们从建立健全制度入手，狠抓科技管理工作有关制度的建立、完善和落实工作，制定了《辽宁省水土保持研究所科研管理办法》《辽宁省水土保持研究所论文发表管理办法》《辽宁省水土保持研究所科研仪器管理办法》《辽宁省水土保持研究所课题主持人与执行人职责》等，作为从事科技推广工作的行为准则，激励和约束科技推广人员，使科技管理工作有章可依、有章必依，杜绝工作中的随意性和模糊性，使科技管理实现科学、严谨、公正、合理。

（二）加强对推广项目的管理

对农业科技推广项目的管理主要是运用有效的管理手段和方法，根据项目合同进行实施，并在实施期限中进行有效的监督检查、控制和调节。在项目实施中，首先根据项目下达单位和上级主管部门的要求，认真组织科技人员围绕合同的计划目标，对所纳入的资源进行有效配置，优化系统结构和实施方案，明确分工，建立激励机制，踏踏实实、高效有序地开展和完成各项推广工作。其次是强化内部的自我管理，加强对项目的监督检查，抓好协调，与技术人员之间建立良好的工作关系。促进科研人员加强与地方农业主管部门的沟通，深入项目区，及时、全面地了解项目的进展情况，发现问题及时解决，使项目达到最佳的运行状态。项目完成后，协助技术人员及时完成材料总结，总结工作中的经验和问题，作出实事求是的科学评价，为今后立项提供依据。

（三）强化管理人员的业务学习

对科技推广项目而言，管理过程的专业化更强，对管理人员提出了更高的要求：作为管理者，不仅要具备现代管理意识和管理方式，而且要具备更高的专业知识。几年来，除了积极参加院科技推广处组织的各种业务培训班和学术交流会外，我们还积极组织管理人员学习设施蔬菜相关业务知识，克服了管理人员单纯管理、浮于项目表面的弱点，以管理促学习、以参与促管理，提高了科研管理人员的服务水平。

（四）强化技术推广人员的自我管理

管理的关键是协调，协调个人行为和整体目标的需要。而成就感和自我实现是广大科技推广人员工作的强大动力。在项目实施过程中，我们通过良好的沟通和控制，鼓励科技推广人员自我管理，使其感到自己在整体目标实现过程中的重要性和责任感，在参与决策的同时，自觉调整个人目标与整体目标保持一致，激发了科技推广人员的创造力和工作积极性。

二、建立科学、完善的技术推广体系

（一）选择先进适用技术，确立科学的技术体系

无论开展何种农业推广项目，均需要相应的成果和技术作支撑。如何选择相应的成果和技术，成为制约项目计划与实施的瓶颈和关键。辽西地区设施蔬菜产业在发展过程中有其自身的特点，并形成一定的地域特色，如凌源黄瓜、北票番茄、喀左茄子和辣椒、朝阳韭菜、城郊特菜等，因此在制定项目实施技术内容时，充分考虑产业发展需求、市场需求和农民需求，在总结推广农民群

众的先进经验、发挥自身科技优势基础上，引进国内外优良新品种和先进技术，进行技术集成组装，形成综合优势，作为项目实施的主要内容，确保了项目实施的实效性和先进性。

（二）完善管理措施，建立推广网络，为项目实施提供组织保障

在项目实施过程中，为了加强项目组织协调工作，由辽宁省水土保持研究所牵头，组成了由省水保所、农业综合开发办和各项目区农业主管部门主管领导参加的项目领导小组，以及由省水保所和各地蔬菜技术推广部门有关技术人员参加的项目技术小组。领导小组主要负责项目的组织协调，制定项目的实施计划，研究解决项目开展中存在的问题，对项目实施监督、检查和管理，使技术推广工作能够高效有序地开展。技术组主要负责制定项目实施方案，落实各项开发推广任务，撰写科技宣传资料，组织科技人员深入项目区开展科技培训、技术指导等工作。项目领导小组和技术组定期召开会议，研究、交流推广工作进展情况，明确下一步工作任务，以确保项目推广任务的顺利实施。所内科技管理人员主动配合技术人员，协调与各项目区农业主管部门的关系，促进了两级科技人员的相互交流和学习，为技术推广工作搭建平台，提供服务。

（三）加强示范区建设，推进项目向纵深发展

农业科技推广项目的实施，加快了农业先进技术的推广应用，有效提高了农民的科技素质和生产技术水平，是科技成果转化为现实生产力的有效途径，而科技示范在推广工作中发挥着关键性作用，对此，在实施辽西设施蔬菜优质高效技术推广中，我们加大了示范区建设力度。五年来，在示范区着力开展科技培训和技术指导工作，累计举办培训班97次，培训农民1.14万人次，发放科技资料1.65万份，录制播放电视专题技术讲座10集。通过项目实施，使项目区农民学技术、用技术的热情不断高涨，整体技术水平也得到了较大提高。在推广秸秆生物降解栽培、有机质无土栽培、番茄越夏栽培等技术过程中，为了促进新技术的推广普及，着重加强了示范户、示范区的建设，选派专人负责技术指导，为示范区培养科技带头人；在对示范户进行技术指导的同时，还提供了部分基础设施和生产资料，如软管微喷、两网一膜、二氧化碳气肥、秸秆发酵菌、杀虫黄板等，做到多项技术在示范区内集中展示，突出综合效益，通过树立样板带动新技术的普及推广。此外，课题组还协调项目区农业主管部门，积极扶持项目区技术能手和种植大户，组织附近农户成立农业专业合作组织，实现了产销一体化、种植标准化、生产规模化，推动了设施蔬菜产业的健康、持续发展。

以高新科技为先导扎实推进成果转化步伐

蚕业所科技科

蚕科所自建所以来共取得蚕业科研成果209项，对中国柞蚕的发展产生了巨大的推动作用。进入21世纪以来，我们在各级政府的大力支持下，结合农村蚕业生产的不同特点，积极采取有效措施，加大蚕业科研成果的转化推广工作力度，使一批诸如柞蚕高饲料效率新品种“大三元”，柞蚕实用型新品种抗大、9906、H8701和防治柞蚕病虫害新药剂以及柞蚕放养新技术等高新科研成果的转化率达80%以上，新增经济效益近10亿元，为不断壮大农村经济实力、促进农村富余劳动力就业和农民增产增收作出了积极贡献。在推动科研成果转化和推广工作中，通过探索实践科技推广新机制、新途径，不断强化项目管理，取得了明显成效。

一、加强科研成果宣传的力度和广度

任何农业科研成果的普及都要经历一段从感知到接受的过程。在我国，柞蚕资源分布地域广阔，部分山区的交通和通讯尚不发达，若想使推广工作一蹴而就，其结果必将是欲速则不达。针对这种情况，我们采取了以下三项措施。

（一）努力争取各级政府的大力支持

经过多年运作，目前我们已与吉林省永吉县、舒兰县、桦甸市，黑龙江省双鸭山市、桦南县，内蒙古自治区阿荣旗，河南省鲁山县，山东省乳山县、栖霞县，河北省青龙县和我省的各柞蚕产区市县建立了良好的推广协作关系，通过各地区政府的人力、物力、财力和政策支持，使我们的推广工作有了平台，农民学科学有了“讲台”，农民开展致富竞赛有了“擂”，为科技成果推广工作营造了良好的软环境。

（二）充分利用媒体和学术刊物，扩大科研成果的知名度

在项目实施中，我们制作下发柞蚕新品种介绍、柞蚕病虫害防治和柞蚕场

生态建设科普光碟、挂历、资料等30000余张（份），在辽宁科技信息网、辽宁省农科院网页、《辽宁日报》、《新农业》、《北方蚕业》、《辽宁丝绸》、《蚕业科学》等媒体和刊物上宣传报道150余次。同时，充分利用农村集市、科普宣传周、科普讲座等机会，将这些精神食粮直接送到农民手中，受到了普遍的欢迎。

（三）认真办好蚕业技术普及培训班

若想让蚕农快速接受并应用新品种、新技术，就必须彻底打破他们的惯性思维。为此，我们针对蚕农文化水平普遍不高这一现实，充分利用冬闲时间，在黑龙江省桦南县闫家乡，吉林省永吉县，辽阳县河栏镇，西丰县安民镇、和隆乡、金星乡，庄河市栗子房镇金山乡，以及丹东市的重点蚕业生产乡镇先后举办蚕业培训班60余场次，授课者多为富有多年蚕业生产实践经验，又善于与农民沟通的专业人员，深受农村基层单位的欢迎。授课过程中，我们坚持“通俗易懂、重在实用、现场答疑”的授课方法，让听课蚕农“听得懂、记得住、用得上”，先后培训县乡级蚕业技术骨干和蚕农3000余人，帮助他们成为蚕业生产战线上的一支生力军。

二、建好示范区，以点带面，形成蚕业科技成果推广的多米诺骨牌效应

建好柞蚕新品种放养示范区、柞蚕病虫害防治示范区和柞蚕场生态建设示范区，是促进科研成果转化并实现全面推广的“金钥匙”。通常我们采取整合地方政府和推广项目单位及农户三方资金的方式，建立示范区，通过示范区的高产高效“磁石”效应，吸引周边群众广泛参与，最终实现通过科研成果的成功转化促进柞蚕业全面发展、帮助广大蚕农增产增收的目的。目前，我们已在凤城市、宽甸县、岫岩县3个示范县的8个重点乡镇建立蚕场示范区40万亩，养蚕4000把，占全省总量的4%，对全省以及周边省份的蚕业生产起到了重要的辐射作用。

三、结合柞蚕生产技术特点开展推广工作

（一）柞蚕新品种推广工作

柞蚕新品种的选育，是使柞蚕适应地理生态环境和市场变化的内在需要。建所60多年来，我们先后育成了适应在无霜期短的高寒冷凉地区放养的柞早一号品种，高茧层率的三里丝、柞杂九号、多丝78-6等品种，抗病品种抗病二号、H8701等。但随着气候条件和市场的不断变化，这些品种中的一部分因个别性状不良而遭淘汰，几个20世纪60年代育成的老品种仍稳定地占据着市场。

最近几年，在“大三元”等新品种育成推广初期，大多数蚕农认为：现行的青六号、青黄一号就很不错了，每年都有一定的收成，不必去冒风险试养新品种，一旦出现闪失，这一年可就白忙了。针对蚕农的这一心理，我们采取了为示范户提供蚕种担保的办法——秋天丰收再付款。通过此举，加之各方面的积极因素辅助，使“大三元”推广工作迅速打开局面。通过放养“大三元”这个新品种，蚕农们发现该品种蚕大、茧白、蛹质肥厚细腻，食用口感极佳，还节省蚕场，价格要比老品种每公斤多卖 1 元钱，一把蚕场多卖 1000 多元，商贩们争相抢购，这样使我们育成的新品种及杂交种在全国各蚕区迅速得以推广。

在新品种推广的同时，我们还十分重视蚕种生产。我省有 18 家柞蚕种场，由于多种原因，大多已不具备生产蚕种的能力，特别是西丰三家母种场先后下马，全国柞蚕种生产面积急剧缩小。我们抓住这一契机，从 1996 年始与吉林省有关单位合作建繁种基地二处，为我们的新品种推广工作打下了良好的基础，现已承担全所全部的新品种试繁任务，新品种推广应用面积和市场占有率占全国的 60% 以上，使我所牢牢地把握了蚕种市场的主动权。

（二）柞蚕病虫害防治新药剂推广

柞蚕卵面消毒是防治柞蚕病害的主要手段之一。但在生产实践中，部分蚕农滥用消毒药剂，任意延长消毒时间和提高药液浓度，不测量药液温度以及消毒后人为操作不当，导致二次感染等现象时有发生。为了解决这一问题，我们首先与繁种单位合作，采用统一消毒，统一供药，在购种期反复对蚕农进行现场演示操作。其次，通过示范户的丰收经验让蚕农看到实效。这样使春蚕卵面消毒的 $NaOH—CH_2O \cdot HCl$ 水剂复式消毒技术和秋蚕卵面消毒的 $CH_2O—HCl$ 水剂消毒技术迅速得以推广，现推广面积已达 95% 以上。在应用灭蚕蝇一号、茧蜂克星、杀蚤丹二号、灭线灵等高新杀虫药剂的过程中，我们要求蚕农认真做到“四严格一确保”，即严格掌握施药时间、严格掌握施用浓度、严格掌握药液温度、严格掌握施药时刻，确保蚕儿食药时间，收到显著效果，仅 2010 年，蚕农通过科学防虫就增效 20% 以上。

（三）柞蚕放养新技术推广

吉林省永吉县过去是春蚕放养的禁区，河北省青龙县属暖温带亚湿润气候区，春季干燥多大风，放养春蚕无人问津。我省的岫岩、西丰、辽阳等高寒山区，春蚕放养也常常歉收。自 1996 年以来，我们用合成袋稚蚕保护育新技术，彻底解决了这一难题。在推广这一技术的过程中，技术人员克服水土不服、交通不便、生活习惯迥异等诸多问题，与当地蚕农同吃、同住、同劳动，手把手教他们如何收蚁、给叶、绑把子、匀蚕、移蚕、窝茧，使这一技术迅速被推广应用。现已累计增产春种茧 3 万余千粒，农民增收 1000 余万元。岫岩县苏子沟镇蚕农赵凤家 2009 年采用此法养春蚕，每公斤种卵收茧 40 余千粒，较常规放养增产 4 倍，秋茧提早 7 天上市，收入十分可观。在他的带动下，今年该地区已有多户蚕农采用此法养蚕，前景十分看好。

（四）柞蚕场生态建设技术推广工作

柞蚕场生态建设由于投资大、见效慢，又加之林权制度等问题的制约，蚕农们对这项技术的接受程度和推广速度较为迟缓。对此，我们采取召开现场会的办法，组织全省的蚕业骨干到岫岩县雅河乡、宽甸县长甸镇，以及我所生态研究室等示范单位参观示范区内的树型养成、蚕场草灌植被、蚕场土壤肥力、林下经济等内容。通过参观，大家一致认为，柞蚕场生态建设大有文章可做，使“养蚕破坏生态”之说不攻自破。

事实胜于雄辩。广大蚕农在认识到蚕场生态建设的重要性和蚕场生态建设新技术的可行性之后，立即付诸实施。第一，加强蚕场看护，严禁牛羊进入；第二，积极进行蚕场补植，现在岫岩、凤城、宽甸已投入麻栎、蒙古栎等优势树种橡实 1.5 万公斤，补植蚕场 1000 余亩，其中补植菌根化柞苗 5000 株；第三，加强柞蚕场小流域治理，对蚕场内的胡枝子、紫穗槐、花木兰、葛等豆科固氮植物加以有效保护，在沟塘设置谷坊，对蚕场中的天麻、细辛、徐长卿、紫草等名贵中药材以及榛、山核桃、猕猴桃等资源进行保护，严禁滥采滥挖。

四、几点体会

做好科研成果的转化和推广工作，是一项复杂的系统工程，要求具体操作者必须具备高度的责任感、事业心和脚踏实地的苦干精神，必须保持与广大农民的水乳交融关系。

对蚕业科研成果的转化和推广工作而言，蚕种生产是蚕业生产的晴雨表，蚕农是推广工作的实践载体，要妥善处理好这些关系，一要站在时代发展的制高点，加强科技创新，创造高水平的蚕业科研成果；二要脚踏实地开展科技推广工作，避免花拳绣腿，要将蚕农获取实惠作为工作的落脚点；三是不断加强科技推广队伍建设，提高推广工作人员的素质；四是积极组织送科技下乡，满足广大蚕农对先进技术需求，加快新品种新技术推广。

创新推广体制　推进科技成果转化

经作所科技科

农业技术推广是知识形态生产力转化现实生产力的过程，是农业科研单位与农民之间联系的桥梁和纽带，在农业发展中起着重要作用。发挥科研单位的技术优势，创新科技推广体制，加强农业技术推广，对构建新型农业科技创新与农技推广体系，强化农业科技成果转化应用，促进农业增效、农民增收，推进现代农业发展和新农村建设具有重要意义。省农科院经作所是以经济作物新品种选育和新技术开发为主要任务的省级农业科研单位，几年来，通过开展农业科技推广和科技成果转化，为辽阳市现代农业发展和新农村建设作出了重要贡献。

一、承担的科技推广项目及实施成效

经作所科技推广工作始终坚持以服务“三农”为宗旨，以推广农业新品种、新技术为重点，以增加农民收入为核心。“十一五”期间，经作所累计承担了辽宁省农业综合开发项目5项，省财政科技推广项目8项，辽阳市科技共建项目3项，市和县（区）推广项目13项，项目累计经费240万元。项目实施区分布在辽阳、沈阳、大连、朝阳等市的16个县（区），涉及水稻、花卉、蔬菜、食用菌、食用豆、谷子、芝麻、中草药、葡萄等10多种作物的品种引进及配套栽培技术推广。累计开发推广水稻、花卉、蔬菜、食用菌等优良品种150余个，推广相关配套技术80余项，推广应用面积500万亩；参加技术推广的科技人员1000余人次，培训农民2万人次，增加经济效益5亿元。在项目实施市、县（区）、乡镇政府的大力支持下，经作所与当地农业推广部门密切配合，在加速农业科技成果转化、增加农民经济收入、提高农民科技素质方面取得显著成效，为促进地方农业现代化建设和农村经济发展发挥了重要作用。

二、科技推广管理工作做法和经验

（一）发挥地区优势，明确推广目标

针对不同项目区的农业支柱产业特点，深入开展市场调研，找出产业发展存在的技术难题，利用区域优势，借鉴成功经验，结合本地基础条件及农村产业结构调整要求，对项目区进行合理统筹规划，确定主要推广品种和技术，有针对性地开展科技推广工作。

水稻是辽阳市的主要粮食作物，全市水稻种植面积达80多万亩，占整个粮食作物播种面积的45%以上。因此，我所将水稻作为推广重点。5年间，会同省农科院水稻所在辽阳地区引进了辽优1052、辽优5218杂交水稻新品种和辽粳294、辽星1号、辽星15号、辽星20号等常规稻新品种进行示范推广，促进水稻品种更新换代。目前，辽星1号已成为辽阳地区水稻的主栽品种。新品种的应用，使水稻亩产平均增产15%，亩增收200元。

鲜切花出口创汇项目是辽阳农业产业结构调整中的重点发展项目。2006年以来，灯塔市、太子河区农业综合开发办实施了鲜切花出口创汇项目，经作所作为技术依托单位，组织了10余名花卉专家，深入到花卉基地全面开展技术服务，促进了辽阳花卉产业的发展。特别是出口菊花生产发展较快，出口切花菊种植面积和出口量逐年增加。目前全市建出口菊花基地6处，栽培面积200亩，年定植400万株，出口商品切花菊250万支。

（二）注重资源整合，打造过硬推广团队

通过整合科技资源，吸纳学术水平高、实践经验丰富、能吃苦耐劳的技术人员组成科技推广队伍。为了提高科技推广水平，我们根据项目需要，聘请国内、省内知名专家加入推广团队，鼓励推广技术人员进行学历进修，加强专业技术培训。同时，邀请国内知名专家举办专题讨论会及推广工作经验交流会，提高推广技术人员的综合素质，打造专业全面、技术过硬的推广团队，以保障项目顺利实施。

（三）加快科技创新，做好试验示范

在科技成果转化过程中，经作所注重农业科研与推广工作的紧密结合，以市场需求为导向，积极开展新技术、新品种的研发工作，加速农业科技创新步伐，以满足新阶段农业及农村经济发展对科技的需求。在项目实施中，引进玫瑰、菊花优良品种百余个，通过品种筛选试验，自主选育出玫瑰、菊花新品种3个，同时研究出配套栽培技术并编制规程，再通过生产示范、推广，将科技

成果转化为现实生产力，实现了科技创新与科技推广良性循环。

（四）帮扶示范农户，促进示范基地建设

利用科技示范辐射范围广、传播速度快、可靠性强等特点，积极发展和扶持科技示范户带动项目区农民应用新技术，是经作所进行科技推广采取的重要措施。在项目实施中，我们与有实力的企业合作建设示范基地，通过科技示范园区新技术、新成果、新品种的试验示范和展示，进行宣传和技术指导，加快科技成果的转化。每年我所组织召开10余次不同作物品种的示范户现场会，组织各有关项目区的技术人员和农民到示范基地进行现场观摩和学习，加快了新品种、新技术的开发速度，提高了广大农民的科技意识和质量意识，收到了非常好的示范效果。例如：农业综合开发项目组，坚持在项目区实行“三区”制度，建立核心试验区、示范区，通过示范辐射周边地区，带动了农户进行高标准、规模化生产。

此外，我们还积极协助组建各类农业协会、合作社，充分发挥各类农民专业技术协会和研究会的作用，鼓励和支持农户发展组织，吸引农民入会，组织学习市场开拓、品牌培育、效益管理、合作组织运转等方面知识，交流先进经验，增强品牌意识和商业管理理念，引导农民进行高效优质生产，在实践中提高了农民的专业技术水平和管理能力。

（五）重视农民培训，提高综合素质

要使推广工作收到实效，提高农民素质是关键。五年间，我所十分重视对农民的培训，各推广课题组都把加强对农民培训作为重点内容和手段，尤其是通过普惠制农业培训学校对农民进行系统培训。在培训中，以农民增收致富为目标，增强培训的针对性和实效性，从解决农民所面临的生产技术、管理、信息、服务等方面的难点问题入手，重点向农民传授配套技术、病虫害防治和农业标准化生产等农业实用技术。培训方式以方便农民为前提，包括集中办班、现场指导、试验示范等；培训时间根据农事活动灵活安排；培训内容根据农民需求进行合理调整，收到了良好的培训效果，使农民有效地、快速地接受新技术、新成果。五年来，经作所共选派30余名业务水平高、经验丰富的专家，开展蔬菜、水稻、花卉等专业技术培训300多期，共培训学员1万人次，为项目区培养了一批懂管理、会技术的技术骨干和致富能手，推广了一批先进的农业生产实用技术。

在科技培训的过程中，我们灵活应用现代化科技培训手段，广泛应用电教设备，把讲课材料制作成ppt幻灯片，利用影视广场设备到各项目区巡回播放，增强培训的直观性，取得了显著的培训效果。

（六）组织科技下乡，加强科技宣传

经作所科技推广团队利用冬闲和春耕时机，深入农村，大力开展“科技下乡”活动，促进了新品种新技术的推广。一是编印适于农民阅读的实用小册子和专项技术宣传材料，免费向农民提供，介绍新品种新技术；二是及时制作、更新科研所对外宣传网页，帮助农民上网查询所需资料和信息；三是利用广播、科技报刊、电视等媒体，宣传技术成果和成功案例，满足农民的科技需求。

（七）全程跟踪管理，及时总结经验

为确保项目得到很好的落实，在项目实施过程中，我们认真组织，精心管理，组织科技推广人员对项目实施各个环节进行全程跟踪管理，及时掌握农户生产情况，有效组织技术人员和专家解决农业生产中出现的突发问题，减少农户损失。同时，建立反馈机制，听取农民对有关生产技术、经营情况及科技推广的反馈意见，及时总结经验，弥补推广工作的不足，提高了科技推广工作的效率和效果。

附　　录

辽宁省农业综合开发土地治理项目科技推广资金管理暂行办法

第一章 总 则

第一条 为加强农业综合开发土地治理项目科技推广费（以下称“科技推广资金”）的规范化、精细化管理，提高资金使用效益，根据国家农业综合开发办公室《关于加强农业综合开发土地治理项目科技推广费管理工作的指导意见》（国农办［2006］13号）、《财政部关于印发农业综合开发资金报账实施办法的通知》（财发［2001］11号）的有关规定，结合我省实际，制定本办法。

第二条 科技推广资金是指每年按比例从全省农业综合开发土地治理项目财政资金中提取，用于良种、小型仪器购置，科技人员补助、技术引进、培训、良种推广、服务体系建设、配套基地建设等方面的专项资金。

第三条 科技推广资金的安排和使用原则：

（一）专款专用，专项用于土地治理项目。

（二）集中投入，突出解决关键技术和品种推广。

（三）普及应用，扶持先进、适用、成熟的新品种和综合配套技术推广。

（四）主要用于大宗农产品新品种和综合配套种植技术的推广。

（五）面向项目区广大群众，提高农民科技素质。

（六）促进农业产业结构调整。

第二章 安排比例

第四条 全省每年安排的科技推广资金不超过当年土地治理项目财政资金投入总额的8%。根据推广工作的进度，当年未支出的科技推广资金可以结转到下一年度使用。

第五条 省、市级每年集中安排的科技推广资金为全省当年按比例安排科技推广资金总额的30%以内，用于省、市级科技项目。随土地治理项目下达到县的科技推广资金不低于全省当年按比例安排科技推广资金总额的70%。

第三章 扶持内容及使用单位

第六条 科技推广资金扶持的推广内容：

（一）主要粮油作物、蔬菜、瓜果新品种和良种繁育及高产优质栽培技术。

（二）标准化生产技术（包括无公害、绿色、有机农产品生产技术）。

（三）测土配方和科学施肥技术。

（四）土壤改良和培肥地力技术。

（五）农作物病虫害防治技术。

（六）旱作农业节水技术。

（七）生态农业技术。

（八）减轻污染、生态建设等技术。

第七条 科技推广资金的使用单位：

（一）农业院校、农业科研院所。

（二）各类农技推广服务机构。

（三）农民专业合作组织。

第四章 支出范围

第八条 科技推广资金主要用于示范、培训、指导以及咨询服务等推广工作，列支范围为：

（一）生产资料费。用于购买建设示范田块所需的种子、种苗、肥料、农药、薄膜的费用；用于建设示范田块租用耕地的租赁费用的补助；用于项目区内较大面积推广种植新品种的种子、种苗补贴。

（二）培训费。用于培训项目区农民或县级农业技术人员的讲课费、教材、资料费、培训设备租赁费及必要的食宿费。

（三）检测化验费。用于测土配方施肥中土样采集、化验分析、数据处理、印制施肥配方等方面的费用。

（四）小型仪器设备费。用于购置或租赁推广工作必需的实验、检测化验等小型仪器设备的费用。使用比例不高于5%。

（五）差旅费。用于科技人员到项目区开展推广工作的交通、食宿费用。

（六）劳务费。用于推广工作中发生的专家咨询和雇用人工费。使用比例不高于8%。

第九条 科技推广资金不能用于下列支出：

（一）各级农发办事机构的事业费支出。

（二）科技成果转让费、购买专利费。

（三）推广畜牧水产养殖品种和技术的费用。

（四）进行基础性农业科学研究以及非成熟品种、技术的试验费用。

（五）示范田块农田基础设施、大棚设施等的建设费用。

（六）农民接受培训时的误工费。

（七）购置照相机、电脑、打印机等其他与土地治理项目科技推广措施无关的费用。

第五章　使用管理

第十条　科技推广资金要纳入土地治理项目当年实施计划，实行分级管理，主要在当年安排的土地治理项目区内实施。省级科技推广资金由省农发办统一管理，对资金使用情况进行检查验收。市级、县级科技推广资金分别由市、县级农发办管理，并对资金使用及项目实施情况进行检查验收。项目竣工验收后，要对资金使用情况进行总结分析。省农发办每年定期或不定期对市、县级科技推广资金使用情况进行检查。要严格执行项目计划，不得擅自调整推广内容、实施单位、实施地点及随意扩大资金使用范围和开支标准。

第十一条　科技推广资金使用按项目实行合同管理。在编制年度土地治理项目时，各级农发办要根据确定的科技推广资金额度和项目区所需技术情况，通过采取评审立项等方式，确定项目和技术依托单位。技术依托单位要拟定切实可行的项目实施方案，实施地点落实到具体乡镇，技术指标和效益目标要量化。各级科技推广资金安排的项目要随土地治理年度计划按时上报到省农发办。各级农发办要根据上级批准的实施方案，与技术依托单位签订合同（协议），明确权利、责任、义务及考核办法。

第十二条　省级科技推广资金实行省级财政核报制，即由省级财政（农发）部门将科技推广资金拨付到技术依托单位主管部门（为省级一级预算单位），并委托主管部门财务处负责报账工作具体事宜，省级财政（农发）部门负责对报账程序及手续进行审核。市级科技推广资金实行市级财政报账管理，没有条件实行市级财政报账的，不允许集中安排市级科技推广资金。县级科技推广资金实行县级财政报账制。均不能以拨代报。

第十三条　严格按报账程序进行报账

省级科技推广资金实行集中审核，分批拨付资金的办法。即技术依托单位主管部门根据项目计划，每年分两次提出用款申请，填制《农业综合开发省级科技推广资金用款申请表》（附件1），经省财政（农发）部门审核同意后，将资金分批拨付到主管部门。技术依托单位在项目开工时可根据项目计划提出用款申请，填制《农业综合开发省级科技推广资金预拨申请表》（附件 2），经主管部门审核同意后，拨付部分工程启动资金（原则上不超过该项目财政资金总额的 30%）。项目实施过程中，用款单位凭真实、有效的凭证进行报账。报账时需填制《农业综合开发省级科技推广资金报账审批单》（附件 3），经主管部门审核同意，据实办理资金拨付。项目完工，要及时办理竣工决算，经验收合格后，拨付其余款项。

市级、县级科技推广资金应严格按同级财政报账程序进行报账。

第十四条 负责报账具体工作的部门要按照农业综合开发会计制度对资金的拨入和拨出进行核算。报账资金拨付原则上应实行转账结算，严格控制现金支出。现金收支范围必须符合《现金管理暂行条例》的规定，支付个人的差旅费、劳务费、专家讲课费可以用现金支付。

第十五条 报账凭证的管理。在科技推广资金支出范围内，用于项目区内较大面积推广种植新品种的种子、种苗补贴、建设示范田块租用耕地的租赁费用的补助、培训项目区农民或县级农业技术人员的讲课费、雇用人工费等，可自制凭证，其他支出均需取得有关正式发票据实报账。

报账时需提供：项目合同（协议）、实施方案、项目实施（地点）乡镇或县级农发部门核实意见、用款申请、报账审批单、有关费用的原始凭证（取得代开发票的，还需提供购货原始单据）及租赁合同、培训通知、签到表、竣工决算等。

第六章 监督检查

第十六条 各级农发办要切实加强科技推广资金监管，严格立项条件，对计划编制、推广方案、合同（协议）中资金安排使用情况要认真进行审核，并签署审核意见。定期或不定期对资金的拨付使用情况进行检查，发现问题及时纠正。

第十七条 密切配合各级财政和审计等有关部门，定期或不定期对科技推广资金使用管理进行检查审计，对截留、挪用等违纪违规问题，必须及时予以纠正，并严格按照有关规定进行处理和处罚。

第十八条 将科技推广资金使用管理情况列入资金分配因素法，对科技推广资金管理规范，使用效益高的，在分配下年财政资金指标时予以奖励。对管理混乱，未严格按照有关规定使用科技推广资金的，扣减下一年度财政资金投资指标，并视情节轻重给予通报批评。

第七章 附 则

第十九条 地方立项的农业综合开发土地治理项目科技推广资金报账可参照本办法执行。

第二十条 本办法自2010年7月1日起执行。

辽宁省农业科学院农业综合开发科技项目管理办法（试行）

第一章 总 则

第一条 农业综合开发是国家财政支持和保护农业的重要举措，是改造中低产田、加强农田水利基本建设、提高农业综合生产能力的有效途径。辽宁省农业科学院作为辽宁省农业综合开发科技项目（以下简称项目）的技术依托单位，为全省农业综合开发建设提供技术服务。为进一步规范全院农业综合开发科技项目的管理，提高项目实施质量和水平，加快科技创新成果在农业综合开发项目区的推广应用，推进项目区现代农业建设，特制定本办法。

第二条 项目要围绕区域农业特色主导产业和优势农产品生产，通过采取有效的科技推广措施，将先进成熟的科技成果、实用技术组装配套，在项目区示范推广，促进项目区农业产业化、现代化。

第三条 我院农业综合开发科技项目归口管理部门为院科技推广处。在主管院长领导下，科技推广处负责组织相关研究所（中心）进行项目的申报、管理、总结、考核；协助农业综合开发部门对项目进行监督、检查和验收。

第二章 项目的申报

第四条 项目申报要根据国家、省农业综合开发科技项目申报的有关要求，围绕促进农业和农村经济结构的战略性调整，发展优势农产品产业带，保护和改善农业生态环境，促进社会主义新农村建设选择项目。项目示范推广的科技成果原则上要经过省级或国家有关专门机构鉴定或认定，并且其主要技术已经完成区域试验、中间试验或生产性试验，是在农业生产中可以大面积示范推广的先进科技成果以及成熟的配套技术，对当地农业科技进步具有示范、引导和带动作用。

第五条 根据国家、省农业综合开发对科技推广资金扶持内容的要求，申报项目的推广内容主要包括：（1）主要粮油作物、蔬菜、瓜果新品种和良种繁育及高产优质栽培技术；（2）标准化生产技术（包括无公害、绿色、有机农产品生产技术）；（3）测土配方和科学施肥技术；（4）土壤改良和培肥地力技术；（5）农作物病虫草害防治技术；（6）旱作农业节水技术；（7）生态农业技术；（8）减轻污染、生态建设等技术。

第六条 我院农业综合开发科技项目申报程序为：

（一）省级重点项目根据省农发办有关要求，由院科技推广处组织相关研究所（中心）结合自身专业优势进行项目申报，或根据项目需要组织有关研究所（中心）进行联合申报，通过专家论证，择优选项上报省农业开发办公室审批。

（二）市管农业综合开发综合示范项目，由院科技推广处协调相关研究所（中心），采取资源整合方式，集聚专业优势，向各市农发部门申报。

（三）县（市、区）管农业综合开发科技项目，由院科技推广处组织相关研究所（中心）与县（市、区）农业综合开发部门对接，然后由院科技推广处协调全院相关专业，联合向县（市、区）农发部门申报。

申报的项目所涉及专业要与申报单位所从事的研究、推广方向相符。

第七条 项目申报要按照辽宁省农业综合开发办公室发布的科技项目申报指南要求进行，认真编写《农业综合开发科技项目申报书》，并按要求将有关材料及时上报院科技推广处。

第三章 项目的管理

第八条 项目批准立项后，承担单位要认真编写实施方案，并报送项目管理部门审核备案；对省重点项目和综合示范项目的实施方案，由院科技推广处组织有关专家进行论证后上报。

第九条 经批准立项的各级项目，承担单位要与省、市、县（市、区）农业综合开发办公室签订协议书，协议书经院科技推广处审核，报主管院长审批后，报送项目下达部门。

第十条 协议书为项目实施的依据，在项目实施中要严格执行协议书中已确定的技术内容和各项指标，不得擅自变更，如确需变更需经相关部门批准后方可实施。

第十一条 项目管理实行主持人负责制，由主持人负责项目实施和全面管理。项目主持人要求具有高级技术职称，现所从事的专业与项目实施技术相符，组织管理业务能力强，主持项目不超过2项。

第十二条 加强项目组科技人员管理，建立项目工作记录制。由科技推广处编印、发放工作手册。科技人员对每次技术推广活动做好记录，作为项目检查和验收依据。项目完成后，工作手册由承担单位保管、备案。

第十三条 实行联席会议制。院科技推广处每年组织召开项目实施方案论证会和年终项目总结汇报会。每年由项目承担单位组织领导小组、技术小组和项目区相关部门在项目实施初期、中期和后期召开三次项目协调会议，做好项目的组织协调工作，及时解决项目实施中存在的问题，确保各项工作落实。

第十四条 项目的检查监督。由院科技推广处协助项目下达部门负责全院农业综合开发科技项目的检查监督工作。在项目实施期间，组织检查组对各项目实施情况进行不定期检查，监督项目实施。

第十五条 档案管理。项目实施过程中要注意保存记录科技培训、技术指导和重要活动的图片、影像资料，及编写、录制的各种科技宣传资料，项目结束验收后分别交项目下达单位和院科技推广处存档，由科技推广处负责向院图书档案馆统一归档。

第十六条 做好宣传工作。要充分利用各种媒体宣传项目取得的成果和经验，扩大社会影响。每个项目组每年在省、市级广播电视、报刊等新闻媒体进行宣传报道 3 次以上，向《科技与农业综合开发》期刊投稿数量不少于 3 篇。

第四章　项目的实施

第十七条 项目实施要做好“三区”建设，即核心示范区、生产示范区和技术辐射区。

核心示范区面积不少于 100 亩，主要进行核心技术展示和相关的试验示范；生产示范区面积不少于 1000 亩，主要开展成熟技术组装集成示范推广；技术辐射区面积不少于 10000 亩，通过科技培训和技术指导手段，推广普及新品种、新技术等。

第十八条 项目实施过程中，要针对我省农业发展的共性问题和区域性问题，注重对农业产业发展有带动作用的多项技术集成和组装配套，提高科技含量，提升科技项目实施的总体水平。

第十九条 项目实施中要做好组织管理工作。每个项目应建立项目领导小组和技术小组，分别负责项目的组织协调和任务落实。项目组成员要由 2 个以上研究所（中心）的专业科技人员组成，保证学科结构合理、专业搭配齐全。

第二十条 在项目实施中，要加强与项目区市、县农发部门、农技推广部门、龙头企业和农民专业合作组织的沟通与合作，构建高效的科技推广网络，增强技术推广合力，不断创新科技推广模式。

第二十一条 加强科技培训和技术指导工作。各项目要制定切实可行的科技培训计划，每年举办培训班、召开现场会不少于10次，项目组每名科技人员进行实地技术指导不少于40天。

第二十二条 项目组要编写相关的科技培训教材和品种简介、明白纸、挂图等通俗易懂的科技宣传资料及光盘，结合科技培训和技术指导发放给项目区农户。

第二十三条 要充分发挥示范区典型的带动和辐射作用，在生产关键时期，采取拉练、观摩等形式促进先进技术的推广普及。

第五章 资金管理

第二十四条 项目经费要按有关要求严格管理，实行专款专用，任何部门、单位和个人不准提取、截留、挤占或挪作他用。

第二十五条 项目资金主要用于示范、培训、指导以及咨询服务等推广工作，列支范围为：

（一）生产资料费。用于购买建设示范田块所需的种子、种苗、肥料、农药、薄膜等费用；用于建设示范田块租用耕地的租赁费用的补助；用于项目区内较大面积推广种植新品种的种子、种苗补贴。

（二）培训费。用于培训项目区农民或县级农业技术人员的讲课费、教材费、资料费、培训设备与场地租赁费及必要的食宿费。

（三）检测化验费。用于测土配方施肥中土样采集、化验分析、数据处理、印制施肥配方等方面的费用。

（四）小型仪器设备费。用于购置或租赁推广工作必需的实验、检测化验等小型仪器设备的费用。使用比例不高于5%。

（五）差旅费。用于科技人员到项目区开展推广工作的交通、食宿费用。

（六）劳务费。用于推广工作中发生的专家咨询和雇用人工费。使用比例不高于8%。

第二十六条 实行县级报账制的项目，在当地开发办报销后资金转入院账户，支付时需提供在当地开发办报销的原始凭证复印件及报账审批单，加盖开发办财务专用章，经科技推广处审核，到财务处办理支付结算。报账金额超过2万（含2万）元的需经院领导审批。

第六章 验收和绩效管理

第二十七条 项目完成后，由院科技推广处协助农业综合开发部门进行验收。承担单位要提供项目总结报告、图片音像资料、示范推广证明、资金使用证明及发表的论文、宣传材料等。

第二十八条 验收评价以签订的协议书为依据，依照国家和省农业综合开发项目验收评价方法，对技术先进性、示范推广面积及技术经济指标进行综合评价，由验收组写出验收报告。

第二十九条 绩效管理。为加强项目管理，院每三年召开科技推广经验交流会，对在项目实施中成绩突出的集体和个人给予表彰和奖励。

第三十条 项目实施形成的科技成果，其产权归项目完成单位。同时鼓励结题项目申报院科技创新奖等科技奖励。

第七章 附 则

第三十一条 本办法中条款如与相关管理部门规定不一致，按管理部门规定执行。

第三十二条 本办法由辽宁省农业科学院科技推广处负责解释，自 2011 年 10 月 1 日起施行。

2006—2011 年辽宁省农科院承担开发、推广项目表

序号	项目名称	主持人	起止年限	项目来源
1	优质花生新品种繁育及配套栽培技术示范推广	于洪波	2006—2008	财政部
2	蔬菜新品种繁育及高效栽培技术推广	张伟春	2006—2008	财政部
3	优质超级杂交稻综合栽培技术示范与推广	隋国民	2006—2007	省农发办
4	优质水果标准化生产技术示范与推广	张秉宇	2006—2007	省农发办
5	设施蔬菜优质高效栽培技术推广	蒋春光	2006—2007	省农发办
6	腐殖酸系列专用肥测土配方开发与推广	付景昌　娄春荣	2006—2007	省农发办
7	辽西地区百合种球国产化生产技术推广	郎立新	2006—2007	省农发办
8	农民科技培训工程	史书强	2006—2007	省农发办
9	蓝莓等小浆果优新品种及高效栽培技术开发推广	袁兴福	2006—2007	省农发办
10	连山区农业综合开发技术推广综合示范	李自刚	2006—2007	省农发办
11	阜蒙县农业综合开发技术推广综合示范	潘德成	2006—2007	省农发办
12	桓仁满族自治县农业综合开发技术推广综合示范	许英武　荣志祥	2006—2007	省农发办
13	开原市农业综合开发技术推广综合示范	安景文	2006—2007	省农发办
14	灯塔市农业综合开发技术推广综合示范	李连波　李培志	2006—2007	省农发办
15	法库县农业综合开发技术推广综合示范	万惠民	2006—2007	省农发办
16	东港市农业综合开发技术推广综合示范	王　疏	2006—2007	省农发办
17	北镇市农业综合开发技术推广综合示范	赵奎华　刘长远	2006—2007	省农发办
18	大石桥市农业综合开发技术推广综合示范	孙恩玉	2006—2007	省农发办
19	台安县农业综合开发技术推广综合示范	张伟春	2006—2007	省农发办
20	大洼县农业综合开发技术推广综合示范	刘政国　于凤泉　娄春荣	2006—2007	省农发办
21	盘锦胡家超级稻示范基地建设	刘政国　侯守贵	2006—2007	省农发办
22	开原市优质水稻综合配套技术推广	刘政国　李跃东	2006—2007	省农发办
23	优质水稻新品种及综合配套技术示范推广	李跃东　侯守贵	2006—2007	省农发办
24	昌图县无公害稻谷生产技术试验示范	侯守贵　李跃东	2006—2007	省农发办
25	新宾县有机水稻生产示范推广	丁　芬	2006—2007	省农发办
26	蛹虫草培养及产业化技术推广	李树英	2006—2007	沈阳市农发办
27	苏家屯区红南果梨新品种引进及丰产技术推广	李俊才	2006—2007	沈阳市农发办
28	果树高产高效栽培技术推广	李淑珍　冯孝严　丁　强	2006—2007	沈阳市农发办
29	寒富苹果生物有机肥施用技术示范推广	高艳敏　高树清	2006—2007	沈阳市农发办

续表

序号	项目名称	主持人	起止年限	项目来源
30	优质大樱桃高产栽培种植技术推广	张琪静　韩凤珠	2006—2007	沈阳市农发办
31	脱水蔬菜无公害高产、高效栽培技术推广	尹凤龙	2006—2007	省农发办
32	酒用葡萄优质高效栽培技术推广	蒋春光	2006—2008	省农发办
33	高产优质花生新品种引进及配套技术开发	于洪波	2006—2007	省农发办
34	法库县土壤生物菌肥推广及应用	刘慧颖	2006—2007	沈阳市农发办
35	新型生物肥料引进与实用技术推广	娄春荣	2006—2007	省农发办
36	新城子保护地生物有机肥应用与推广	孙文涛	2006—2007	沈阳市农发办
37	清河区聂家满族乡烤烟种植技术推广	安景文	2006—2007	省农发办
38	清河区聂家满族乡山野菜深加工开发	安景文	2006—2007	省农发办
39	水稻简化施肥技术开发	娄春荣	2006—2007	省农发办
40	高粱黑粉菌营养添加剂产品的开发	姜福林	2006—2007	省农发办
41	滑子菇高效栽培及菌糠综合利用技术开发	张季军　于希臣 张士义	2006—2007	省农发办
42	优质饲料作物新品种引进与开发	陈　奇　李启辉	2006—2007	省农发办
43	冷、暖棚蔬菜保鲜技术引进及推广	于天颖	2006—2007	沈阳市农发办
44	香瓜新品种栽培及配套技术应用推广	张伟春　何　明	2006—2007	沈阳市农发办
45	芸豆、西红柿新品种引进及种植技术推广	穆　欣	2006—2007	沈阳市农发办
46	无公害韭菜栽培技术示范与推广	崔连伟	2006—2007	沈阳市农发办
47	新城子出口蔬菜新品种引进及栽培技术推广	邹庆道　宋铁峰	2006—2007	沈阳市农发办
48	高效优质蔬菜生产技术集成与加工	张秀君　张伟春 陈　彦	2006—2007	省农发办
49	西瓜新品种栽培及配套技术应用与推广	刘爱群	2006—2007	沈阳市农发办
50	保护地红萝卜丰产技术示范与推广	邹庆道	2006—2007	沈阳市农发办
51	地膜蔬菜高产高效种植技术引进推广	刘　健	2006—2007	沈阳市农发办
52	康平县辣椒新品种引进及栽培技术推广	王丽萍	2006—2007	沈阳市农发办
53	玉米新品种引进及种植技术推广	王延波　刘志新	2006—2007	沈阳市农发办
54	极早熟马铃薯新品种引进及配套技术开发	安颖蔚	2006—2007	省农发办
55	甜糯玉米、青豆两茬高效种植	崔天鸣	2006—2007	省农发办
56	有机农产品深加工开发	崔天鸣	2006—2007	省农发办
57	优质米高粱新品种辽杂13号绿色栽培及产业开发	张志鹏	2006—2007	省农发办
58	优质饲料玉米、饲草高粱新品种推广及产业开发	朱　凯　张志鹏	2006—2007	省农发办
59	高产、优质、多抗玉米新品种选育	刘晓丽　李　刚	2006—2007	省农发办
60	水稻病虫安全控害技术开发	李　刚　刘晓丽	2006—2007	省农发办
61	黑山县高产优质大豆新品种综合技术推广	王文斌　曹永强 张　丽	2006—2007	省农发办
62	新型生物农药引进及应用技术推广	蔡忠杰	2006—2007	省农发办
63	养蟹稻田水稻优质高产病虫害综合防治技术开发	孙富余	2006—2007	省农发办

续表

序号	项目名称	主持人	起止年限	项目来源
64	新宾县中药材病虫害综合防治技术开发	蔡忠杰 赵 奇 宋福东	2006—2007	省农发办
65	岫岩满族自治县温室土壤无害化改良技术示范推广	蔡忠杰 陈 彦 朱茂山	2006—2007	省农发办
66	康平县桑树育苗及养蚕技术示范推广	吴 艳	2006—2007	沈阳市农发办
67	油料作物新品种及栽培技术推广	于洪波	2006—2007	省财政厅
68	苏家屯区设施葡萄新品种及配套栽培技术推广	赵文东 孙凌俊	2006—2007	省财政厅
69	谷子及杂粮作物新品种推广	崔再兴	2006—2007	省财政厅
70	北冬虫夏草人工栽培技术推广	都兴范 李亚洁	2006—2007	省财政厅
71	杂粮作物新品种推广	赵术伟	2006—2007	省财政厅
72	东部山区柞蚕新品种及增效技术推广	赵春山	2006—2007	省财政厅
73	苏家屯区保护地优质葡萄配套技术推广	张立明 金桂华	2006—2007	省财政厅
74	留兰香高产栽培技术推广	王 辉 张 华	2006—2007	省财政厅
75	万寿菊两用系 W205 新品种推广	王 平	2006—2007	省财政厅
76	农业科技声像信息技术推广	陈玉成 王 沛 李铁良	2006—2007	省财政厅
77	辽单系列专用玉米新品种推广	刘志新 王建国 马云祥	2006—2007	省财政厅
78	保护地蔬菜灰霉病无公害防治专利技术推广	杨 涛	2006—2007	省财政厅
79	东部山区食用菌新品种及增效技术推广	肖千明	2006—2007	省财政厅
80	油料作物新品种及栽培技术推广	宋书宏	2006—2007	省财政厅
81	留兰香精油、叶绿素提取技术及高产栽培技术推广	张 华 姜福林	2006—2007	省财政厅
82	台安县无公害稻菜生产示范基地建设	张伟春	2006—2007	省财政厅
83	主要农产品新型保鲜剂专利产品开发	于天颖	2006—2007	知识产权局
84	耐密型玉米新品种辽单 565 繁育及高效栽培技术推广	王延波 李 明	2007—2008	财政部
85	设施蔬菜新品种及优质、高效、安全生产技术推广	史书强 汪 仁 蔡忠杰	2007—2008	财政部
86	农业综合开发引导支农资金统筹支持新农村建设试点项目	赵奎华 史书强 万惠民	2007—2009	国家农发办
87	绿色稻米综合配套技术集成与示范	侯守贵	2007—2009	国家农发办
88	盘锦稻蟹种养综合技术集成与示范	于凤泉	2007—2009	国家农发办
89	肉蛋鸡标准化生产技术集成与示范	赵 辉	2007—2009	国家农发办
90	优良蔬菜品种引进及设施蔬菜无公害栽培技术集成与示范	张 青	2007—2009	国家农发办
91	农村生物质气化集中供气技术集成与示范	孙贝烈	2007—2009	国家农发办
92	设施蔬菜病虫害无公害防治技术集成与示范	刘长远	2007—2009	国家农发办

续表

序号	项目名称	主持人	起止年限	项目来源
93	中低产田改良及测土配方施肥技术集成与示范	娄春荣	2007—2009	国家农发办
94	新农村农民专业合作社运行模式探索	万惠民	2007—2009	国家农发办
95	水稻新品种及节水栽培技术推广	隋国民	2007—2008	省农发办
96	优质水果标准化生产技术示范与推广	张秉宇	2007—2008	省农发办
97	优质高产花生新品种综合技术开发	何　跃　吴占鹏	2007—2008	省农发办
98	保护地蔬菜高效栽培技术示范与推广	蒋春光	2007—2008	省农发办
99	东部山区特色农产品栽培技术推广	袁兴福	2007—2008	省农发办
100	农民科技培训工程	郎立新	2007—2008	省农发办
101	连山区农业综合开发技术推广综合示范	李自刚	2007—2008	省农发办
102	大洼县农业综合开发技术推广综合示范	隋国民　侯守贵	2007—2008	省农发办
103	桓仁县农业综合开发技术推广综合示范	赵文东	2007—2008	省农发办
104	辽阳县农业综合开发技术推广综合示范	李连波　李培志	2007—2008	省农发办
105	老边区农业综合开发技术推广综合示范	孙恩玉	2007—2008	省农发办
106	东港市农业综合开发技术推广综合示范	王　疏	2007—2008	省农发办
107	北镇市农业综合开发技术推广综合示范	刘长远　赵奎华	2007—2008	省农发办
108	开原市农业综合开发技术推广综合示范	安景文	2007—2008	省农发办
109	台安县农业综合开发技术推广综合示范	张伟春	2007—2008	省农发办
110	彰武县农业综合开发技术推广综合示范	孙占祥	2007—2008	省农发办
111	新宾县农业综合开发技术推广综合示范	肖千明	2007—2008	省农发办
112	法库县农业综合开发技术推广综合示范	万惠民	2007—2008	省农发办
113	优新果树新品种引进及栽培技术推广	惠成章	2007—2008	省农发办
114	有机水稻生产技术推广	丁　芬	2007—2008	省农发办
115	调兵山市绿色稻米新品种推广	李建国　李跃东	2007—2008	省农发办
116	昌图县昌西北花生高产稳产技术开发	风沙所　于洪波	2007—2008	省农发办
117	阜花系列花生高产栽培技术推广	潘德成	2007—2008	省农发办
118	甜糯玉米、青豆两茬高效种植技术开发	崔天鸣	2007—2008	省农发办
119	饲用玉米、高粱产业化基地建设	李　刚	2007—2008	省农发办
120	奇可利高蛋白饲草引进与技术推广	王　疏	2007—2008	省农发办
121	葫芦岛地区抗逆、高产玉米新品种引进与栽培技术集成开发	张海楼	2007—2008	省农发办
122	优质菊芋品种引选及高效栽培技术推广	李启辉　张　坤	2007—2008	省农发办
123	水稻有机米生产开发	韩　勇	2007—2008	沈阳市农发办
124	设施葡萄优良品种及配套技术示范	赵文东	2007—2008	沈阳市农发办
125	辽北寒地苹果增值技术推广	徐贵轩	2007—2008	沈阳市农发办
126	苹果轮纹病无公害综合防控技术开发	高艳敏	2007—2008	沈阳市农发办
127	阜新系列大葱新品种及高产优质栽培技术开发	蒋启东	2007—2008	沈阳市农发办
128	康平县蚕桑新品种推广及生态工程技术开发	吴　艳	2007—2008	沈阳市农发办

续表

序号	项目名称	主持人	起止年限	项目来源
129	花卉新品种推广及栽培技术示范	潘百涛	2007—2008	沈阳市农发办
130	韭菜新品种园艺宽叶示范与开发	崔连伟	2007—2008	沈阳市农发办
131	薄皮甜瓜新品种引进与高效栽培技术推广	刘　健	2007—2008	沈阳市农发办
132	东方百合鳞片繁育技术推广	于天颖	2007—2008	沈阳市农发办
133	萝卜周年生产新技术示范与推广	王　鑫	2007—2008	沈阳市农发办
134	康平县辣椒新品种引进及栽培推广	王丽萍	2007—2008	沈阳市农发办
135	日光温室名优蔬菜高效栽培技术推广	刘爱群	2007—2008	沈阳市农发办
136	不同类型专用茄子新品种及栽培技术推广	张伟春　何　明	2007—2008	沈阳市农发办
137	特种经济动物与养鱼技术推广	赵　辉　郑家明	2007—2008	沈阳市农发办
138	水稻新品种繁育及超高产栽培技术推广	丁　芬	2007—2008	省财政厅
139	辽西地区有机杂粮示范基地建设	赵术伟	2007—2008	省财政厅
140	环渤海湾地区苹果新品种增值关键技术推广	徐贵轩	2007—2008	省财政厅
141	苹果轮纹病综合防治技术推广	高艳敏	2007—2008	省财政厅
142	辽西肉羊高效饲养繁育关键技术示范推广	赵立仁　于国庆	2007—2008	省财政厅
143	辽南出口花卉标准化生产技术推广	苏胜举　崔再兴	2007—2008	省财政厅
144	高资源利用率柞蚕新品种应用推广	赵春山	2007—2008	省财政厅
145	蛹虫草生产技术推广	都兴范	2007—2008	省财政厅
146	大豆新品种辽豆 15 号及配套栽培技术推广	宋书宏	2007—2008	省财政厅
147	生物质能源植物及乙醇转化技术推广	邹剑秋　张志鹏	2007—2008	省财政厅
148	辽单系列专用玉米新品种推广	王延波	2007—2008	省财政厅
149	无公害稻菜生产技术推广	蔡忠杰	2007—2008	省财政厅
150	新型肥料及生物有机肥生产、应用技术推广	孙贝烈	2007—2008	省财政厅
151	耕地质量分区量化管理技术推广	汪　仁　邢月华	2007—2008	省财政厅
152	保护地蔬菜无公害生产技术推广	张伟春　刘爱群	2007—2008	省财政厅
153	百日草芳菲 2 号、芳菲 3 号新品种推广	王　平　赵景云	2007—2008	省财政厅
154	新型畜禽复合饲料添加剂生产与推广	赵　辉　于　宁	2007—2008	省财政厅
155	辽宁东部山区食用菌种植技术推广	苏君伟　肖千明	2007—2008	省财政厅
156	特色农业留兰香和万寿菊加工利用技术推广	张　华　石太渊 李利峰	2007—2008	省财政厅
157	农业科技影像资料收集、保存、利用	周建英	2007—2008	省财政厅
158	优质超级杂交粳稻新组合示范推广	陶承光　隋国民 华泽田	2008	农业部
159	葡萄无公害生产关键技术推广	赵奎华　刘长远	2008—2010	财政部
160	优质超级稻新品种辽星 1 号示范推广	隋国民	2008—2010	财政部
161	农业综合开发引导支农资金统筹支持新农村建设试点	赵奎华　史书强 万惠民	2008—2009	国家农发办
162	绿色稻米综合配套技术集成与示范	侯守贵	2008—2009	国家农发办

续表

序号	项目名称	主持人	起止年限	项目来源
163	稻蟹种养水稻病虫害防治技术集成与示范	于凤泉　潘荣光	2008—2009	国家农发办
164	肉蛋鸡标准化生产技术集成与示范	赵　辉	2008—2009	国家农发办
165	优良蔬菜品种引进及设施蔬菜无公害栽培技术集成与示范	张　青	2008—2009	国家农发办
166	农村生物质气化集中供气技术集成与示范	孙贝烈	2008—2009	国家农发办
167	设施蔬菜病虫害无公害防治技术集成与示范	刘长远	2008—2009	国家农发办
168	中低产田改良及测土配方施肥技术集成与示范	娄春荣	2008—2009	国家农发办
169	新农村农民专业合作社运行模式探索	万惠民	2008—2009	国家农发办
170	水稻新品种及高产栽培技术推广	隋国民　韩　勇　李跃东	2008—2009	省农发办
171	果树优良品种及标准化生产技术示范与推广	张秉宇	2008—2009	省农发办
172	优质高产花生新品种综合技术开发	何　跃　吴占鹏	2008—2009	省农发办
173	保护地蔬菜高效栽培技术示范推广	蒋春光	2008—2009	省农发办
174	东部山区特色农产品栽培技术推广	袁兴福　魏永祥	2008—2009	省农发办
175	农民科技培训工程	郎立新	2008—2009	省农发办
176	盘山县农业综合开发技术推广综合示范	隋国民　侯守贵	2008—2009	省农发办
177	桓仁县农业综合开发技术推广综合示范	赵文东	2008—2009	省农发办
178	辽阳县农业综合开发技术推广综合示范	李连波　李培志	2008—2009	省农发办
179	老边区农业综合开发技术推广综合示范	孙恩玉	2008—2009	省农发办
180	东港市农业综合开发技术推广综合示范	王　疏　董　海	2008—2009	省农发办
181	北镇市农业综合开发技术推广综合示范	刘长远　赵奎华	2008—2009	省农发办
182	昌图县农业综合开发技术推广综合示范	安景文	2008—2009	省农发办
183	台安县农业综合开发技术推广综合示范	张伟春　安新哲　郎立新	2008—2009	省农发办
184	彰武县农业综合开发技术推广综合示范	孙占祥　李启辉　陈　奇	2008—2009	省农发办
185	新宾县农业综合开发技术推广综合示范	肖千明　刘俊杰　潘荣光	2008—2009	省农发办
186	法库县农业综合开发技术推广综合示范	万惠民	2008—2009	省农发办
187	连山区农业综合开发技术推广综合示范	史书强　李自刚	2008—2009	省农发办
188	有机水稻生产技术示范推广	丁　芬　商文奇	2008—2009	省农发办
189	绿色优质稻米高产高效栽培示范与推广	侯守贵　代贵金	2008—2009	省农发办
190	优质水稻新品种及节水栽培技术推广	李跃东　沈　枫	2008—2009	省农发办
191	绿色稻米生产及节水栽培技术推广	韩　勇　李建国	2008—2009	省农发办
192	果树新品种引进及高产栽培技术推广	孙凌俊	2008—2009	省农发办
193	无公害大扁杏丰产栽培技术推广	王　宏	2008—2009	省农发办

续表

序号	项目名称	主持人	起止年限	项目来源
194	酵素菌大三元复方生物肥在大棚蔬菜上的应用技术推广	王　宏	2008—2009	省农发办
195	无毒树莓种苗繁育及栽培技术推广应用	王海新	2008—2009	省农发办
196	高蛋白高产大豆品种辽豆20号及配套栽培技术示范与推广	王文斌　曹永强　张　丽	2008—2009	省农发办
197	极早熟马铃薯新品种引进及配套技术开发	孟令文	2008—2009	省农发办
198	甜糯玉米、青豆两茬高效复种技术推广	崔天鸣	2008—2009	省农发办
199	甜瓜、西瓜新品种引进与高效益栽培技术开发	娄春荣　王秀娟	2008—2009	省农发办
200	开原市中草药栽培技术推广	王秀娟	2008—2009	省农发办
201	开原市东部山区林下资源综合利用技术推广	张海楼	2008—2009	省农发办
202	利用玉米秸、牛粪种植双孢菇新技术推广	苏君伟　张季军	2008—2009	省农发办
203	食用菌高产优质高效栽培技术推广	刘国宇	2008—2009	省农发办
204	日光温室果菜类蔬菜高效栽培技术推广	刘爱群　吴玉群	2008—2009	省农发办
205	旱作农业综合高产栽培技术示范与开发	惠成章　赵　辉　侯志研	2008—2009	省农发办
206	农牧结合高效循环农业技术与模式开发	侯志研　张　坤	2008—2009	省农发办
207	康平桑林蚕牧生态工程技术应用与推广	吴　艳	2008—2009	沈阳市农发办
208	百合切花优质栽培技术示范与推广	潘百涛　印东升	2008—2009	沈阳市农发办
209	保护地茄果类蔬菜嫁接栽培技术推广	刘爱群　李　广	2008—2009	沈阳市农发办
210	梁山镇西瓜高产、高效栽培技术示范与推广	崔连伟	2008—2009	沈阳市农发办
211	薄皮甜瓜新品种引进与高效栽培技术推广	刘　健　吕立涛	2008—2009	沈阳市农发办
212	大白菜无公害标准化生产示范与推广	王　鑫	2008—2009	沈阳市农发办
213	优质高产胡萝卜新品种引进及无公害栽培技术推广	张伟春　山　春	2008—2009	沈阳市农发办
214	优质超级稻新品种辽星1号及其配套技术推广	丁　芬　沈　枫	2008—2009	省财政厅
215	辽西地区谷子新品种推广	赵术伟	2008—2009	省财政厅
216	果树生物有机肥及实用技术推广	刘秀春	2008—2009	省财政厅
217	桃、樱桃设施优质高效栽培技术推广	冯孝严	2008—2009	省财政厅
218	辽西肉羊产业可持续发展关键技术示范	赵立仁　于国庆	2008—2009	省财政厅
219	出口切花菊新品种及栽培技术推广	苏胜举	2008—2009	省财政厅
220	高饲料效率柞蚕新品种9906应用推广	朴美兰	2008—2009	省财政厅
221	蛹虫草生产技术推广	都兴范　李亚洁	2008—2009	省财政厅
222	高油大豆新品种辽豆21号及配套技术推广	宋书宏	2008—2009	省财政厅
223	花生新品种辽花1号及配套栽培技术推广	崔天鸣　李茉莉	2008—2009	省财政厅
224	矮秆耐密型玉米新品种辽单565的推广应用	王延波	2008—2009	省财政厅
225	保护地蔬菜灰霉病综合防治技术推广	蔡忠杰	2008—2009	省财政厅
226	辽宁省不同生态区作物高效施肥技术推广	孙贝烈	2008—2009	省财政厅

续表

序号	项目名称	主持人	起止年限	项目来源
227	高效优质果菜新品种及综合配套技术推广	张伟春 刘爱群 安新哲	2008—2009	省财政厅
228	百日草芳菲2号、芳菲3号新品种推广	王 平	2008—2009	省财政厅
229	旱作与节水农业关键技术推广	王 辉	2008—2009	省财政厅
230	辽宁东部山区食用菌种植技术推广	苏君伟 张季军	2008—2009	省财政厅
231	乳酸菌发酵苹果饮料工艺技术推广	张 华 鲁 明 吴兴壮	2008—2009	省财政厅
232	农业科技影像资料收集、保存、利用	周建英	2008—2009	省财政厅
233	新农村建设试点农作物新品种引进示范	史书强	2008—2009	省财政厅
234	出口蔬菜标准化生产技术示范推广	李自刚 史书强	2008—2009	省财政厅
235	农业科技推广项目申报系统应用及农民远程网络技术培训	郑冶钢	2008—2009	省财政厅
236	低温沼气菌和新型厌氧消化器的开发应用	杨 涛	2008—2009	省财政厅
237	新型畜禽复合饲料添加剂生产与推广	郑家明 赵 辉	2008—2009	省知识产权局
238	“易丰收”液体复合肥在农作物上示范推广	陶承光	2009—2010	财政部
239	食用菌标准化高效栽培关键技术示范推	袁兴福	2009—2010	财政部
240	辽西北地区马铃薯高效复种技术集成与推广	史书强	2009—2010	财政部
241	农业综合开发引导支农资金统筹支持新农村建设试点	赵奎华 史书强 万惠民	2007—2009	国家农发办
242	绿色稻米综合配套技术集成与示范	侯守贵	2007—2009	国家农发办
243	稻蟹种养水稻病虫害防治技术集成与示范	于凤泉	2007—2009	国家农发办
244	生猪标准化生产技术集成与示范	赵 辉	2007—2009	国家农发办
245	优良蔬菜品种引进及设施蔬菜无公害栽培技术集成与示范	张 青	2007—2009	国家农发办
246	农村生物质气化集中供气技术集成与示范	孙贝烈	2007—2009	国家农发办
247	设施蔬菜病虫害无公害防治技术集成与示范	刘长远	2007—2009	国家农发办
248	沃土工程与测土配方施肥技术集成与示范	娄春荣	2007—2009	国家农发办
249	新农村农民专业合作社运行模式探索	万惠民	2007—2009	国家农发办
250	果树优良品种及标准化生产技术示范与推广	张秉宇	2009—2010	省农发办
251	水稻新品种及高产高效综合配套技术推广	隋国民	2009—2010	省农发办
252	柞蚕新品种及高效生态放养技术推广	姜德富 李喜升	2009—2010	省农发办
253	辽西地区设施蔬菜综合配套技术推广	蒋春光 尹凤龙	2009—2010	省农发办
254	优质花生新品种及配套栽培技术示范推广	吴占鹏 杨 镇 潘德成	2009—2010	省农发办
255	密植型玉米新品种高产栽培技术推广	王延波 陈长青 刘志新	2009—2010	省农发办
256	小浆果新品种及标准化栽培技术推广	袁兴福 魏永祥	2009—2010	省农发办

续表

序号	项目名称	主持人	起止年限	项目来源
257	农民科技培训工程	史书强 张 鹏	2009—2010	省农发办
258	桓仁县农业综合开发技术推广综合示范	赵文东 宋文禄	2009—2010	省农发办
259	灯塔市农业综合开发技术推广综合示范	李连波	2009—2010	省农发办
260	盘山县农业综合开发技术推广综合示范	侯守贵	2009—2010	省农发办
261	苏家屯农业综合开发技术推广综合示范	万惠民	2009—2010	省农发办
262	绥中县农业综合开发技术推广综合示范	史书强 李自刚	2009—2010	省农发办
263	昌图县农业综合开发技术推广综合示范	安景文	2009—2010	省农发办
264	东港市农业综合开发技术推广综合示范	王 疏	2009—2010	省农发办
265	北镇市农业综合开发技术推广综合示范	刘长远 赵奎华	2009—2010	省农发办
266	老边区农业综合开发技术推广综合示范	孙恩玉	2009—2010	省农发办
267	细河区农业综合开发技术推广综合示范	孙占祥 侯志研	2009—2010	省农发办
268	台安县农业综合开发技术推广综合示范	张伟春 郎立新 安新哲	2009—2010	省农发办
269	新宾县农业综合开发技术推广综合示范	肖千明 郎立新 刘俊杰	2009—2010	省农发办
270	凌海市农业综合开发技术推广综合示范	孙贝烈 安新哲	2009—2010	省农发办
271	盘山县沙岭镇优质水稻基地建设	李跃东	2009—2010	省农发办
272	大洼县唐家乡优质粮食基地建设	代贵金	2009—2010	省农发办
273	大洼县西安镇水稻超高产田示范基地	王 辉	2009—2010	省农发办
274	辽阳县高标准农田建设示范工程	史书强 李连波	2009—2010	省农发办
275	绥中县高标准高产粮田建设与示范	王延波 赵海岩	2009—2010	省农发办
276	阜蒙县玉米超高产田建设	侯志研 郑家明	2009—2010	省农发办
277	有机米水稻新品种引进与示范推广	李跃东	2009—2010	省农发办
278	富硒米水稻新品种引进与示范推广	侯守贵	2009—2010	省农发办
279	优质水稻生产关键技术示范与推广	丁 芬	2009—2010	省农发办
280	寒富苹果无公害栽培技术推广	王 宏	2009—2010	省农发办
281	保护地黄瓜优良砧木的引进及栽培技术推广	王 宏	2009—2010	省农发办
282	细河区花生高产稳产技术开发	于洪波	2009—2010	省农发办
283	树莓种苗工厂化繁育及栽培技术推广应用	王海新	2009—2010	省农发办
284	设施蔬菜新品种引进及配套栽培技术示范与推广	尹凤龙	2009—2010	省农发办
285	朝阳市双塔区长宝乡永丰梨基地建设	庞占荣	2009—2010	省农发办
286	黑色杂粮作物有机栽培及产业化开发	李 刚 崔天鸣	2009—2010	省农发办
287	芸豆、马铃薯复种白萝卜标准化栽培技术开发	孟令文	2009—2010	省农发办
288	保护地蔬菜无公害标准化栽培技术开发	孟令文	2009—2010	省农发办
289	建昌县和尚房子乡梨基地土壤科学管理技术推广	娄春荣 王秀娟	2009—2010	省农发办
290	东辛庄示范区土壤养分科学管理技术开发与推广	娄春荣	2009—2010	省农发办
291	盘山县稻鱼蟹生态种养产业化技术集成与示范	孙文涛	2009—2010	省农发办

续表

序号	项目名称	主持人	起止年限	项目来源
292	小流域治理林果草生态种植技术示范与开发	侯志研　李启辉	2009—2010	省农发办
293	耐密玉米新品种配套技术示范与开发	侯志研　张　坤	2009—2010	省农发办
294	保护地蔬菜越冬栽培高新技术引进与示范	陈　奇　李启辉	2009—2010	省农发办
295	寒富苹果、花生优质高效配套栽培技术推广	徐贵轩　于洪波	2009—2010	沈阳市农发办
296	沈北新区蔬菜新品种引进及示范基地建设	刘爱群　王　鑫 张伟春	2009—2010	沈阳市农发办
297	梁山镇两瓜生产技术推广	崔连伟　孙永生 刘永丽	2009—2010	沈阳市农发办
298	薄皮甜瓜新品种引进与高效栽培技术推广	刘　健	2009—2010	沈阳市农发办
299	日光温室百合、番茄标准化栽培技术	左金富　董克宝	2009—2010	沈阳市农发办
300	食用菌标准化栽培技术开发	于希臣　潘百涛	2009—2010	沈阳市农发办
301	优质超级稻新品种辽星1号及其配套技术推广	丁　芬　李建国	2009—2010	省财政厅
302	高油大豆新品种辽豆21号及配套技术推广	付祥胜	2009—2010	省财政厅
303	保护地蔬菜病害综合防治及加工技术推广	张　青　都兴范 马　涛	2009—2010	省财政厅
304	出口切花菊新品种及栽培技术推广	崔再兴	2009—2010	省财政厅
305	苏家屯区水稻产业示范基地建设	隋国民　韩　勇	2009—2011	沈阳市政府
306	苏家屯区设施葡萄产业示范基地建设	赵文东　孙灵俊	2009—2011	沈阳市政府
307	辽中县果蔬产业示范基地建设	白元俊	2009—2011	沈阳市政府
308	沈北新区花卉产业示范基地建设	印东升　潘百涛	2009—2011	沈阳市政府
309	东陵区树莓产业示范基地建设	魏永祥　蒋明三	2009—2011	沈阳市政府
310	康平县花生产业示范基地建设	作物所　杨　镇	2009—2011	沈阳市政府
311	新民市设施蔬菜产业示范基地建设	王永成　刘爱群	2009—2011	沈阳市政府
312	康平县玉米中低产田改造示范基地建设	汪　仁	2009—2011	沈阳市政府
313	省农科院与阜新市农业科技共建	杨　镇	2009	阜新市政府
314	葡萄主要病害诊断及防控技术示范与推广	刘长远	2009—2010	省知识产权局
315	食用菌标准化高效栽培关键技术示范与推广	袁兴福	2010—2011	财政部
316	辽西北地区马铃薯高效复种技术集成与推广	史书强	2010—2011	财政部
317	辽西北风沙地易旱地区花生节本增效技术推广	苏君伟	2010—2011	财政部
318	中晚熟矮秆耐密型玉米品种高效栽培技术推广	王延波	2010—2011	省农发办
319	水稻新品种及高产栽培技术示范推广	马兴全	2010—2011	省农发办
320	花生新品种及高产栽培技术推广	吴占鹏	2010—2011	省农发办
321	苹果优新品种及产业化生产技术推广	张秉宇	2010—2011	省农发办
322	设施蔬菜高效栽培模式及技术集成示范与推广	蒋春光	2010—2011	省农发办
323	小浆果新品种及标准化栽培技术推广	袁兴福　魏永祥	2010—2011	省农发办
324	农业科技培训工程	史书强	2010—2011	省农发办
325	铁岭县高标准农田建设示范项目	万惠民	2010—2011	省农发办

续表

序号	项目名称	主持人	起止年限	项目来源
326	绥中塔山高标准农田建设示范项目	史书强	2010—2011	省农发办
327	桓仁县农业综合开发技术推广综合示范	赵文东	2010—2011	省农发办
328	灯塔市农业综合开发技术推广综合示范	李连波	2010—2011	省农发办
329	盘山县农业综合开发技术推广综合示范	侯守贵	2010—2011	省农发办
330	绥中县农业综合开发技术推广综合示范	史书强	2010—2011	省农发办
331	铁岭县农业综合开发技术推广综合示范	安景文	2010—2011	省农发办
332	老边区农业综合开发技术推广综合示范	孙恩玉	2010—2011	省农发办
333	细河区农业综合开发技术推广综合示范	孙占祥	2010—2011	省农发办
334	台安县农业综合开发技术推广综合示范	张伟春	2010—2011	省农发办
335	抚顺县农业综合开发技术推广综合示范	肖千明	2010—2011	省农发办
336	凌海市农业综合开发技术推广综合示范	孙贝烈	2010—2011	省农发办
337	阜蒙县花生高标准农田建设示范工程	安玉明	2010—2011	省农发办
338	彰武县苇子沟乡高标准农田建设示范工程	孙鸿文	2010—2011	省农发办
339	绥中县玉米高产田建设与示范	赵海岩	2010—2011	省农发办
340	建昌县超高产试点建设	赵海岩	2010—2011	省农发办
341	朝阳县高标准粮田建设	赵海岩	2010—2011	省农发办
342	绿色优质稻米高产高效栽培示范与推广	王昌华	2010—2011	省农发办
343	阜蒙县玉米超高产田建设	侯志研	2010—2011	省农发办
344	水稻新品种引进与示范推广	代贵金	2010—2011	省农发办
345	绿色优质水稻高产高效栽培示范推广	侯守贵	2010—2011	省农发办
346	水稻新品种辽星 1 号、辽星 15 示范推广	丁　芬	2010—2011	省农发办
347	水稻精确定量栽培技术示范推广	王　辉	2010—2011	省农发办
348	果园土壤生物修复技术示范与开发	范业宏	2010—2011	省农发办
349	黑山县农业示范区果树标准化示范园建设	何明莉	2010—2011	省农发办
350	寒富苹果标准化生产技术推广	王　宏	2010—2011	省农发办
351	花盖梨丰产栽培技术推广	王　宏	2010—2011	省农发办
352	无公害大扁杏丰产栽培技术推广	王　宏	2010—2011	省农发办
353	经济林树种新品种引进及早期丰产栽培技术开发	王　巍	2010—2011	省农发办
354	生态林立体绿化及配套技术开发	潘德成	2010—2011	省农发办
355	防风固沙经济树种的引种与栽培示范推广	王海新	2010—2011	省农发办
356	高效生态经济林树种高产优质栽培技术推广	王　巍	2010—2011	省农发办
357	朝阳市双塔区长宝乡永丰梨基地建设项目	蒋春光	2010—2011	省农发办
358	林药种植综合技术推广	蒋春光	2010—2011	省农发办
359	枸杞林基地建设及综合栽培技术推广	蒋春光	2010—2011	省农发办
360	优质高产西、甜瓜新品种引进及综合配套技术开发	孟令文	2010—2011	省农发办
361	反季香菇全熟料栽培技术推广	刘俊杰	2010—2011	省农发办

续表

序号	项目名称	主持人	起止年限	项目来源
362	循环利用种养业废弃物栽培食用菌关键技术研究与示范	刘俊杰	2010—2011	省农发办
363	主要作物高产栽培技术模式示范与推广	陈　奇	2010—2011	省农发办
364	绿色水稻栽培技术	于凤泉	2010—2011	省农发办
365	优质水稻超高产栽培技术示范	王　辉	2010—2011	沈阳市农发办
366	大红旗镇水稻病虫害综合防治技术示范与推广	崔连伟	2010—2011	沈阳市农发办
367	沈阳市沈北新区水稻高产高效栽培技术推广	解占军	2010—2011	沈阳市农发办
368	红薯新品种引进及高效施肥技术推广	汪　仁	2010—2011	沈阳市农发办
369	温室草莓无公害高效栽培技术示范推广	王志刚	2010—2011	沈阳市农发办
370	设施番茄品种引进及高效栽培技术推广	赵兴华	2010—2011	沈阳市农发办
371	优质鲜切花高效栽培技术示范推广	潘百涛	2010—2011	沈阳市农发办
372	保护地蔬菜病害综合防治技术推广	张　青	2010—2011	沈阳市农发办
373	辽星系列水稻新品种及高产栽培技术推广	张　鹏	2010—2011	沈阳市农发办
374	优质杂交粳稻新组合辽优 2006、辽优 9906 示范推广	苏玉安	2010—2011	省财政厅
375	柞蚕强健性新品种“抗大”示范推广	崔再兴	2010—2011	省财政厅
376	饲草高粱杂交种辽草 3 号、辽甜 7 号及其配套技术推广	朱　凯	2010—2011	省财政厅
377	东方百合种球快繁技术推广	王志刚	2010—2011	省财政厅
378	百名专家科技支持百家农民专业合作社发展计划	史书强	2010—2011	省财政厅
379	农业技术推广项目管理系统建设	王　昕	2010—2011	省财政厅
380	苏家屯区水稻产业示范基地建设	韩　勇	2010—2011	沈阳市政府
381	苏家屯区设施葡萄产业示范基地建设	赵文东	2010—2011	沈阳市政府
382	沈北新区花卉产业示范基地建设	苏胜举	2010—2011	沈阳市政府
383	东陵区树莓产业示范基地建设	魏永祥	2010—2011	沈阳市政府
384	康平县花生产业示范基地建设	杨　镇	2010—2011	沈阳市政府
385	康平县玉米中低产田改造示范基地建设	汪　仁	2010—2011	沈阳市政府
386	康平县果蔬产业示范基地建设	张　青	2010—2011	沈阳市政府
387	新民市设施蔬菜产业示范基地建设	何　明	2010—2011	沈阳市政府
388	法库县设施蔬菜产业示范基地建设	刘爱群	2010—2011	沈阳市政府
389	省农科院与朝阳市农业科技共建	齐鹏春	2010—2011	朝阳市政府
390	抗病饲料添加剂柞蚕溶菌酶的生产	倪振田	2010—2011	省知识产权局
391	辽西北地区马铃薯高效复种技术集成与推广	史书强	2011—2012	财政部
392	辽西北风沙地易旱地区花生节本增效及病虫害防治技术推广	苏君伟	2011—2012	财政部
393	食用菌、“四辣”等特色农业高产高效栽培技术示范推广	赵奎华　袁兴福	2011—2012	财政部

续表

序号	项目名称	主持人	起止年限	项目来源
394	专题一：食用菌标准化高效栽培关键技术示范推广	刘俊杰	2011—2012	财政部
395	专题二：百合新品种引进及高产高效栽培技术示范推广	苏胜举	2011—2012	财政部
396	专题三："四辣"高产、高效栽培技术示范推广	崔连伟	2011—2012	财政部
397	优质水稻新品种及高产配套技术示范推广	马兴全	2011—2012	省农发办
398	花生新品种及高产高效配套技术示范推广	吴占鹏	2011—2012	省农发办
399	苹果优新品种及产业化生产技术推广	张秉宇	2011—2012	省农发办
400	设施蔬菜高效栽培模式及新技术集成示范与推广	蒋春光	2011—2012	省农发办
401	玉米"三比空　密疏密"高产栽培技术及配套品种示范与推广	王延波	2011—2012	省农发办
402	葡萄优质抗病新品种及栽培技术示范与推广	赵奎华	2011—2012	省农发办
403	蓝莓、树莓新品种及标准化栽培技术推广	魏永祥	2011—2012	省农发办
404	农业科技培训工程	史书强	2011—2012	省农发办
405	桓仁县农业综合开发技术推广综合示范	赵文东	2011—2012	省农发办
406	盖州市农业综合开发技术推广综合示范	杨世增	2011—2012	省农发办
407	苏家屯农业综合开发技术推广综合示范	白元俊	2011—2012	省农发办
408	东港市农业综合开发技术推广综合示范	王　疏	2011—2012	省农发办
409	北镇市农业综合开发技术推广综合示范	刘长远	2011—2012	省农发办
410	岫岩县农业综合开发技术推广综合示范	刘俊杰	2011—2012	省农发办
411	抚顺县农业综合开发技术推广综合示范	肖千明	2011—2012	省农发办
412	大洼县农业综合开发技术推广综合示范	侯守贵　代贵金	2011—2012	省农发办
413	凌海市农业综合开发技术推广综合示范	孙贝烈	2011—2012	省农发办
414	开原市高标准农田绿色水稻综合生产技术	侯守贵	2011—2012	省农发办
415	彰武县苇子沟乡高标准农田建设示范工程	孙鸿文	2011—2012	省农发办
416	阜蒙县花生高标准农田建设示范工程	安玉明	2011—2012	省农发办
417	辽阳市高标准农田建设示范工程	史书强　李连波	2011—2012	省农发办
418	台安县玉米高产综合配套技术推广	杨　镇	2011—2012	省农发办
419	大石桥市2011年沟沿镇三八灌区高标准农田建设	孙恩玉	2011—2012	省农发办
420	水稻高标准农田建设科技示范	王　疏	2011—2012	省农发办
421	绥中县沟河流域高标准农田建设示范工程	史书强　袁立新	2011—2012	省农发办
422	阜蒙县玉米超高产田建设	侯志研	2011—2012	省农发办
423	绥中县高标准高产粮田建设与示范	肖万欣	2011—2012	省农发办
424	铁岭县优质米生产基地建设	李建国	2011—2012	省农发办
425	优质水稻新品种高产栽培技术示范推广	代贵金	2011—2012	省农发办
426	水稻新品新组合种引进与示范推广	代贵金	2011—2012	省农发办
427	调兵山市绿化新树种引进与示范推广	于德林	2011—2012	省农发办
428	康平县花生新品种引进及配套技术示范推广	崔　瑞	2011—2012	省农发办

续表

序号	项目名称	主持人	起止年限	项目来源
429	昌图县花生新品种引进及配套栽培技术示范推广	于洪波	2011—2012	省农发办
430	阜新市细河区生态经济林树种引进及高效栽培技术示范推广	王　巍	2011—2012	省农发办
431	彰武县花生高产栽培技术示范推广	蔡立夫	2011—2012	省农发办
432	韭菜无公害标准化生产技术示范	付乃旭	2011—2012	省农发办
433	辽阳市农业综合开发技术推广综合示范	李连波	2011—2012	省农发办
434	绿化草花品种引进栽培及示范推广	马　策	2011—2012	省农发办
435	蔬菜无土栽培技术示范与推广	阮　芳	2011—2012	省农发办
436	切花菊优质高效栽培技术示范与推广	侯　忠	2011—2012	省农发办
437	蔬菜、草莓栽培技术示范与推广	程洪森	2011—2012	省农发办
438	开原市苗木新品种引进与示范推广	孙文松	2011—2012	省农发办
439	保护地蔬菜高产优质栽培技术示范与推广	阮　芳	2011—2012	省农发办
440	易丰收促进杂粮和蔬菜高产高效栽培技术推广	杨　镇	2011—2012	省农发办
441	“辽黑花 1 号”花生新品种繁育基地建设	杨　镇	2011—2012	省农发办
442	两茬高效复种技术集成与推广	孟令文	2011—2012	省农发办
443	以马铃薯为前茬复种萝卜、芸豆高效栽培技术推广	孟令文	2011—2012	省农发办
444	玉米高标准农田栽培技术示范	李　明	2011—2012	省农发办
445	台安县玉米超高产配套栽培技术推广	孙　甲	2011—2012	省农发办
446	彰武县花生高产栽培综合技术推广与示范	陈　奇	2011—2012	省农发办
447	台安县超高产玉米栽培技术推广	于希臣	2011—2012	省农发办
448	坡耕地林粮结合品种引进与技术示范	李启辉	2011—2012	省农发办
449	小流域治理生态草引进与开发	于希臣	2011—2012	省农发办
450	裸地蔬菜两茬复种高产栽培技术推广	赵丽丽	2011—2012	省农发办
451	日光温室茄子高产栽培技术推广	王国政	2011—2012	省农发办
452	无公害蔬菜高效栽培关键技术集成示范与推广	宋铁峰	2011—2012	省农发办
453	有机香菇高效栽培关键技术推广	刘俊杰	2011—2012	省农发办
454	铁岭县农业综合开发技术推广综合示范	安景文	2011—2012	省农发办
455	切花百合种球繁育及标准化高效栽培技术推广	吴海红	2011—2012	省农发办
456	东方百合种球快繁技术推广	王志刚	2011—2012	省农发办
457	辽星系列等优质水稻超高产栽培技术示范	韩　勇	2011—2012	沈阳市农发办
458	温室草莓高效栽培技术	魏永祥	2011—2012	沈阳市农发办
459	设施蔬菜新品种引进及标准化栽培技术示范与推广	惠成章	2011—2012	沈阳市农发办
460	苏家屯区有机水稻综合配套技术(栽培技术)	于　涛	2011—2012	沈阳市农发办
461	沈北新区水稻新品种引进及栽培技术推广	于　涛	2011—2012	沈阳市农发办
462	水稻新品种及中微量元素施用技术推广	解占军	2011—2012	沈阳市农发办
463	设施蔬菜高效、优质栽培技术示范与推广	杜雪晶　张伟春	2011—2012	沈阳市农发办
464	番茄优新品种及长季节配套栽培技术开发	赵兴华	2011—2012	沈阳市农发办

续表

序号	项目名称	主持人	起止年限	项目来源
465	百合新品种引进及高效栽培技术推广	屈连伟	2011—2012	沈阳市农发办
466	葡萄新品种引进及无公害生产	潘百涛	2011—2012	沈阳市农发办
467	温室草莓无公害高效栽培技术示范推广(栽培)	王志刚	2011—2012	沈阳市农发办
468	酿酒杂交糯高粱辽黏4号良种繁育及配套栽培技术推广	朱　凯	2011—2012	省财政厅
469	大豆新品种辽豆24号、26号无公害生产配套技术示范推广	王文斌	2011—2012	省财政厅
470	辽红小豆8号和绿豆辽绿28号高产栽培技术示范推广	赵　秋	2011—2012	省财政厅
471	农业技术推广项目管理系统建设	王　昕	2011—2012	省财政厅
472	百名专家支持百家农民专业合作社技术服务示范	史书强	2011—2012	省财政厅
473	苏家屯区水稻产业示范基地建设	韩　勇	2011—2012	沈阳市政府
474	苏家屯区设施葡萄产业示范基地建设	赵文东	2011—2012	沈阳市政府
475	沈北新区花卉产业示范基地建设	苏胜举	2011—2012	沈阳市政府
476	东陵区树莓产业示范基地建设	魏永祥	2011—2012	沈阳市政府
477	康平县花生产业示范基地建设	崔　瑞	2011—2012	沈阳市政府
478	康平县玉米中低产田改造示范基地建设	安景文	2011—2012	沈阳市政府
479	康平县果蔬产业示范基地建设	张　青	2011—2012	沈阳市政府
480	新民市设施蔬菜产业示范基地建设	何　明	2011—2012	沈阳市政府
481	法库县设施蔬菜产业示范基地建设	刘爱群	2011—2012	沈阳市政府
482	省农科院与朝阳市农业科技共建	齐鹏春	2011—2012	朝阳市政府
483	粳型杂交水稻高产制种技术的应用	张忠旭	2011—2012	省知识产权局

2006—2011 年辽宁省农业科学院科技推广大事记

2006 年 1 月，辽宁省农业科学院成立科技推广处。

2006 年 2 月 28 日，省委书记李克强、副省长胡晓华到省农科院视察。院长陶承光介绍了省农科院面向经济建设主战场，开展科技创新和农业技术推广工作情况。李克强书记充分肯定了省农科院对辽宁农业发展所作的重要贡献，并对我院公益性服务的定位及科技创新和科技推广工作作了重要指示。

2006 年 3 月 22 日，辽宁省妇女联合会与辽宁省农业科学院共同举行“巾帼科技致富示范工程”启动和辽宁省妇女科技培训基地成立揭牌仪式。辽宁省妇女联合会主席史桂茹、副主席白鹭，辽宁省农业科学院副院长李海涛、赵奎华，全省“双学双比”工作表彰会的农村妇女代表及省农科院科技人员共 150 人参加了本次活动。辽宁省首期农村妇女科技骨干专业技术培训班于当天下午举办。

2006 年 5 月 26 日，在全省 2006 年定点扶贫表彰会议上，辽宁省农业科学院被评为“省定点扶贫工作标兵单位”，史书强、李自刚、李秀杰、荣志祥被评为“省定点扶贫先进工作者”。

2006 年 7 月 12 日，辽宁省农业科学院与阜新市人民政府举行“十一五”农业科技共建协议签订仪式。

2006 年 8 月 7 日，原省委书记闻世震、副省长杨新华到省农科院听取科技创新和服务三农工作情况汇报。

2006 年 8 月 16 日，辽宁省农科院协助辽宁省农发办录制完成 2003—2005 年全省农业综合开发验收纪录片《振兴序曲中的绿色乐章》。

2006 年 11 月 3 日，科技推广处组织编印《辽宁省农业科学院“十一五”推广成果汇编》，发送至省、市、县各级开发办系统和相关部门。

2007 年 2 月 2 日，科技推广处组织水稻、玉米、高粱、大豆、蔬菜、食用菌、草牧、植保、肥料、加工等专业的 14 位专家，在赵奎华副院长带领下，到西丰参加“全国科技文化卫生三下乡活动”。向西丰县捐赠了价值 1 万元的图书，发放了 2 万多份技术资料，举办了“保护地蔬菜病虫害防治”专题讲座。植保所、食用菌所和加工所分别与当地企业签订了技术合作协议。

2007年11月1日，辽宁省农业科学院与义县人民政府农业科技共建签约仪式在辽宁省农业科学院会展中心举行。辽宁省农业科学院院长陶承光，副院长李海涛、赵奎华、孙占祥，纪检书记陈仁锋，义县县委书记董勇、县长马海峰、县委副书记夏娟、组织部长刘志强、副县长李秀儒，以及辽宁省农业科学院有关处、所和义县有关部门的负责同志共44人出席签约仪式。

2007年12月3日，辽宁省农业科学院与辽宁省妇联在阜蒙县阜新镇白玉都村建立“辽宁省巾帼科技致富科技示范基地”。省妇联副主席白鹭、省农科院副院长赵奎华、阜新市委副书记于言良、副市长敖秉义参加揭碑仪式。风沙所王群研究员为当地从事保护地蔬菜生产的妇女进行了现场培训。

2008年4月11日，辽宁省农业科学院与辽宁省农业综合开发办联办的《科技与农业综合开发》创刊三周年，省政协原主席肖作福为刊物题词“开发硕果遍大地，科技春风暖万家”。

2008年5月20日，辽宁省定点扶贫工作会议上，辽宁省农科院获“省定点扶贫工作标兵单位”称号，潘德成获“省定点扶贫标兵”称号，史书强、郑家明、陈奇、李自刚、荣志祥获“省定点扶贫先进工作者”称号。

2008年10月9日，陶承光院长陪同陈海波副省长到省农科院水稻所参观水稻示范基地，听取超级稻研究进展汇报。

2008年11月28日，辽宁省农业科学院与沈阳市人民政府签订“沈阳市人民政府和辽宁省农业科学院市院科技共建”协议。双方约定，在5年合作期间，以科技创新为手段，实施五大提升行动，构建现代农业产业体系。沈阳市人民政府市长李英杰、副市长王翔坤、市政府秘书长张景辉、市政府副秘书长公维伦，农委主任于波、副主任陈德明、副巡视员全奎国，市农科院院长卢文经，辽宁省农业科学院党组书记、院长陶承光，副院长赵奎华、袁兴福、孙占祥，纪检书记陈仁峰，院长助理崔再兴，科技推广处处长史书强出席签约仪式。

2009年5月，辽宁省农业科学院成立科技成果转化中心。

2009年7月27日，省政府主持召开全省农业综合开发电视电话会议。副省长陈海波，省政府副秘书长王世伟，省财政厅厅长邴志刚，省农业综合开发办主任张钢军，省农委、省发改委、省水利厅、省林业厅、省国土资源厅、省海洋渔业厅、省畜牧局、省供销社、省农信联社、省农科院的领导参加了会议。省农科院和盘锦市、开原市在会上作了经验介绍，陶承光院长作了题为“以农业综合开发为平台，加速农业科技成果转化”的报告。

2009年8月，科技推广处协助辽宁省农业综合开发办录制了2006—2008年农业综合开发建设纪录片《引领辽宁现代农业的时代命题》。

2009 年 11 月，“农业综合开发科技增效示范工程”项目获辽宁省科技进步一等奖。2004—2008 年，在全省建立核心试验区 187 个，总面积 15. 0 万亩；开发示范区 276 个，总面积 508 万亩；推广辐射区 570 个，总面积 2600 万亩。应用推广了 15 项农业综合科技成果，引进水稻、蔬菜、果树等新品种 696 个，推广新技术 277 项次。举办各类技术培训班 588 次，召开现场会 6300 次，培训农民 15 万人次。累计示范推广面积 3123. 2 万亩，新增经济效益 99. 443 亿元。促进了农业发展、农村文明、农民增收。

2010 年 3 月 18 日，辽宁省农业科学院与阜新市人民政府联合召开农业科技共建工作暨花生产业研讨会。阜新市市长潘利国、副市长马如军，省农科院院长陶承光、副院长袁兴福、纪检组长陈仁峰，以及省科技厅、农发办、扶贫办等省直单位的负责同志出席会议。阜新市相关单位、省农科院有关处室和各研究所专家 60 余人参加会议。会议由袁兴福副院长主持。

2010 年 4 月 22 日，院长陶承光、副院长袁兴福陪同省人大原副主任杨新华到康平县，听取康平社会经济发展情况汇报，视察卧龙湖省级自然保护区和两家子乡科技共建设施蔬菜基地，并对康平发展现代农业、生态农业提出建议。

2007—2010 年，“国家农业综合开发引导支农资金统筹支持新农村建设试点”项目，在盘锦市高升镇、铁岭市庆云堡镇、沈阳市大民屯镇、鞍山市桑林镇 4 个镇实施，以我院为技术依托单位，全院 10 个研究所的 20 名科技人员参与实施。

2010 年 6 月 9 日，省政协在彰武县主持召开 2010 年省定点帮扶彰武县工作协调会议。省政协常务副主席胡晓华、秘书长魏敏等领导同志以及省直有关部门负责人出席会议，我院李海涛副院长、科技推广处史书强处长参加会议。

2010 年 6 月，院科技推广处协助辽宁省农业综合开发办公室录制完成反映全省 2009 年农业综合开发高标准农田建设的纪录片《聚焦良田蕴秋实》。

2010 年 9 月 6 日，全国妇联党组书记、副主席、书记处第一书记宋秀岩同志赴辽宁省农业科学院视察指导工作，副院长李海涛、总农艺师郑冶钢及相关部门负责人参加接待。宋秀岩书记先后参观了院科技成果展、设施中心的花卉研发基地和农业部农产品质检中心，对我院的工作给予了高度评价。宋秀岩书记还到抚顺对我院与省妇联共建的巾帼食用菌科技示范基地视察。

2011 年 1 月，由我院和省财政厅、省妇联联合实施的“百名专家科技支持百家农民专业合作社”项目启动。

2011 年 3 月 19 日，“三农科技服务金桥奖”颁奖大会在北京召开。我院和院蔬菜所获得先进集体奖；风沙所潘德成、崔瑞、吴占鹏，果树所王宏、孟繁荣、赵文东，蔬菜所张伟春、刘爱群，花卉所印东生、王平，栽培所陈奇，玉米所赵海岩，展示中心张青，水保所万惠民，水稻所侯守贵，加工所张华等16名专家获得先进个人奖。

2011年3月31日，辽宁省农业科学院被评为2010年度"省定点扶贫标兵单位"，王宏被评为"省定点扶贫状元"，史书强、陈奇、荣志祥、潘德成被评为"省定点扶贫标兵"，李自刚被评为"省定点扶贫先进工作者"。

2011年5月6日，锦州市农业综合开发系统考察团一行26人到我院交流学习。省农发办常务副主任张景祥、我院赵奎华副院长参加了交流活动。

2011年5月，院科技推广处协助辽宁省农业综合开发办完成《辽宁省农业综合开发"十二五"规划》。

2011年5月12日，省直工委目标办组织专家组到康平县考核我院科技共建项目工作成效。我院在康平县的科技共建工作被评为省直机关2011年第二季度"季评最佳实事"。

2011年5月19日，《科技与农业综合开发》内部资料刊号获批（辽宁省内部资料准印证第00157号）。刊物进行改版，版面由原来的12页扩至20页，进入新的发展阶段。

2011年6月7日，陶承光院长陪同赵化明副省长到省农科院大连菊花基地检查指导工作。赵化明副省长一行听取了基地工作情况汇报，参观了鲜切菊花标准化生产连栋日光温室，并对菊花产业化生产提出了指导意见。

2011年6月7日，"大连市人民政府、大连金州国家农业科技园区与辽宁省农业科学院科技共建启动仪式"在金州新区华家街道佛伦德都市现代农业示范区举行。陶承光院长与孙广田副市长签订《大连市人民政府与辽宁省农业科学院科技共建协议》；赵奎华副院长与滕人贵副主任签订《金州国家农业科技园区与辽宁省农业科学院科技共建协议》；果树所与瓦房店市人民政府，水稻所、蔬菜所与庄河市人民政府，果树所、花卉所与佛伦德农业公司分别签订科技共建协议。赵化明副省长、孙广田副市长为"金州国家农业科技园区与辽宁省农业科学院科技共建基地"揭牌；陶承光院长、徐长元书记为"辽宁省农业科学院大连园艺研发中心"揭牌；大连市农委汤方栋主任、金州新区管委会滕人贵副主任为"佛伦德都市现代农业示范园区"揭牌。

2011年6月17日，辽宁省农业科学院与抚顺市人民政府在抚顺友谊宾馆签署2011—2016年科技共建协议。共建"辽宁省农业科学院抚顺农业特色产业研发中心"，围绕食用菌、中草药、山野菜、抗寒果树、柞蚕、特色农作物等辽东山区特色资源，双方共同组建研发团队10个，建立示范基地9个，加速产业开发关键技术的研发与推广。抚顺市委书记刘强、市长王桂芬、副市长杨学海，省农科院院长陶承光、副院长赵奎华、总农艺师郑冶钢等出席签约仪式。

2011 年 7 月 21 日，省财政厅农业处在省农科院组织召开“中央财政农业科技推广示范项目实施情况座谈会”。省财政厅农业处副处长高铁彬、高级会计师崔高英，承担 2010 年中央财政农业科技推广示范项目单位的 35 名代表出席会议。辽宁广播电视台、省文化厅文化共享工程中心等新闻媒体负责人应邀参会。科技推广处史书强处长主持座谈会。

2011 年 8 月 5 日，由省财政厅农业处组织的“全省部分农民专业合作社代表及农业科技专家座谈会”在我院召开。省财政厅农业处副处长高铁彬、高级会计师崔高英，省农科院副院长李海涛，省动监局、省妇联发展部、省文化厅文化共享工程中心、省农业技术推广总站、省农业经济学校等有关部门领导、省农科院相关研究所（中心）科技人员、部分农民专业合作社法人代表出席了会议。

2011 年 8 月 5 日，省定点帮扶岫岩县工作会议在岫岩县召开，省委常委、省军区政委张林出席会议。袁兴福副院长参加了会议。会上，我院介绍了依托自身的技术、人才和成果资源优势，在岫岩建设平欧榛子、柞蚕、苹果、食用菌等高效示范基地，通过开发特色农业产业开展科技扶贫工作的情况。

2011 年 8 月 27 日，“全省农业综合开发产业化项目培训会议”在省农科院召开。国家农业综合开发办产业化项目处处长祝顺泉、王伟民同志到会指导。省农发办主任张钢军、常务副主任张景祥、副主任夏本立，省农科院副院长赵奎华等出席会议。来自全省 13 个市（县）的农发办主任及分管该项工作的同志参加了培训。

2011 年 10 月 11 日，辽宁省农业科学院与抚顺市科技共建工作启动会议在抚顺市友谊宾馆召开。抚顺市人民政府副市长杨学海、副秘书长宁文彦，省农科院副院长赵奎华，抚顺市农委、发改委、科技局、财政局、水利局、林业局、服务业委、旅游局、畜牧局及有关县、区负责人，省农科院、抚顺市农科院有关部门负责人及专家服务团团长，实施共建项目的乡（镇）长，相关农业企业、农民专业合作社代表和新闻媒体 120 余人参会。

2011 年 10 月 17 日—12 月 7 日，我院与抚顺市相关部门密切合作，完成抚顺科技共建食用菌、特色水果、设施蔬菜、花卉种植及深加工、特色养殖、中草药和农产品加工等专家服务团对接工作，市院科技共建工作全面展开。

2011 年 11 月 18 日，省长陈政高率省直有关部门负责人到我院调研，对我院科技成果研发和科技推广工作作了重要指示。

2011年11月29日—12月1日，沈阳市农委和市财政局组织专家组对我院与沈阳市农业科技共建的13个项目进行年度工作验收。

2011年12月16日，省财政厅农业处在金华园宾馆组织召开“2011年度全省中央财政农业技术推广项目实施启动会”。省财政厅农业处副处长高铁彬、高级会计师崔高英，省农委、海洋渔业厅、林业厅、水利厅、省农科院、沈阳农业大学等单位财务和农业技术推广部门以及承担2011年中央财政农业科技推广示范项目单位的负责同志45名代表出席会议。辽宁广播电视台、省文化厅文化共享工程中心等新闻媒体负责人应邀参会。科技推广处史书强处长主持启动会。

2011年12月23日，根据赵化明副省长指示，科技推广处组织制定《辽宁省农业科学院设计农业发展实施方案》，上报省政府办公厅。

2011年12月26日，阜新市人民政府与辽宁省农业科学院农业科技共建工作会议在阜新迎宾馆举行。阜新市市委书记潘利国、市长齐继慧、市委副书记张鹏、副市长马如军及政府有关部门负责同志，省农科院院长陶承光，副院长李海涛、赵奎华、袁兴福、孙占祥及院相关部门负责人出席会议。会议由阜新市市委副书记张鹏主持。齐继慧市长和陶承光院长代表双方签署《阜新市人民政府与辽宁省农业科学院2011—2015农业科技共建协议》。潘利国书记、陶承光院长在会上讲话。

2011年12月29日，院科技推广处协助辽宁省财政厅农业处完成《关于辽宁省“十一五”时期农业技术推广应用情况的调研报告》，并报送国家财政部。